网络内容管理与情报分析
Internet Content Management and Intelligence Analysis

主　编：戴伟辉
副主编：孙云福

商务印书馆
2009年·北京

图书在版编目(CIP)数据

网络内容管理与情报分析/戴伟辉,孙云福编. —北京:商务印书馆,2009
ISBN 978-7-100-05971-8

Ⅰ.网… Ⅱ.①戴…②孙… Ⅲ.①互联网络—情报管理学②互联网络—情报分析 Ⅳ.G35

中国版本图书馆 CIP 数据核字(2008)第 141994 号

所有权利保留。
未经许可,不得以任何方式使用。

网络内容管理与情报分析
戴伟辉　孙云福　等编

商 务 印 书 馆 出 版
(北京王府井大街36号　邮政编码 100710)
商 务 印 书 馆 发 行
北京瑞古冠中印刷厂印刷
ISBN 978-7-100-05971-8

2009年6月第1版　　开本 787×1092 1/16
2009年6月北京第1次印刷　印张 21¾
定价:48.00元

编 委 会

主　编：戴伟辉
副主编：孙云福
编　委：张晓兰　肖　倞　陈鸣麒
　　　　徐小琴　周　璇

目　录

序　网络要经世致用 …………………………………… 姜奇平　i

第1章　导论 ……………………………………………………… 001
　1.1　网络时代的竞争与变革 ……………………………………… 001
　　1.1.1　互联网的兴起与发展 …………………………………… 002
　　1.1.2　网络对企业竞争的影响 ………………………………… 004
　　1.1.3　网络时代的竞争策略 …………………………………… 006
　1.2　网络信息资源的价值 ………………………………………… 008
　　1.2.1　网络信息资源概述 ……………………………………… 008
　　1.2.2　网络信息资源的类型 …………………………………… 009
　　1.2.3　网络信息资源的价值 …………………………………… 011
　1.3　网络内容与网络情报 ………………………………………… 012
　　1.3.1　信息爆炸 ………………………………………………… 012
　　1.3.2　网络内容管理 …………………………………………… 012
　　1.3.3　网络情报 ………………………………………………… 014

第2章　互联网的技术基础 ……………………………………… 017
　2.1　网络体系结构 ………………………………………………… 019
　　2.1.1　网络体系结构的基本概念 ……………………………… 019
　　2.1.2　OSI 参考模型 …………………………………………… 020
　　2.1.3　TCP/IP 参考模型 ……………………………………… 022
　　2.1.4　OSI 参考模型与 TCP/IP 参考模型的比较 …………… 024
　2.2　互联网协议 …………………………………………………… 025
　　2.2.1　应用层 …………………………………………………… 026
　　2.2.2　传输层 …………………………………………………… 026
　　2.2.3　网际层（互联网层） …………………………………… 027
　　2.2.4　网络接口层 ……………………………………………… 028
　2.3　常用的网络通信设备 ………………………………………… 029

目录

    2.3.1 服务器和工作站 ·· 029
    2.3.2 网络适配器（网卡）·· 031
    2.3.3 传输介质 ·· 033
    2.3.4 中继器和桥接器 ·· 036
    2.3.5 集线器和交换机 ·· 036
    2.3.6 路由器 ·· 037
  2.4 互联网传输方式的发展 ·· 038
    2.4.1 电话网 ·· 038
    2.4.2 有线电视网 ·· 038
    2.4.3 卫星线路 ·· 039
    2.4.4 光纤网 ·· 039
    2.4.5 无线互联网 ·· 040
  2.5 互联网的技术发展趋势 ·· 041

第3章 互联网的应用基础 ·· 043

  3.1 互联网的基本服务与应用 ·· 043
    3.1.1 电子邮件（E-mail）服务 ···································· 043
    3.1.2 万维网（WWW）服务 ······································ 045
    3.1.3 文件共享服务 ·· 046
    3.1.4 网络新闻组（Usenet）服务 ································ 046
    3.1.5 远程登录（Telnet）服务 ···································· 047
    3.1.6 电子公告牌（BBS）服务 ···································· 048
    3.1.7 即时通讯 ·· 048
    3.1.8 IP网络电话 ·· 049
  3.2 Web2.0时代的新型应用 ·· 050
    3.2.1 博客（Blog）·· 050
    3.2.2 RSS ·· 055
    3.2.3 维基百科（Wiki）·· 057
    3.2.4 SNS ·· 059
    3.2.5 TAG ·· 060
    3.2.6 案例:亚马逊网站的书籍作者博客营销················ 061

3.3 电子商务 ······ 062
3.3.1 电子商务的概念 ······ 063
3.3.2 电子商务系统的框架结构和功能模块 ······ 064
3.3.3 电子商务的分类 ······ 067
3.3.4 电子商务的特点 ······ 069
3.3.5 案例:从传统企业走向电子商务企业的ego365 ······ 071

3.4 电子政务 ······ 076
3.4.1 电子政务的概念 ······ 076
3.4.2 电子政务系统分类 ······ 078
3.4.3 电子政务的发展阶段 ······ 081
3.4.4 电子政务的意义与建设原则 ······ 084
3.4.5 案例:江门市"12345"电子政务服务热线 ······ 086

第4章 互联网的管理基础 ······ 091

4.1 建立网站的基本过程 ······ 092
4.1.1 注册域名 ······ 092
4.1.2 选择网站服务器提供商 ······ 094
4.1.3 选择合适的服务器 ······ 094
4.1.4 网站发布与宣传 ······ 095

4.2 网站规划与设计 ······ 097
4.2.1 规划站点 ······ 097
4.2.2 创建站点的基本结构 ······ 098
4.2.3 网站设计 ······ 099
4.2.4 网站的开发 ······ 101
4.2.5 网站测试、发布 ······ 104

4.3 网站的管理与维护 ······ 105
4.3.1 网站管理概述 ······ 105
4.3.2 网站管理的内容与功能 ······ 106
4.3.3 网站管理原则 ······ 107
4.3.4 日常维护与管理 ······ 109

4.4 网络化组织 ······ 113

4.4.1 企业网络组织产生的背景 …………………………………… 114
4.4.2 网络组织的内涵与特征 …………………………………… 116

4.5 网络组织的建设 …………………………………………………… 123
4.5.1 网络组织成功的关键 ……………………………………… 123
4.5.2 网络组织中的管理者 ……………………………………… 124
4.5.3 建立有效的联结纽带 ……………………………………… 124
4.5.4 企业网络的运作机制 ……………………………………… 126

4.6 网络组织的管理 …………………………………………………… 128
4.6.1 数字化与信息化是网络组织的基础管理手段 …………… 128
4.6.2 网络组织的知识管理 ……………………………………… 129
4.6.3 网络组织的风险管理 ……………………………………… 131

第5章 网络内容管理 …………………………………………………… 135

5.1 网站内容规划与设计 ……………………………………………… 135
5.1.1 网站建设目标与内容设计 ………………………………… 135
5.1.2 网站内容设计的特性 ……………………………………… 136
5.1.3 企业网站内容构成 ………………………………………… 137
5.1.4 内容设计应注意的问题 …………………………………… 139
5.1.5 网站内容创意的目的 ……………………………………… 140
5.1.6 网站内容创意的方法和经验 ……………………………… 141

5.2 网站内容的编辑与发布 …………………………………………… 143
5.2.1 网络编辑的特点 …………………………………………… 143
5.2.2 网络编辑的工作内容 ……………………………………… 144
5.2.3 网络内容的发布 …………………………………………… 145

5.3 网络内容管理的含义 ……………………………………………… 146
5.3.1 内容及其格式和结构 ……………………………………… 146
5.3.2 网络内容及其组织 ………………………………………… 147
5.3.3 内容管理的定义 …………………………………………… 148
5.3.4 内容管理的分类 …………………………………………… 150

5.4 网络内容管理的原则 ……………………………………………… 152
5.4.1 内容与表现分离 …………………………………………… 152

5.4.2　内容重用 ……………………………………………………… 153
　　5.4.3　多渠道出版 …………………………………………………… 155
5.5　网络内容管理和信息构建 ……………………………………………… 156
5.6　网络内容管理和 XML ………………………………………………… 157
5.7　网络内容管理系统 ……………………………………………………… 157
　　5.7.1　网络内容管理系统的功能和局限 …………………………… 158
　　5.7.2　网络内容管理系统的分类 …………………………………… 160
　　5.7.3　网络内容管理系统模型 ……………………………………… 161
　　5.7.4　网络内容管理系统的组成 …………………………………… 162
　　5.7.5　对部分中文网络内容管理系统的评价 ……………………… 175
5.8　TurboCMS 网络内容管理系统 ………………………………………… 177
　　5.8.1　特性 ……………………………………………………………… 177
　　5.8.2　功能结构 ………………………………………………………… 183
　　5.8.3　典型案例 ………………………………………………………… 185
　　5.8.4　系统软硬件需求 ………………………………………………… 187
　　5.8.5　系统部署方案 …………………………………………………… 188

第6章　互联网内容管理 …………………………………………………… 191

6.1　网络内容的传播 ………………………………………………………… 191
　　6.1.1　网络传播的内涵 ………………………………………………… 191
　　6.1.2　网络内容传播特点 ……………………………………………… 192
　　6.1.3　网络内容传播的问题 …………………………………………… 196
6.2　关于互联网内容管理的归属 …………………………………………… 201
6.3　政府是否应该对互联网内容进行管理 ………………………………… 202
6.4　互联网内容管理的对象和方式 ………………………………………… 203
　　6.4.1　互联网内容管理的对象 ………………………………………… 203
　　6.4.2　互联网内容管理的具体方式 …………………………………… 204
6.5　国外对互联网内容的管理 ……………………………………………… 205
6.6　我国对互联网内容的管理 ……………………………………………… 209
　　6.6.1　我国网络内容管理的现状及问题 ……………………………… 209
　　6.6.2　国外网络内容管理和立法的借鉴意义 ………………………… 211

目录

  6.6.3 对我国网络内容管理的政策建议 …………………………… 212
 6.7 互联网内容管理多元化的必然性 ………………………………… 213
  6.7.1 网络内容管理的差异性 …………………………………… 213
  6.7.2 网络内容管理多元化的必然性 …………………………… 214

第7章 网络情报及其管理 …………………………………………… 217
 7.1 网络情报概述 …………………………………………………… 217
  7.1.1 信息、知识与情报 ………………………………………… 218
  7.1.2 网络情报的特性 …………………………………………… 219
  7.1.3 网络情报的分类 …………………………………………… 222
 7.2 网络情报管理 …………………………………………………… 226
  7.2.1 网络情报管理的概念 ……………………………………… 226
  7.2.2 网络情报管理的特点 ……………………………………… 227
  7.2.3 网络情报管理的职能 ……………………………………… 228
  7.2.4 网络情报管理的内容 ……………………………………… 230
 7.3 网络情报系统 …………………………………………………… 231
  7.3.1 网络情报系统的概念 ……………………………………… 231
  7.3.2 网络情报系统的功能 ……………………………………… 232
  7.3.3 案例：荣昌制药公司网络情报系统介绍 ………………… 234

第8章 网络情报的搜集和分析 ………………………………………… 237
 8.1 网络情报的搜集 ………………………………………………… 238
  8.1.1 网络情报源 ………………………………………………… 238
  8.1.2 网络情报搜集的原则 ……………………………………… 239
  8.1.3 网络情报搜集的基本程序 ………………………………… 242
  8.1.4 网络情报的搜集方式 ……………………………………… 243
 8.2 网络情报的检索 ………………………………………………… 245
  8.2.1 网络情报检索概述 ………………………………………… 246
  8.2.2 网络情报检索的方法 ……………………………………… 248
  8.2.3 网络情报检索的步骤 ……………………………………… 250
  8.2.4 网络情报检索技术 ………………………………………… 252
 8.3 网络情报检索工具——搜索引擎 ……………………………… 257

- 8.3.1 搜索引擎概述 ········· 258
- 8.3.2 搜索引擎的分类 ········· 258
- 8.3.3 搜索引擎的组成和工作过程 ········· 260
- 8.3.4 搜索引擎的查询技巧 ········· 262
- 8.3.5 常用搜索引擎 ········· 264
- 8.3.6 搜索引擎的发展趋势 ········· 269

8.4 网络情报的分析 ········· 270
- 8.4.1 网络情报分析概述 ········· 270
- 8.4.2 网络情报分析的流程 ········· 273
- 8.4.3 网络情报分析的方法 ········· 276
- 8.4.4 网络情报分析的成果 ········· 287

8.5 网络情报的开发利用 ········· 289
- 8.5.1 情报开发利用的意义 ········· 289
- 8.5.2 网络情报开发利用的途径 ········· 289
- 8.5.3 网络情报服务 ········· 290
- 8.5.4 网络情报评价 ········· 292

8.6 案例：中小企业反倾销预警情报的搜集和分析 ········· 294

第9章 应用案例 ········· 297

9.1 基于内容管理的新华社待编稿库系统 ········· 297
- 9.1.1 新华社多媒体待编稿库项目背景 ········· 297
- 9.1.2 新华社多媒体待编稿库功能需求分析 ········· 297
- 9.1.3 基于内容管理技术的系统设计 ········· 300
- 9.1.4 新华社待编稿库的应用前景和效益 ········· 304

9.2 内容管理推动电子政务建设——北京劳动保障网 ········· 304
- 9.2.1 电子政务和内容管理 ········· 304
- 9.2.2 "北京劳动保障网"项目概述 ········· 305
- 9.2.3 "北京劳动保障网"功能需求 ········· 305
- 9.2.4 TRS 电子政务解决方案 ········· 306
- 9.2.5 "北京劳动保障网"项目效益 ········· 311

9.3 竞争情报系统在宝钢钢贸的成功应用 ········· 311

目 录

  9.3.1 系统建设背景 …………………………………………… 311
  9.3.2 系统选型和设计 ………………………………………… 312
  9.3.3 系统功能实现 …………………………………………… 316
  9.3.4 系统运行效果 …………………………………………… 320
参考文献 ………………………………………………………………… 323

序

网络要经世致用

互联网周刊主编　姜奇平

《网络内容管理与情报分析》掩卷之余,首先与它联想到一起的词是"经世致用"。有人把经世和致用拆开来解,分为经国济世与学用结合,这二者并不矛盾。

记得一位车迷写过,"在我初二的时候,读了一本叫《数字化生存》的书;时隔十多年后,我驾驶了一款叫'全时数字轿车'的荣威550。这十多年间,我们身处的社会发生最大的变化就是计算机的普及和数字技术对生活方式的影响"。《互联网周刊》今年正好办到十年,对网络我从头看到现在,从经世到致用,不能不感叹时代变化之快。

严复是主张经世致用的,他一方面引进了《天演论》;一方面引进了实证主义。不过在上一次现代化中,中国人的"重叠共识"从经世(比如启蒙和革命)转向致用(比如搞经济建设),中间跨越了百余年。在这次现代化中,胡泳翻译的《数字化生存》是偏向经世的;刚过十年,人们的兴趣就转向致用了。可见历史节奏加快了。商务印书馆这个时候出《网络内容管理与情报分析》,也算恰得其时吧。

《网络内容管理与情报分析》接下来让人联想的,是一串意象:"土地作物管理与情报分析","工厂产品管理与情报分析"。如果在不同历史阶段,有这样三本书出现,就可以凑成"三次浪潮致用系列"了。地主关注土地,资本家关注工厂,知本家关注网络;而作物、产品和内容,就成了三个历史阶段从三种不同生产资料中产生的三种不同果实。

《网络内容管理与情报分析》这本书本身有什么用的问题就清楚了:它可以帮助新生的知本家阶层,控制本时代的核心资源。在网络时代,把老子和权力当作核心资源来"致用",不是没有市场,而是没有前途。阳光财富来自对信息资源的把握。信息资源好比数字的阿拉伯石油。谁控制了信息资源,谁就控制了信息意义上的中东。

控制了资源要津,才能摘取最丰盛的果实。这是我们从这本书的外边来读的看点。

如果翻开这本书,从里边来看,如何寻找阅读的意义?

《网络内容管理与情报分析》实际有两个部分,前四章都在讲网络,后四章才讲内容和情报(最后一章是案例)。这是一个缺点吗?我倒认为是个优点。我见过许多人进入信息经济领域,但把握资源的方式不得法。俗话说:"女怕嫁错郎,男怕入错行。"这些人并没有"入错行",但问题在于"不得法"。他们真的用对待石油的办法来对待信息。他们的通病在于,只把 IT 当作做事的对象,而没有把 IT 当作一种做事的方式。从理论上说就是:用旧的生产方式,来对待新的生产力。所以我建议以内容和情报为业的人,不要急于一下翻到第五章以后去看"本行"问题。先看一看前四章的内容,修行悟道。

用旧的生产方式,来对待新的生产力,会把对的事情做错。在三次浪潮的每个转换期,都会出这种问题。比如,欧洲的地主阶级跟资本家阶级争论这样的问题:木材加工成桌子,到底是增加了价值,还是减少了价值?地主认为减少了价值,因为加工成桌子后,木头变少了。资本家争辩说,加工就是价值所在。地主百思不得其解:加工的长宽高都看不见,价值在什么地方呢?因为他脑子里没有货币空间的概念。今天的问题是同样的,资本家总是怀疑知本家,信息的价值在什么地方呢?因为他没有信息空间的概念。

我们需要把每一种新的生产力,想象进一种新的空间。信息资源处于网络空间之中。思考网络空间有什么不同,有利于摆脱用货币所在空间和作物所在空间来想问题陷入的盲区。这就是前四章的意义。随时带着这样的问题意识来读前四章,或者当面对后四章的问题悟不出道时,随时回到它们的元语境中寻找灵感,有利于捕捉到"做对事"的感觉。

网络空间,或者说信息空间存在于哪里?这本书的前四章写得明明白白。这是一种不同于自然、货币空间的新维度。它不能用长宽高来直接衡量,也不能用数量和价格来直接衡量,但是第一,信息有自己独特的存在方式,这就是波普所说的世界三的存在方式。这种空间,甚至有它自己的物理化的外在表现形式,如第二章所示。第二,它会通过应用,与长宽高的空间、数量价格的空间,进行价值转换。第三,它会通过作用于人与人关系,如第四章后半部分所示,转化为一种新的、可能是质变的做事方式,例如不同的组织方式、生产方式、经营方式。

《网络内容管理与情报分析》的后半部分,是直接讲内容和情报的。如果要在内容管理和情报分析上最实在地致用,这一部分是需要踏实掌握的。它包括了对内容管理和情报分析的操作性的介绍,而且已经教科书化。我想学者未必会把这本书当作一部深刻的研究著作来看待,比如光是什么叫知识,学者就可以写出比这本书还厚的一大套来。但如果读者的兴趣不是在学理上,而在实践和操作上,这一部分会给你带来实实在在的收获。

在本书直接讲内容和情报的部分,作者吸收了大量的新知识与新成果,以培养实践能力和应用能力为目标,进行了系统的归纳和讲解,还配上了具体的应用案例,对于想了解网络、更新知识、提高技能的信息资源开发利用者来说,是非常有用的。

当然,互联网发展太快了,就像一列高速列车,我们没法跳出疾驰的列车对它拍照,然后有把握地说,这就是它现在的样子。因为它不是静态的,它的每个现在都不一样。同样我们也不能苛求这本书的内容永不过时。好在作者可能提前想到了这点,读者可以到与它匹配的网站上去进行知识更新。这倒是一种新的写书方法。

希望有可能的话,这本书能得到不断的升级。也希望读者能够用自己的实践,不断升级从这里得到的知识。

第1章 导论

1.1 网络时代的竞争与变革

2000年,朗讯科技公司贝尔实验室总裁在贝尔中国研究院成立时,曾对互联网未来发展趋势做出七大预测,他认为:

- 到公元2025年,地球将披上一层由热动装置压力计、污染探测器等数以百万计的电子测量设备构成的"通信外壳",这层外壳将负责监控城市公路和环境,并随时将测量数据直接输入网络,其方式类似我们的皮肤不断将感觉数据传送到我们的大脑。
- 到2010年,全球互联网装置之间的通信量将超过人与人之间的通信量。
- 带宽的成本将变得非常低廉,甚至可以忽略不计。交互性的服务,如节目联网的视频游戏、电子报纸和杂志等服务将会成为未来网络价值的主体。
- 个人及企业将获得大量个性化服务。由软件驱动的智能网技术和无线技术将使网络触角伸向人们所能到达的任何角落,同时允许人们自由选择接收信息的形式。
- 互联网将从一个单纯的大型数据中心发展成为一个更加聪明的高智能网络。用户将通过网站复制功能筛选网站,过滤掉与己无关的信息,并将所需信息以最佳格式展现出来。
- 高智能网络将成为人与信息之间的高层调节者。用户可以和通信设备直接对话。
- 我们将看到一个充满虚拟的新时代。人们将进行虚拟旅行,读虚拟大学,在虚拟办公室里工作,进行虚拟的驾车测试等。

今天,这七大预言已经在我们的生活中初露端倪,暂且不论互联网将来的发展是

第一章

否完全如这七大预言所描述的一样,至少现在,我们社会的方方面面都在受到互联网的影响和冲击,我们切切实实感受到互联网的强大力量,感受到信息时代的来势汹汹。

1.1.1 互联网的兴起与发展

网络及其分类

计算机网络是以资源共享为目的的多机系统。它将若干地理位置不同并且具有独立功能的计算机系统和其他设备,通过通信线路和通信设备连接起来,在网络操作系统的管理下,实现网络资源的共享和管理。广义的计算机网络的定义是指在协议控制下,由一台或多台计算机、若干台终端设备、数据传输设备,以及用于终端和计算机之间或者若干台计算机之间数据流动的通信控制处理机等所组成的系统的集合。

按照覆盖范围的不同,网络分为局域网、城域网和广域网:

局域网(Local Area Network,简称 LAN)就是一组计算机和其他设备(如打印机),它们通过共同介质相连。这些介质通常为铜线,但也可以是无线的、光纤的或其他介质。局域网的覆盖范围一般限定在较小的区域内,通常小于 10km,其数据传输速度在 10Mbps 和 1Gbps 之间。

城域网(Metropolitan Area Network,简称 MAN)的覆盖范围通常局限在一座城市内,10km—100km 的区域。覆盖范围的不同使城域网与局域网有所区别。

广域网(Wide Area Network,简称 WAN)跨越国界、洲界,甚至全球范围。

网络互联与互联网

网络互联是指将分布在不同的地理位置的网络、设备进行连接,以构成更大规模的互联网络系统,实现互联网络资源的共享。互联的网络可以是相同或不同类型的网络(如下图所示)。

互联网络(internet,简称互联网)是针对现有网络而言的,主要类型包括:局域网之间的互联、局域网与广域网之间的互联、广域网之间的互联等。广域网之间的互联实现了真正意义上的全球信息共享。Internet 就是一个最大的广域网之间的互联。

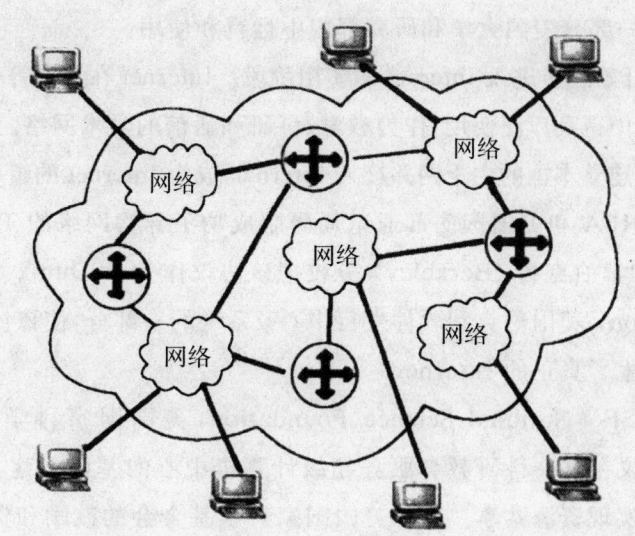

我们现在指的互联网一般指 Internet，也就是因特网。* 互联规模是互联网（internet）和因特网（Internet）的不同，这就是当说到全球互联网络时用大写字母 I 的原因。

因特网于 1969 年诞生于美国。最初名为"阿帕网"（ARPAnet），是一个军用研究系统，后来又成为连接大学及高等院校计算机的学术系统，现在则已发展成为一个覆盖五大洲 150 多个国家的开放型全球计算机网络系统，拥有许多服务商。普通电脑用户只需将一台个人计算机用电话线通过调制解调器和因特网服务商连接，便可进入因特网。但因特网并不是全球唯一的互联网络，例如在欧洲，跨国的互联网络就有"欧盟网"（Euronet）、"欧洲学术与研究网"（EARN）、"欧洲信息网"（EIN），在美国还有"国际学术网"（BITnet），世界范围的还有"飞多网"（全球性的 BBS 系统）等。

互联网的起源

Internet 起源于 ARPA（Advanced Research Project Agency，美国国防部高级研究计划局）网。阿帕网是在 20 世纪 60 年代末期出于军事需要建立的一个计算机网络。这个网络的特点是，当网络中的部分被破坏时，其余网络部分会很快建立起新的联系。当时在美国四个地区进行了网络互联实验，采用 TCP/IP 作为基础协议。

从 1969 年到 1983 年是 Internet 形成阶段。当时 Internet 主要用于网络技术的

---

* 本书中互联网等同于因特网（Internet），出于现行习惯的原因，我们统一使用互联网。

第一章

研究和试验,在一部分美国大学和研究部门中运行和使用。

从 1983 年开始逐步进入 Internet 的实用阶段。Internet 在美国等一批发达国家的大学和研究部门中得到广泛使用,作为教学、科研和通信的学术网络。与此同时,世界上许多国家相继建立本国的主干网并接入 Internet,成为 Internet 的组成部分。

1983 年,ARPA 和美国国防部通讯局研制成功了异构网络的 TCP/IP 协议,美国加利福尼亚大学伯克利(Berkeley)分校把该协议作为 BSDunix(Berkeley Software Distribution,美国伯克利软件发行中心)系统的一部分,使该协议在社会上流行起来,从而诞生了真正的 Internet。

1986 年,NSF(National Science Foundation,美国国家科学基金会)利用 TCP/IP 通信协议在五个科研教育服务超级计算机中心的基础上建立了 NSFnet 广域网,在全美国实现资源共享。由于美国国家科学基金会的鼓励和资助,很多大学、政府资助的研究机构甚至私营的研究机构纷纷把自己的局域网并入 NSFnet 中。如今 NSFnet 已成为 Internet 网的重要骨干子网之一。

1989 年,由 CERN 开发成功的 WWW(World Wide Web,即万维网),为 Internet 实现广域网超媒体信息截取和检索奠定了基础。

到 1990 年,商家和个人也开始利用互联网交换电子邮件和传输计算机文件,从此以后互联网的商业化趋势越来越明显。

而互联网从仅仅局限于一定领域使用到走向商业和大众,依赖于两大技术的发明:

(a)在互联网上建立起了 WWW,称为万维网。

(b)出现了浏览器软件。

以前人们要从互联网上取得所需的信息,是件非常麻烦的事情,自从出现了这两大技术后,人们获取信息就犹如探囊取物一般容易了。

从此,Internet 开始进入迅速发展时期。

1.1.2 网络对企业竞争的影响

自 20 世纪 90 年代以来,随着经济全球化进程的加快和信息技术的飞速发展、Internet 的日益普及与电子商务的广泛应用,人类社会在经历了工业经济时代以后,已跨入了网络经济时代,企业所处的商业环境发生了根本性变化。网络经济激发了消费者的个性需求,引起企业生产组织方式的变革,改变了经济运行的规律和企业竞争特点。

➢ 网络经济使竞争空前加剧

在传统经济下,尽管跨国公司的发展使得世界经济日益全球化,竞争也日益扩展到全球,但由于不可逾越的空间距离的存在,竞争的范围仍然受到很大的局限。但互联网、电子商务、计算机技术却是无国界的,信息网络技术的飞速发展和网络的日益普及极大地推动了经济全球化,地理距离已不再是竞争的障碍,全世界的经济实体都面临着同样的竞争,唯适者能生存。不走出国门,同样可以与其他国家的竞争对手竞争,显然竞争压力比以往大得多,竞争的程度也比以往要激烈得多。

➢ 网络经济下"合作式竞争"备受青睐

Windows 已占据了电脑操作系统的主导地位,这是不争的事实,但如果思考一下是什么使其如此迅速地从竞争中胜出,则不可不提的是 Microsoft 与 Intel 结成的 Wintel 同盟,这被称为美国经济史上最不同寻常、最赚钱的企业联盟。正是通过这两个企业的合作,在与 IBM 这一当时计算机行业的垄断巨头的竞争中,Wintel 的微电脑标准得以站稳脚跟并最终取代 IBM 的大型计算机标准,而 Windows 也由此开始逐步扩大其在个人电脑操作系统市场上的市场份额。在网络经济时代,这种以联盟等合作的方式参与竞争是十分普遍的,其原因主要包括:生产要素的竞争性减弱;技术的开发利用需要合作;合作式竞争带来更大收益。

➢ 速度成为网络经济下企业竞争取胜的决定性因素

当企业实现联网后,经营机遇的连续时限是非常暂短的。一旦识别了市场上对某种新产品的需求,企业应立即组织这种产品的设计、生产和销售工作,尽快把产品推向市场,送到客户的手中。因为网络条件下,信息高度透明,信息传播速度极快,在你发现这种新的市场需求的同时,也会有其他企业通过网络了解到这种需求信息而开始迅速行动,去满足这种需求。谁抢先将新产品送到客户手中,谁将获得较高赢利。网络使与经营有关的一切都加快了节奏。所以,在许多情况下,速度成为竞争取胜的决定性因素。

➢ 网络经济下人力资本增值

农业社会的战略资源是土地,工业社会的战略资源是物质资本,网络社会的战略资源是信息,是知识,是人才。因为在网络经济时代,科学技术发展迅速,竞争能力将越来越多地依赖于创新能力。科研人员和具有专门知识的管理人员取代了企业主主宰着企业。人力资本成为比物质资本更有价值的资本。

第一章

1.1.3 网络时代的竞争策略

互联网为企业间竞争提供了一个全球性的舞台。在网络化的世界里,市场的运作机制、环境条件和技术基础都发生了变化,企业要想保持核心竞争力、开拓市场、在竞争中立于不败之地,就要顺应网络时代的要求,适时调整企业的战略管理。

> 信息化策略

企业必须积极地投入到信息化的建设中,它是企业在网络时代参与竞争的必要保证。而单纯地进行企业的初步信息化是不行的,企业必须在信息化的同时考虑对企业的传统流程进行再造,即企业流程再造。企业流程再造的本质是以企业过程为核心,重新设计企业过程,使企业成为一种新型的能获得价值增值的有机组织。要想成功地实行企业流程再造,除了面向流程以外,还必须面向顾客,并合理运用信息技术,特别是遍布世界的网络环境。

企业信息化的重点不再是建立处理基础事务的系统,而是要建立网络化的智能企业,加强对各种与企业经营相关的信息,特别是互联网信息的搜集、分析和管理,建立智能化的分析、预测及决策支持系统。

> 组织策略

网络时代成功的企业将是学习型组织。它们在进行信息化建设的同时,也努力提高全体员工的素质。英国学者詹姆斯·迈天说,在未来的竞争中,唯一的优势是你得有比竞争对手学习得更快的能力。把学习型组织和管理信息化结合起来符合网络时代的发展趋势。信息是一个组织生命的机能中心,是保持组织持续发展必不可少的要素。面对竞争激烈的市场与复杂多变的需求,企业要想参与竞争,必须掌握及时、准确、全面的信息,因此,让企业成为学习型组织,当企业间的竞争转变为知识竞争的时候,学习便理所当然地成为企业重要的投资方向和运作方式。

> 速度策略

网络经济对商业活动的最大冲击莫过于速度的变化。由于互联网把地球变成了真正意义上的"地球村",全球范围内的商务活动都通过因特网整合在一个共同的虚拟市场,由此使得商务信息发布与获得的速度、企业与客户联系的速度、商业交易的速度、产品研发的速度、售后服务的速度等等都有了革命性的变化。"速度制胜"的原则是网络经济时代企业成功的必胜法宝。

网络经济下企业通过互联网和现代信息技术可以做到以接近实时动态的速度来

收集、处理、加工和应用各种商务信息。对企业来说速度的加快体现在决策的速度、设计的速度、生产的速度、营销的速度、响应客户需求的速度、物流配送的速度等很多方面。唯有企业生产经营各个环节的速度全面上升才能使企业真正具备竞争力优势，所以，建立实时企业和虚拟企业在互联网时代成为一种必要的企业战略管理趋势。

实时企业侧重的是从时间上赢得竞争优势。这是因为随着网络技术的发展，市场细分日益加速，个性化市场日益形成，顾客已成为企业之间相互竞争的焦点。这就要求企业从产品开发、生产销售到售后服务等方面始终能把握顾客需求的脉络，从而快速对市场做出反应。

虚拟企业是企业通过网络与周边企业联结，就像延伸自身的有机体一样。从某种意义上说，就是将别人的资源为己所用，从而突破企业的有形界限来延伸自己的功能，进而增强自己的实力。从空间上来讲，虚拟企业彻底打破了地理上的限制，借助网络将整个企业流程中具有竞争优势的活动联系起来，真正使企业生产管理实现"天涯若比邻"，更加有效地向市场提供商品和服务，并迅速地掌握市场变化动向，及时调整自己的企业，从而与网络中的成员共同取得市场占有率。

> 顾客策略

互联网为企业与顾客之间架起了一座直接沟通的桥梁，为企业更好地了解顾客的需求、满足顾客的个性化需要、提供优质的客户服务创造了极为有利的条件。由于互联网具有双向交互的特点，既可使全球各地的客户随时了解企业的各种信息以获得相应的服务，又可使企业方便地得到有关客户的地理分布、个人偏好、特殊要求等各种数据。这种双向、直接、交互的信息沟通使企业和客户双方受益。在网络经济时代，只有那些始终替顾客着想并正确把握顾客需求的企业，才能真正赢得市场机会。

随着网络经济的发展，网上客户将成为所有商家共同争取的目标。互联网上，企业和客户都具有主动权，企业主动出击吸引客户，而客户面对扑面而来的各种信息，用鼠标轻轻一点，便可决定是接受还是拒绝。网络时代，也是消费者主权时代。获取客户对企业的关注、信任和忠诚度（即客户对企业的注意力）十分重要。

> 人才策略

网络经济的核心要素是知识，而知识的载体是人。所以说人力资本是网络经济中最重要的资本，如何让人的聪明才智充分发挥，关系到企业在市场中的竞争地位。我们注意到，在美国的硅谷，中国人的勤劳刻苦与聪明才智是公认的。但为什么聪明的中国人在美国就能做得很好，而在中国就做得差一些呢？问题就在于企业的制度环境方面。为在经济全球化的网络经济时代取得国际市场的竞争优势，企业必须尽快改变制度环境，树立尊重知识、尊重人才的经营理念，建立切实可行的人才激励制度，着力营造吸引人才、留住人才的企业文化氛围，造就能令人心情舒畅的、有助于激发和释放创新能力的宽松环境，增强企业人员对企业的情感归属和成就依托，以及团队合作精神。感情、事业和待遇三管齐下，使精神激励与物质激励有机地融为一体。对于国外行之有效的一些制度安排，如有限合伙制、管理人员的期股期权制、投资免税安排等，可以借鉴、引进，使企业真正强壮起来，以提高其在国际市场上的竞争力。

1.2 网络信息资源的价值

1.2.1 网络信息资源概述

互联网是世界上最大的信息宝库，它已成为全球范围内传播和交流科研信息、教育信息、商业和社会信息的最主要的渠道。要想在这一浩瀚无边、变化多端而又鱼龙混杂的信息海洋中发现并查找出有利用价值的信息并不是一件易事。在以互联网为核心的电子信息环境下完成确实、有效的网络内容管理和信息检索与分析是一项十足的挑战。而要进行有效的网络信息管理、检索和分析，首先就必须对互联网上信息资源的分布、种类和利用价值等有较全面的认识和了解。

互联网作为数字化、网络化信息的核心和集成，它与传统的信息媒体和信息交流渠道相比有很大的不同，其主要特点可概括为：

- 信息资源极为丰富，覆盖面广，涵盖了各学科领域，且种类繁多，几乎无所不包。
- 超文本、超媒体、集成式地提供信息，除文本信息外，还有图表、图形、图像、声音、动画等。
- 信息来源分散、无序，没有统一的管理机构，也没有统一的发布标准，且变化、更迭、新生及消亡等都时有发生，难以控制。

然而，互联网信息资源不是传统信息资源的复制。互联网也不能取代传统的信息媒体和交流渠道，它是对传统信息资源和信息交流渠道的最令人振奋、最有力的补充。

1.2.2 网络信息资源的类型

互联网信息资源包罗万象,广泛分布在整个网络之中,没有统一的组织管理机构,也没有统一的目录。但按照其所采用的网络传输协议的不同,可将互联网信息资源划分为以下几种类型:

➢ 万维网(World Wide Web,简称 WWW 或 Web)信息资源

WWW 信息资源指建立在超文本、超媒体技术的基础上,集文本、图形、图像、声音为一体,并以直观的图形用户界面(GUI)展现和提供信息的网络资源形式。WWW 是互联网的宠儿,代表着互联网信息资源的主流。它使用简单、功能强大。自 20 世纪 90 年代问世以来,WWW 发展极为迅速,它的超文本、超媒体特性使之在互联网信息资源提供、存储和检索等方面都独占鳌头。

➢ 远程登录(Telnet)信息资源

Telnet 信息资源指借助远程登录(Remote Login),在网络通信协议 Telnet (Telecommunication Network Protocol)的支持下,在远程计算机上登录,使自己的计算机暂时成为远程计算机的终端,进而可以实时访问、使用远程计算机中对外开放的资源。简而言之,就是通过远程登录后,可以访问、共享到远程系统中的资源。这些资源既包括硬件资源,如超级计算机、精密绘图仪、高速打印机、高档多媒体输入输出设备等,也包括软件资源,如大型的计算程序、图形处理程序、大型数据库等信息资源等。

Telnet 是一个强有力的资源共享工具。通过 Telnet 方式提供的信息资源主要是一些政府部门、研究机构对外开放的数据库。主要商用联机检索系统,如 Dialog、DataStar、Lexis-Nexis、OCLC、UML 等也提供 Telnet 形式的连接方式,进而检索其数据库,不过需事先付费取得账号及口令。也有一些免费的系统,如常见的由许多大、中型图书馆通过 Telnet 方式提供的联机图书馆公共检索目录(OPAC,Online Public Access Catalog)可以使用户在远程登录后,联机检索该图书馆的馆藏目录,了解其馆藏图书的书目信息。

➢ FTP 信息资源

FTP(File Transfer Protocol)是 TCP/IP 协议族中的一个,是互联网使用的文件传输协议。其主要功能是在两台位于互联网上的计算机之间建立连接以传输文

第一章

件,完成从一个系统到另一个系统完整的文件复制。前面所述的 Telnet 可以使用户在远程登录后的联机状态下浏览、检索、利用远程计算机的资源,但如想获取、拥有远程计算机中某些文件的拷贝,则要利用文件传输服务 FTP。FTP 不仅允许从远程计算机上获取、下载文件,也可将文件从本地机复制到远程计算机上。FTP 是获取免费软件、共享软件资源不可缺少的工具。

通过 FTP 可以获得的信息资源类型非常广泛。广义地说,任何以计算机方式存储的信息均可保存在 FTP 服务器中。可以 FTP 形式获得的信息资源有:一些书籍的电子版、电子期刊与杂志、某些政府机构发布的信息等。另外,就是大量的免费软件和共享软件(可先试用,再注册交纳一定费用后就可获得使用权的软件)。目前,国内各高校、科学院、机关团体的公共 FTP 站点和内部 FTP 站点上都有丰富的 FTP 资源。

➢ 用户服务组信息资源

各种各样的用户通信或服务组是互联网上最受欢迎的信息交流形式,包括新闻组(Usenet Newsgroup)、邮件列表(Mailing List)、专题讨论组(Discussion Group)、兴趣组(Interest Group)、辩论会(Conference)等。虽名称各异,但功能较为相似,都是由一组对某一特定主题有共同兴趣的网络用户组成的电子论坛。在这些论坛中所交流的文章即是一封封的 E-mail,因此可将其理解为电子邮件功能的进一步扩展,使人们能够更便捷地进行多向交流。迄今为止,你可能想到的任何一个主题均有与之相对应的组(Groups),总量难以估计,参与者为全世界的网络用户。

以上述各种用户通信组形式传递和交流的信息就构成了互联网上最流行的一种信息资源,主要包括某个学科领域的新闻、研究动向、最新成果发布、交谈、质疑解惑、讨论、评论等。它是一种最丰富、最自由、最具有开放性的资源。其信息交流的广泛性、直接性、专指性是其他信息资源类型所不能比拟的。

➢ Gopher 信息资源

在 Web 资源出现前,Gopher 是互联网上最流行的分布式信息资源体系,曾经是最为广泛而又功能强大的系统。它是一种基于菜单的网络服务,能为用户提供广泛、丰富的信息,并允许用户以一种简单、一致的方式快速找到并访问所需的网络资源。它可以跨越多个计算机系统,仅通过运行本地计算机的 Gopher 客户程序就可以与世界各地任何一个 Gopher 服务器连接并共享信息。

互联网上曾有几千个 Gopher 服务器,存储有各种各样的信息。许多 Gopher 服务器分布在大学、公司或其他组织机构内,每个 Gopher 服务器内都存放着本部门或本地区用户感兴趣的信息。一般学校 Gopher 服务器所提供的信息资源有:

- 资源目录或索引:该服务器所提供的全部资源的索引和介绍。
- 图书馆:本大学图书馆目录及电子文献(文学名著、电子期刊或学位论文等)。
- 数据库:本服务器所提供的一些公共或专用数据库。
- 校内院系资料:包括概况、学位、课程、师资、设备和招生信息等。
- 校内活动信息:包括报告、演讲、学生社团、学会活动和体育比赛等。
- 地方信息:如关于当地交通、生活、风景和习俗等的介绍。
- 生活信息:如天气预报、饮食服务和租住信息等。
- 其他:通向其他 Gopher 服务器的连接。

随着网络的发展,许多 Gopher 服务器都已被 Web 服务器所取代。

1.2.3 网络信息资源的价值

互联网提供了一种全新的交流信息和查找信息的渠道,它具有方便、及时、快速和交互性等特点。互联网信息资源在以下一些方面具有优越性和重要的信息利用价值:

➢ 价廉

它是一种比印刷品便宜的信息提供方式。不仅提供信息线索和著录信息,还提供有关信息的全文和原稿。

➢ 新颖、深入

互联网提供了获取非出版信息的丰富机会。如网上大量的灰色文献或边缘文献(Grey or Fringe Literature),即在主流出版物渠道之外的文献,包括商业和研究报告、调查采访、研讨会发言、笔记、项目计划报告和政策方针等。它们反映了许多研究成果背后的原始数据或第一手资料,大概是因为其内容太新或太专而未被纳入正式文献交流渠道。

➢ 广泛、直接交流

互联网扩大了人际交流的范围,提供了更多的直接交流机会。如新闻组、讨论组、邮件列表等的讨论。还可在许多学者、研究人员、咨询专家的个人网页或博客上发现其研究心得、教学演讲用的资料、演示、指南性的工具等,这是一种颇具个人特长的知识库,其参考价值应被重视。

➢ 非正式和自由发表

互联网提供了在正式的出版和发表渠道之外的发表个人见解的空间,有较大的自由度,因而为新观点、不成熟的观点、未成定论的理论、假说、概念等提供了发表的园地。

1.3 网络内容与网络情报

1.3.1 信息爆炸

在科技迅速发展的今天,人们已置身于信息的汪洋大海之中。互联网、电视台、电台、报纸等,每天时时刻刻向人们发出各种信息。全世界仅报纸一项每天就有几亿份在发行,每月出版的书籍杂志也有几万种,互联网上雪崩式的信息更是让人们应接不暇。这种信息的大量出现并加速增长叫做信息爆炸,表现在五个方面:

- ➢ 新闻信息飞速增加
- ➢ 娱乐信息急剧攀升
- ➢ 广告信息铺天盖地
- ➢ 科技信息飞速递增
- ➢ 个人接受严重"超载"

信息爆炸最突出的表现莫过于信息高速公路。无主管和用户参与致使网络上发布的信息鱼龙混杂,良莠不齐。正常的信息已令人目不暇接,还有居心不良者掺入别有用心的内容,占据信道;水平不高的人推出低劣产品,冗余、虚假、过时;片面追求效益者唯利是图,滥竽充数。由于信息被大量而迅速地生产出来,未及筛选,可靠性、真实度、时效性较差。即使是好的信息,其优越性亦是相对而言,终有减退直至消亡的时候。上述种种,导致高速公路信息存储空间被挤占,妨碍人们有效吸收有用信息。信息量过大不仅增加了认识的不确定性,还相对减少了对信息进行综合判断的必要时间;信息种类繁杂,使用者眼花缭乱,难以取舍。

所以,对网络内容的管理和网络信息的检索分析就变得至关重要。

1.3.2 网络内容管理

传统内容管理的含义

内容管理技术被广泛认知是在互联网应用流行以后。IBM 曾把信息管理定义为数据管理（Data Management，DM）和内容管理（Content Management，CM）两部分的集成，显示出内容管理的重要性。内容管理不是某种单独的创新技术，而是许多先进技术的综合应用。它涵盖企业内联网（Intranet）、因特网（Internet）和企业外联网（Extranet）应用，大大突破了传统信息流管理软件、办公自动化软件以及文档管理软件的应用范围、使用效果和商业价值。内容管理解决方案重点解决各种非结构化或半结构化的数字资源的采集、管理、利用、传递和增值，并能有机集成到结构化数据的商业智能（Business Intelligence，BI）环境中，如 ERP、CRM 等，内容管理解决方案的终极目标是实现内容价值链的最优化。

内容管理的发展趋势是企业内容管理（ECM）

内容管理的发展趋势是从最初的各自独立的 Web 内容管理（WCM）、文档管理（Document Management，DM）等过渡到集成 Web 内容管理（WCM）、文档管理、数字资产管理（Digital Assets Management，DAM 以 Rich Media 为核心）、影像管理（Imaging）、记录管理（Record Management，RM）、协作管理（Collaboration）、知识管理（Knowledge Management，KM）、门户（Portal）为一体的企业内容管理（Enterprise Content Management，ECM）。

目前企业内容管理逐步形成六大核心功能组件：

- ➤ 文档管理，包括文档发布和获取校验、版本控制、安全性检验以及对商业文件提供存储检索服务；
- ➤ 网页内容管理，突破网站管理员的瓶颈，实现网页内容管理自动化、动态内容的管理以及内容授权；
- ➤ 记录管理，为每一条单独的企业信息分配专门的生命周期记录，记录从信息产生、接收、维护、使用直到最后处理的全过程；
- ➤ 用于纸质文档的获取与管理的文档获取与成像技术；
- ➤ 为项目团队提供文档共享与支持的文档中心协作功能；
- ➤ 支持商业流程和内容传递的工作流，配置工作任务和状态，并创建查找索引。

Web 内容管理仍是主流

内容管理体现出向集成的企业内容管理发展的趋势，同时 Web 内容管理依然占据当前内容管理应用的主流。

第一章

随着互联网的进一步发展，大量的信息得以 Web 网页及相关 Web 形式表现，企业无论是获取还是发布内容，Web 已成为主要的必备手段。同时，越来越多的消费者习惯于利用 Web 获取、发布和交流信息。政府和商业机构必须适应这一变化趋势。

电子商务取得实质性快速进展，无论是 B2B、B2C 或是 C2C，企业需要将更丰富更细致的商务内容提供给消费者、供应商、增值商和合作伙伴。而 Web 被证实为广泛接受的、标准和有效的信息互联平台，对 Web 内容管理的持续投入符合商业创新和业务整合的要求。

与电子商务类似，在面向服务转型和信息公开推动下，政府发现构架在 Web 之上的电子政务应用在连通社会、企业和公众方面可取得较好的效益，Web 内容管理在搭建各级政务门户应用领域将获得极大应用。

另外，内容管理平台需要能够管理日益丰富的或新兴的内容应用和分发渠道，包括博客平台、RSS 内容聚合、搜索服务、内容商务、P2P 内容搜索和整合、3G 内容等等。这些都是网络内容的新体现。

因此，本书的内容管理主要讲述网络内容的管理。

1.3.3 网络情报

互联网的第一阶段以"信息"为中心，强调的是信息从无到有、信息的可获得性和可交换性。这时的应用包括建立网站、使用 E-mail、即时通讯软件、信息存储等。互联网的第二个阶段以"知识"为中心，强调的是信息的系统性，希望把无序的信息通过检索、罗列、分类、排名、聚合等工具进行再次处理，提高信息的有序性。这时的应用包括搜索引擎、目录服务、虚拟社区等。发展到第三个阶段，互联网以"情报"为中心，强调的是信息的目标性和时效价值，通过时效性信息的高效整合和主动提供，直接指导人的行为和决策，实现高额的信息转化价值。

通过信息、知识和情报这三个阶段的演进，互联网的应用越来越深化。虽然，这三个阶段从技术水平和程度上越来越复杂，然而，越深的层次却越贴近于人类的根本需要，使互联网及互联网情报对人们更加实用、有效。

信息是人脑对物质属性的客观反映，知识是对客观事物加工后的反映，而情报是为满足特定的需求而对客观世界进行主观加工的产物。

在企业经营过程中，最重要的就是竞争情报的收集和分析。竞争情报是对整体竞争环境和竞争对手的一个全面监测过程。情报就是通过合法手段进行收集和分析的商业竞争中有关商业行为的优势、劣势和机会的信息。在现实中,世界上很多重量级公司都在利用竞争情报系统,如 IBM 跟随苹果计算机进入市场,最终改变市场;柯达坚持聚焦现有感光胶片而避免和新力、松下产生直接竞争。

企业情报的三大作用

企业竞争情报能够改善公司的总体经营业绩,发现潜在的市场机会和公司存在的问题,揭示竞争对手的经营战略,提高公司的生存能力。建立企业情报系统只需要有限的资源,组织结构也只需要做有限的改变,但是得到的回报却相当高。据《财富》杂志电子版 1999 年 6 月 14 日的相关文章报道,有健全情报系统的公司的股票收益平均每股为 1.24 美元,而没有企业情报系统的公司每股的收益要少 7 美分。

归纳起来,企业竞争情报的作用有三个:为企业提供警示的作用,决策支持的作用和学习支持的作用。

➤ 警示的作用

企业竞争情报最重要的作用之一,是使企业避免遭受突然袭击。企业竞争情报能够帮助企业发现市场上的威胁和机会,并通过减少对手的反应时间和增加自己的反应时间,从而获得竞争优势。例如:商业环境的监测;对技术变化的跟踪;关注影响公司业务的政治、法规的变化;监测主要客户的动向;跟踪市场需求变化;对现有竞争对手的行动预期;发现新的和潜在的竞争对手。

➤ 决策支持的作用

企业竞争情报对高层管理人员在企业并购、投资、竞争领域选择等方面的战略决策具有积极重要的作用。利用竞争情报能够使企业管理人员增加决策的成功率。例如:扩大收购目标选择范围,提高收购的质量;竞争方式决策;生产决策;进入新业务领域的决策;新市场开发;技术开发决策。

➤ 学习支持作用

企业情报工作不仅能帮助企业决定是否投入一项新的业务领域,而且能使你知道如何实际操作,还能帮助你接触到新思想和先进的管理方法,从而避免思想僵化。竞争对手就是你最好的老师,为你提供经验教训,为你提供参照的标准。例如:技术借鉴;标杆管理;帮助企业采用最新的管理工具;激活机制;[*] 避免思想僵化。

---

[*] 对已有知识的激活。

第 2 章 互联网的技术基础

随着互联网用户的不断增长、网络应用的日趋丰富、技术水平的持续提高，互联网逐渐开始向纵深方向发展，真正扮演起改变人们工作和生活方式的工具的角色。因此，互联网的最新发展趋势，包括互联网技术基础的发展，越来越受到人们关注。

互联网技术的创新层出不穷，有效地促进了互联网在社会、经济生活中的应用。其中令人印象最深刻、有光明发展前途的技术包括以下几种：

IPv6 技术：IPv6 是下一版本的互联网协议，它的提出最初是因为随着互联网的迅速发展，IPv4 定义的有限地址空间将被耗尽，地址空间的不足必将影响互联网的进一步发展。为了扩大地址空间，拟通过 IPv6 重新定义地址空间。IPv4 采用 32 位地址长度，只有大约 43 亿个地址，估计在 2005—2010 年间将被分配完毕，而 IPv6 采用 128 位地址长度，几乎可以不受限制地提供地址。按保守方法估算 IPv6 实际可分配的地址，整个地球每平方米面积上可分配 1,000 多个地址。IPv6 的主要优势包括扩大地址空间、提高网络的整体吞吐量、改善服务质量（QoS）、对安全性有更好的保证、支持即插即用和移动性、更好地实现多播功能。

Web2.0：Web2.0 是相对 Web1.0（2003 年以前的互联网模式）的新的一类互联网应用的统称，是一次从核心内容到外部应用的革命。由 Web1.0 单纯通过网络浏览器浏览 Html 网页模式向内容更丰富、联系性更强、工具性更强的 Web2.0 互联网模式的发展已经成为互联网新的发展趋势。Web1.0 到 Web2.0 的转变，具体地说，从模式上是由单纯的"读"向"写"和"共同建设"发展，由被动地接收互联网信息向主动创造互联网信息迈进；从基本构成单元上，是由"网页"向"发表/记录的信息"发展；从工具上，是由互联网浏览器向各类浏览器、RSS 阅读器等内容发展；运行机制上，由"Client Server"向"Web Services"转变；作者由程序员等专业人士向全部普通用户发展；应用上由初级的"滑稽"的应用向全面大量应用发展。总之，Web2.0 是以 Flickr、Craigslist、Linkedin、Tribes、Ryze、Friendster、Del.icio.us、43Things.com 等网站为代表，以 Blog、TAG、SNS、RSS、Wiki 等应用为核心，依据六度分隔、XML、ajax 等新理论和技术实现的新一代互联网模式。

网格（Grid）：网格是借鉴电力网的概念提出的，网格的最终目的是希望用户在使用网格计算能力解决问题时像使用电力一样方便，用户不用去考虑得到的服务来自于哪个地理位置,由什么样的计算设施提供。也就是说,网格给最终的使用者提供的是一种通用的计算能力。网格作为一个集成的计算与资源环境,能够吸收各种计算资源,将它们转化成一种随处可得的、可靠的、标准的且相对经济的计算能力,其吸收的计算资源包括各种类型的计算机、网络通信能力、数据资料、仪器设备甚至有操作能力的人等各种相关资源。网格作为一种能带来巨大处理、存储能力和其他IT资源的新型网络,可以应付临时之用。网格计算通过共享网络将不同地点的大量计算机相联,从而形成虚拟的超级计算机,将各处计算机的多余处理器能力合在一起,可为研究和其他数据集中应用提供巨大的处理能力。

移动互联(WAP)技术: WAP是一种通信协议,其核心是为无线通信终端(例如手机)访问Internet定义一套软、硬件接口,从而使人们可以像使用PC机一样使用手机来发电子邮件和浏览Internet的信息。当然,为了实现这个目标,光有通信协议还是不够的,还要有能支持这个协议的一套相关技术,例如可嵌入到无线通信终端运行的操作系统、浏览器以及专门用于标记无线通信中各种文字符号或图像数据的标记语言等,这套相关技术就称为基于WAP的技术,简称WAP技术。经过近几年国内外IT领域众多专业人员的努力,上述技术问题已逐一得到解决。目前较流行的嵌入式操作系统有WindowsCE、PalmOS和JavaOS,适合在手机中使用的微型浏览器则和PC机上使用的航海家(Navigator)或探索者(IE)类似,只是在功能上比较简练,无线标记语言则有WML,可用于标记和描述移动终端所收发的Internet信息和用户界面。在此基础上诺基亚公司于1999年2月,率先推出了基于WAP的7110手机,这种手机配有较大的显示屏和滚动式鼠标,使得文本输入及其他操作都很简便。利用内置的微型浏览器,诺基亚7110手机可以从网上的诺基亚WAP站点随时获取各种新闻和24小时的实时金融信息服务。

蓝牙(Bluetooth)技术:"蓝牙"技术是一种近距离的无线通信技术,目的是要实现移动计算设备与固定计算设备之间的快速、无线连接。"蓝牙"技术的核心是内置有无线收发功能的芯片。目前实现"蓝牙"技术的模块是3芯片结构,即控制无线电波发射与接收的控制器芯片、数模转换芯片和产生无线电波的RF(射频)芯片,其发展趋势是要最终集成到1平方厘米大小的一块芯片上(与电话卡内的芯片大小相似)。除此以外,新一代的网络操作系统还应能支持蓝牙的无线通信技术标准(这个标准将拟在2001年内正式投入使用)。微软公司已承诺,在其新一代的操作系统"Whistler"中将会支持蓝牙技术标准。有了蓝牙技术的支持,在10米之内无须任何连线就可以将移动计算装置(如手机或掌上电脑)和其他各种固定的数字设备(如台式机、笔记本电脑、激光打印机、数码相机……)连成一体,在瞬间组成一个微型子网。

2.1 网络体系结构

2.1.1 网络体系结构的基本概念

网络协议的概念

计算机网络是由多个互联的结点组成的,结点之间需要不断地交换数据和控制信息。要做到有条不紊地交换数据,每个结点都必须遵守一些事先约定好的规则。这些规则明确地规定了所交换数据的格式和时序。这些为网络数据交换而制定的规则、约定和标准被称为网络协议(Protocol)。网络协议主要由以下三个要素组成:

> 语义

对协议元素的含义进行解释。不同类型的协议元素所规定的语义是不同的,例如需要发出何种控制信息、完成何种动作及得到的响应等。

> 语法

将若干个协议元素和数据组合在一起用来表达一个完整的内容所应遵循的格式,也就是对信息的数据结构做一种规定。例如用户数据与控制信息的结构与格式等。

> 时序

对事件实现顺序的详细说明。例如在双方进行通信时,发送点发出一个数据报文,如果目标点正确收到,则回答源点接收正确;若接收到错误的信息,则要求源点重发一次。

网络协议对计算机网络是不可缺少的,一个功能完备的计算机网络需要制定一整套复杂的协议集。对于结构复杂的网络协议来说,最好的组织方式是层次结构模型。计算机网络协议就是按照层次结构模型来组织的。我们将网络层次结构模型与各层协议的集合定义为计算机网络体系结构(Network Architecture)。网络体系结构对计算机网络应该实现的功能进行了精确的定义,而这些功能使用什么硬件与软件去完成是具体的实现问题。体系结构是抽象的,而实现是具体的,是能够运行的一些硬件和软件。

第二章

网络体系结构的提出

计算机网络中采用层次结构,它有以下一些好处:

- 各层之间相互独立。高层并不需要知道低层是如何实现的,而仅需要知道该层通过层间接口所提供的服务。
- 灵活性好。当任何一层发生变化时,例如由于技术的进步促进实现技术的变化,只要接口保持不变,则在这层以上或以下各层均不受影响。另外,当某层提供的服务不再需要时,甚至可将这层取消。
- 各层都可以采用最合适的技术来实现,各层实现技术的改变不影响其他层。
- 易于实现和维护。因为整个系统已被分解为若干个易于处理的部分,这种结构使得一个庞大而又复杂系统的实现和维护变得容易控制。
- 有利于促进标准化。这主要是因为每层的功能与所提供的服务已有精确的说明。

1974 年,IBM 提出了世界上第一个网络体系结构,这就是系统网络体系结构(System Network Architecture,SNA)。此后,许多公司纷纷提出各自的网络体系结构。这些网络体系结构的共同之处在于它们都采用了分层技术,但层次的划分、功能的分配和采用的技术术语均不相同。随着信息技术的发展,各种计算机系统联网和各种计算机网络的互联成为人们需要解决的问题。OSI 参考模型就是在这个背景下提出并开展研究的。

2.1.2 OSI 参考模型

20 世纪 70 年代以来,国外一些主要计算机生产厂家先后推出了各自的网络体系结构,但它们都属于专用的。为使不同计算机厂家的计算机能够互相通信,以便在更大的范围内建立计算机网络,有必要建立一个国际范围的网络体系结构标准。国际标准化组织 ISO 于 1981 年正式推荐了一个网络系统结构——七层参考模型,叫做开放系统互联模型(Open System Interconnection,OSI)。由于这个标准模型的建立,使得各种计算机网络向它靠拢,大大推动了网络通信的发展。

OSI 是一个开放性的通行系统互联参考模型,它包括一个定义得非常好的协议

规范。OSI 模型有七层结构,每层都可以有几个子层。如下图所示:

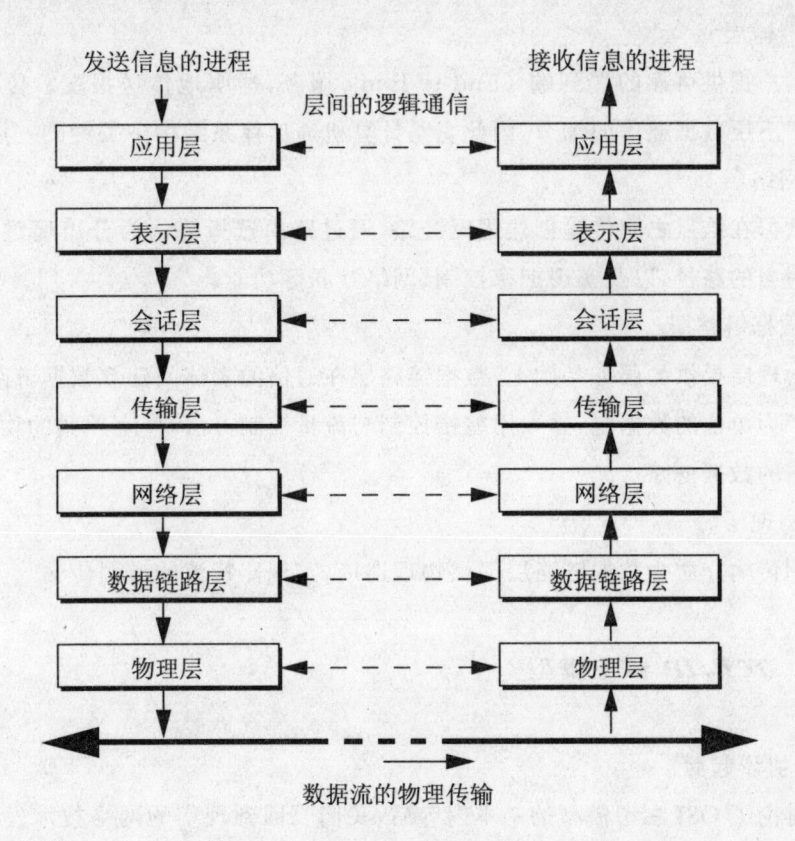

```
发送信息的进程                    接收信息的进程
     ↓        层间的逻辑通信          ↑
   应用层    ←------------→      应用层
     ↓                              ↑
   表示层    ←------------→      表示层
     ↓                              ↑
   会话层    ←------------→      会话层
     ↓                              ↑
   传输层    ←------------→      传输层
     ↓                              ↑
   网络层    ←------------→      网络层
     ↓                              ↑
 数据链路层  ←------------→    数据链路层
     ↓                              ↑
   物理层    ←------------→      物理层
     ↓                              ↑
  ←———————————————————————————————→
             数据流的物理传输
```

图 2-1 OSI 模型体系结构图

其中高层,即 7、6、5、4 层定义了应用程序的功能,下面三层,即 3、2、1 层主要面向通过网络的端到端的数据流。

OSI 参考模型各层功能

➢应用层

为应用软件提供很多服务,例如文件服务器、数据库服务、电子邮件和其他网络软件服务。

➢ 表示层

用于处理在两个通信系统中交换信息的表示方式,主要包括数据格式交换、数据加密与解密、数据压缩与恢复等功能。

➢ 会话层

负责维护结点之间的会话进程之间的通信、管理数据交换等功能。

> 传输层

向用户提供可靠的端到端（End-to-End）服务，透明地传送报文。传输层向高层屏蔽了下层数据通信的细节，因此它是计算机通信体系结构中关键的一层。

> 网络层

为数据在结点之间传输创建逻辑链路，通过路由选择算法为分组通过通信子网选择最适当的路径，以及实现拥塞控制、网络互联等功能。

> 数据链路层

在物理层提供的服务基础上，数据链路层在通信的实体间建立数据链路连接，传输以"帧"为单位的数据包，并采用差错控制与流量控制方法，使有差错的物理线路变成无差错的数据链路。

> 物理层

利用传输介质为数据链路层提供物理连接，实现比特流的透明传输。

2.1.3 TCP/IP 参考模型

TCP/IP 协议起源

在讨论了 OSI 参考模型的基本内容后，我们要回到现实的网络技术发展状况中来。OSI 参考模型研究的初衷是希望为网络体系结构与协议的发展提供一种国际标准，但是，TCP/IP 协议的广泛应用对网络技术发展的影响，使我们不能忽视它的重要。

阿帕网是最早出现的计算机网络之一，现代计算机网络的很多概念与方法都是在它的基础上发展起来的。最初阿帕网使用的是租用线路，当卫星通信系统与通信网发展起来之后，阿帕网最初开发的网络协议适于在通信可靠性较差的通信子网中使用，且出现了不少问题，这就导致了新的网络协议 TCP/IP 的出现。虽然 TCP/IP 协议不是 OSI 标准，但它是目前最流行的商业化的协议，并被公认为当前的工业标准或"事实上的标准"。在 TCP/IP 协议出现后，出现了 TCP/IP 参考模型（如图 2-2 所示）。1974 年，Kahn 定义了最早的 TCP/IP 参考模型。1985 年，Lelner 等人进一步对它开展了研究。1988 年，Clark 在参考模型出现后对其设计思想进行了讨论。

OSI 参考模型		TCP/IP 参考模型
应用层		应用层
表示层		
会话层		
传输层		传输层
网络层		网际层
物理链路层		网络接口层
物理层		

图 2-2　TCP/IP 参考模型与 OSI 参考模型

TCP/IP 参考模型各层功能

➤ 网络接口层

网络接口层对应于 OSI 七层参考模型的数据链路层和物理层,它负责通过网络发送和接收 IP 数据包。实际上 TCP/IP 标准并不定义与 ISO 数据链路层和物理层相对应的功能。相反,它定义像地址解析协议(Address Resolution Protocol,ARP)这样的协议,提供 TCP/IP 协议的数据结构和实际物理硬件之间的接口。

➤ 网际层

网际层对应于 OSI 七层参考模型的网络层,它负责将源主机的报文分组发送到目的主机。本层包含 IP 协议、RIP 协议(Routing Information Protocol,路由信息协议),负责数据的包装、寻址和路由。同时还包含用来提供网络诊断信息的网间控制报文协议(Internet Control Message Protocol,ICMP)。

➤ 传输层

传输层对应于 OSI 七层参考模型的传输层,它提供两种端到端的通信服务。其中 TCP 协议(Transmission Control Protocol)提供可靠的数据流运输服务,UDP 协议(Use Datagram Protocol)提供不可靠的用户数据报服务。

➤ 应用层

应用层对应于 OSI 七层参考模型的应用层和表达层。因特网的应用层协议包括 Finger、Whois、FTP(文件传输协议)、Gopher、http(超文本传输协议)、Telnet(远程终端协议)、SMTP(简单邮件传送协议)、IRC(因特网中继会话)、NNTP(网络新闻传输协议)等。

2.1.4 OSI 参考模型与 TCP/IP 参考模型的比较

对 OSI 参考模型的评价

OSI 参考模型与 TCP/IP 参考模型的共同之处是：它们都采用了层次结构的概念，在传输层中两者定义了相似的功能。但是，两者在层次划分与使用协议上有很大区别。无论是 OSI 参考模型与协议，还是 TCP/IP 参考模型与协议都不是完美的，对两者的评论与批评都很多。在 20 世纪 80 年代几乎所有专家都认为 OSI 参考模型与协议将风靡世界，但事实却与人们预想的相反。

造成 OSI 协议不能流行的原因之一是模型与协议自身的缺陷。大多数人认为 OSI 参考模型的层次数量与内容可能是最佳的选择，其实并不是这样的。会话层在大多数应用中很少用到，表示层几乎是空的。在数据链路层与网络层有很多的子层插入，每个子层都有不同的功能。OSI 参考模型将"服务"与"协议"的定义结合起来，使得参考模型变得格外复杂，实现它也是困难的。同时，寻址、流量控制与差错控制在每一层里都重复出现，必然要降低系统效率。虚拟终端协议员最初安排在表示层，现在安排在应用层。关于数据安全性、加密与网络管理等方面的问题也在参考模型的设计初期被忽略了。

有人批评参考模型的设计更多地受制于通信思想，很多选择不符合计算机与软件的工作方式。很多"原语"在软件的高级语言中实现起来很容易，但严格按照层次模型编程的软件效率很低。尽管 OSI 参考模型与协议存在着一些问题，但至今仍然有不少组织对它感兴趣，尤其是欧洲的通信管理部门。

对 TCP/IP 参考模型的评价

TCP/IP 参考模型与协议也有自身的缺陷，主要表现在以下两个方面。

> ➤ TCP/IP 参考模型在服务、接口与协议的区别上不很清楚。一个好的软件工程应将功能与实现方法区分开来，TCP/IP 参考模型恰恰没有很好地做到这点，这就使 TCP/IP 参考模型对于使用新技术的指导意义不够。而且，TCP/IP 参考模型对其他非 TCP/IP 协议族不适用。

> ➤ TCP/IP 参考模型的网络接口层本身并不是实际的一层，它定义了网络层与

数据链路层的接口。物理层与数据链路层的划分是必要和合理的,一个好的参考模型应该将它们区分开来,而 TCP/IP 参考模型却没有做到这一点。

但是,自从 TCP/IP 协议在 20 世纪 70 年代诞生以来已经经历了 20 多年的实践检验,它已经成功地赢得了大量的用户和投资。TCP/IP 协议的成功促进了 Internet 的发展,Internet 的发展又进一步扩大了 TCP/IP 协议的影响。TCP/IP 协议首先在学术界争取了一大批用户,同时也越来越受到计算机产业界的青睐。IBM、DEC 等大公司纷纷宣布支持 TCP/IP 协议;局域网操作系统 NetWare、LAN Manager 争相将 TCP/IP 纳入自己的体系结构;数据库 Oracle 支持 TCP/IP 协议;UNIX、POSIX 操作系统也一如既往地支持 TCP/IP 协议。

相比之下,OSI 参考模型与协议显得有些势单力薄。人们普遍希望网络标准化,但 OSI 迟迟没有成熟的产品推出,妨碍了第三方厂家开发相应的硬件和软件,从而影响了 OSI 产品的市场占有率和今后的发展。

2.2 互联网协议

Internet 连接着几百万台计算机以及各种各样的网络系统。要将多种型号的计算机,分布在如此复杂的网络之中,在如此广阔的范围内互联起来,形成一个统一的超级网络,其难度是可想而知的。然而,TCP/IP 协议终于统一了 Internet 的"天下"。因此,人们把 TCP/IP 协议称为 Internet 的核心。它类似于一种"黏合剂",能够把 Internet 的各个部分"黏"在一起。

TCP/IP 协议是一种以 TCP 协议和 IP 协议的组合名字而命名的、由上百种不同协议组成的协议集(如下图所示)。其具体内容技术系很强,远远超出人们的兴趣范围。我们这里只介绍有关 TCP/IP 协议的一些基本知识。

TCP/IP 层次	OSI 层次	TCP/IP 协议集			
应用层	5-7	SMTP	DNS	NSP	FIP	TELNET
传输层	4	TCP			UDP	
网际层	3	TCMP	IP	ARP	RARP	
网络接口层	2	ETHERNET	ARPANET	PDN	OTHERS	

第二章

2.2.1 应用层

应用层是 TCP/IP 原理体系结构中的最高层,因此应用层的任务不是为上层提供服务,而是为最终用户提供服务。应用层协议的具体内容就是规定应用进程在通信时所遵循的协议。

应用层协议举例:

- 简单邮件传送协议 SMTP(Simple Mail Transfer Protocol):一个电子邮件传输协议,在 TCP 连接之上,管理底层的邮件系统,负责如何将邮件从一台机器传至另一台机器;
- 邮局协议 POP(Post Office Protocol):目前的版本是 POP3,POP3 是将邮件从电子邮箱中传输到本地计算机的协议;
- 远程登录协议 TELnet:使用户可以方便地登录到 Internet 上的任一台主机的分时系统,这是网络环境下实现资源共享的重要手段;
- 文件传送协议 FTP(File Transfer Protocol):用于进行文字和非文字信息的双向传送;
- 域名服务 DNS(Domain Name Service):提供域名与 IP 地址之间的转换。
- 超文本传输协议 http(Hyper Text Transfer Protocol):Web 服务器和 Web 浏览器之间进行超文本传输所用的协议。

2.2.2 传输层

传输层提供端到端进程间可靠、有效的数据传输服务。传输层有两个并列的协议:面向连接的 TCP 协议和无连接的 UDP 协议。

- TCP(Transmission Control Protocol)传输控制协议

TCP 是面向连接的传输协议,为需要传输大量数据的应用程序提供面向连接的可靠的通信,提供全双工的和可靠交付的服务。TCP 协议在能够发送数据之前就建立起"连接",由于通信是全双工方式,因此 TCP 连接的任何一方(不论是客户端还是服务器端)都能够发送和接收数据。

发送端的应用进程按照自己产生数据的规律，不断地将数据块陆续写入到 TCP 的发送缓存中。TCP 再从发送缓存中取出一定数量的数据，将其组成 TCP 报文段（Segment）逐个发送到 IP 层，然后发送出去。接收端从 IP 层收到 TCP 报文段后，先将其暂存在缓存中，然后从接收端应用进程的接收缓存中将数据块逐个读取。以上就是 TCP 数据传输的简单过程。

• UDP（User Datagram Protocol）用户数据报协议。

UDP 是无连接的数据报传输协议，并不保证数据报被发送到，即在传输少量数据的应用程序时可使用 UDP。用户数据报协议 UDP 只在 IP 的数据报服务之上增加了很少一点功能，就是端口的功能和差错检测的功能。虽然 UDPyonghu 数据报只能提供不可靠的交付，但 UDPzai 某些方面有其特殊的优点，例如：

• 发送数据之前不需要建立连接（当然发送数据结束时也没有连接需要释放），因此减少了开销和发送数据之前的时延。

• UDP 不使用拥塞控制，也不保证可靠交付，因此主机不需要维持具有许多参数的、复杂的连接状态表。

• UDP 用户数据报只有 8 个字节的首部开销，比 TCP 的 20 个字节的首部要短。

• 由于 UDP 没有拥塞控制，因此网络出现的拥塞不会使源主机的发送速率降低。这对某些实时应用是很重要的。很多实时应用（如 IP 电话、实时视频会议等）要求源主机以恒定的速率发送数据，并且允许在网络发生拥塞时丢失一些数据，但却不允许数据有太大的时延。UDP 正好适合这种要求。

2.2.3 网际层（互联网层）

网际层包含有四个重要的协议：即 IP、ICMP、ARP 和 RARP。

网际层的主要功能是由 IP 协议提供的。IP 协议提供了无连接数据报传输和网际路由服务。

为了使 TCP/IP 协议与具体的物理网络无关，通过网际层将物理地址隐藏起来，统一使用 IP 地址进行网际间的通信。IP 地址与物理地址之间的映射称为地址解析。在网际层，提供从 IP 地址到物理地址映射服务的协议是地址解析协议 ARP（Address Resolution Protocol），而提供从物理地址到 IP 地址映射服务的协议是反向地址解析协议 RARP（Reverse Address Resolution Protocol）。

第二章

TCP/IP 是 Internet 使用的一组协议。在 Internet 上传输控制协议和网际协议是配合进行工作的。网际协议（IP）负责将消息从一个主机传送到另一个主机。为了安全，消息在传送的过程中被分割成一个个的小包。传输控制协议（TCP）负责收集这些信息包，并将其按适当的次序放好传送，在接收端收到后再将其正确地还原。由于 IP 协议提供了无连接的数据报传输服务。在传输过程中，如果发生差错或意外，如数据报目的地址不可达、数据报在网络中的滞留时间超过其生存期、中转节点或目的节点主机因缓冲区不够或其他故障无法处理数据报等，这时就需要 ICMP 来向源节点报告差错情况，以使源节点能及时对差错进行相应的处理。

ICMP 是"Internet Control Message Protocol"（网际控制报文协议）的缩写。它是 TCP/IP 协议族的一个子协议，用于在 IP 主机、路由器之间传递控制消息。控制消息是指网络通不通、主机是否可达、路由是否可用等网络本身的消息。这些控制消息虽然并不传输用户数据，但是对于用户数据的传递起着重要的作用。

ARP（Address Resolution Protocol，地址解析协议）是一个位于 TCP/IP 协议栈中的低层协议，负责将某个 IP 地址解析成对应的 MAC 地址。

RARP（Reverse Address Resolution Protocol，反向地址解析协议），用于 MAC 地址到 IP 的解析，此协议多用于无盘工作站。比如局域网中有一台主机只知道物理地址而不知道 IP 地址，那么可以通过 RARP 协议发出征求自身 IP 地址的广播请求，然后由 RARP 服务器负责回答。

网际层主要负责：

> 处理来自传输层的分组发送请求；
> 将分组装入 IP 数据报；
> 进行路由选择，使数据报能到达信宿机；
> 处理 ICMP 报文，处理流控、拥塞等问题。

2.2.4 网络接口层

TCP/IP 协议不包含具体的物理层和数据链路层协议，只规定了 TCP/IP 协议与各种物理网络之间的网络接口。这些物理网络可以是广域网，如 ARPAnet、MILnet 和 X.25 公用数据网，也可以是局域网，如 Ethernet、Token Ring、FDDI 等

IEEE 定义的各种标准局域网。网络接口定义了一种接口规范,任何物理网络只要按照这个接口规范开发网络接口驱动程序,都能够与 TCP/IP 协议集成起来。网际层提供了专门的 ARP/RARP 协议来解决 IP 地址与网络物理地址的转换问题。

2.3 常用的网络通信设备

2.3.1 服务器和工作站

大多数时候服务器是网络的核心(当然对等网也可以没有服务器)。为普通的办公、教学等使用的服务器可以采用一般配置较高的普通电脑,针对较复杂的网络则有多种服务器,按服务器的功能一般可分为邮件服务器、FTP 服务器、文件服务器等等。注意,这个分类是针对服务器功能而言的,不是指物理上单个的计算机。举例而言,在一个较为复杂的网络中,很可能邮件服务器和 FTP 服务器是一台计算机,只是该机身兼两种服务器的功能。同时又可以有多台计算机同时承担文件服务器的功能。而按服务器外形则又可以分为塔式服务器、机架式服务器、刀片式服务器等等。

➢ 塔式服务器:

➢ 机架式服务器:

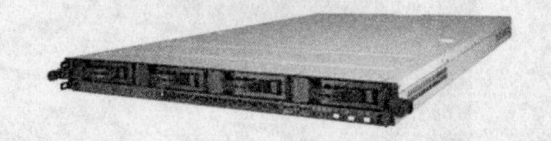

第二章

➢ 刀片式服务器：

服务器和一般电脑的配置可以相同（基本上只有外观上的差别），只需安装提供服务的软件就可以。当然，专业的服务器有专用的服务器配件。与一般的普通电脑配件相比，专业服务器配件的可靠性高。某些服务器运算性能强劲，价格昂贵。但专用的服务器都是网络的核心组成部分，所以服务器和一般电脑追求的性能不同，它追求的是稳定性和安全性。

工作站。在计算机领域，工作站其实有两种概念，其一是针对特定需求而专门制造的电脑，如图形工作站等等，特点是某一方面的性能极其优秀，大部分专用于专业领域。

拥有四个屏幕的图形工作站：

另一种概念实际上就是泛指网络中的普通电脑（相对于服务器而言），又称"终端"，英文"host"，早期的时候 386 以上档次的电脑都可作为组网的工作站。一般根据资金、应用等具体情况使用当时流行配置的电脑作为工作站。一些低成本的网络工作站可以不配置软驱和光驱，而且硬盘可以选择容量较小的，甚至可以不配置硬盘，没有硬盘的工作站称为"无盘工作站"，这样不仅可以充分利用服务器的资源，节省资金，还可防止病毒感染，保证网络安全。早期的时候由于电脑价格较高，无盘工作站曾相当流行，多用于组建学校机房。如今随着计算机硬件不断遵循着"摩尔定律"飞速发展，电脑配件价格大幅降低，除去一些特殊场合，无盘工作站已经很少见了。

2.3.2 网络适配器（网卡）

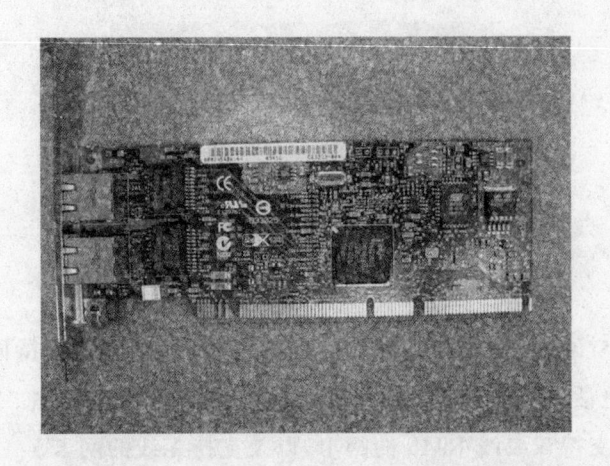

网卡的主要作用是将计算机数据转换为能够通过介质传输的信号。当网络适配器传输数据时，它首先接收来自计算机的数据。为数据附加自己的包含校验及网卡地址的报头，然后将数据转换为可通过传输介质发送的信号。网卡按接口主要可以分为 ISA 接口、PCI 接口、PCMIA 接口、USB 接口以及新出的 PCI Express 接口。其中后三种接口一般用于笔记本电脑。上图中是一张 PCI 接口的网卡。

第二章

➢ PCMIA 接口的网卡

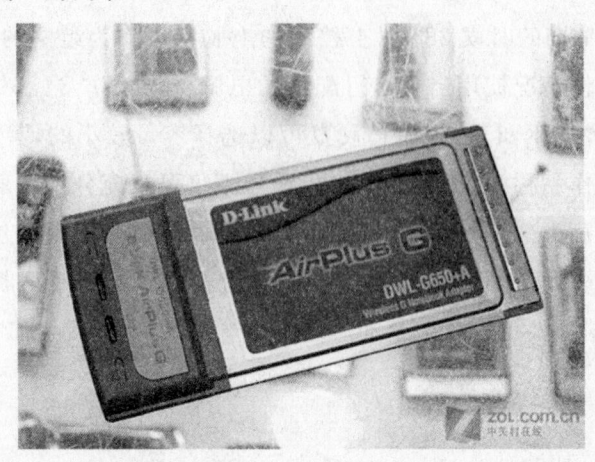

➢ USB 接口的网卡

网卡除了接口的分类外，支持的网络介质也有所不用，有支持同轴电缆的 BNC 头的网卡，支持电话线的 RJ11 头的网卡，还有支持 RS232 串行总线的网卡，支持光纤的网卡和主流支持双绞线 RJ45 的网卡，以及支持无线的网卡。

➢ BNC 接口的网卡

互联网的技术基础

➢ 无线网卡

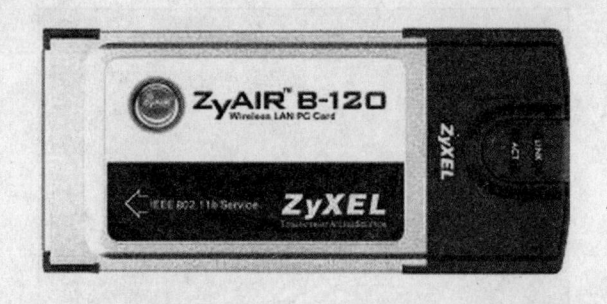

同时，网络介质的不同和传输速度也有很大关系，同轴电缆的网卡一般最大只支持到 10M 的网速，电话线和 RS232 串行总线的网速就更慢了。光纤的网络传输速度可以在 1G 以上，而成本低廉目前使用最广泛的 RJ45 双绞线网卡的速度范围则覆盖了从 10M 到 1G 的速度范围。无线网卡的传输速度在不断的升级之中，现在投入市场的最快已经有 125M 的无线网卡了。而无线网卡的使用极其方便，在将来必将占据主流地位。

2.3.3 传输介质

常见的网线分细同轴线缆、粗同轴线缆和双绞线、光缆等。以前同轴线缆采用较多，主要是因为同轴电缆组成的总线形结构网络成本较低，但单条电缆的损坏可能导致整个网络瘫痪，维护也难，这已经是一种将近淘汰的网络形式。

以下重点介绍双绞线。根据最大传输速度的不同，双绞线分为不同的类别：主要有 3 类、5 类及超 5 类，现在针对千兆网络（1Gbps）已经有 6 类和超 6 类的双绞线了。3 类双绞线的速率为 10Mb/s，5 类双绞线的速率可达 100Mb/s，超 5 类更可达 155Mb/s 以上，可以适合未来多媒体数据传输的需求。双绞线还分为屏蔽双绞线（STP）和非屏蔽双绞线（UTP）。STP 双绞线内部包了一层皱纹状的屏蔽金属物质，并且多了一条接地用的金属铜丝线，因此它的抗干扰性比 UTP 双绞线强，但价格也要贵很多。每条双绞线最大传输距离为 100 米，超过这个距离双绞线的信号就可能失真，需要专用的中继器来对信号进行放大以进行更远距离的传输。

➢ 非屏蔽双绞线

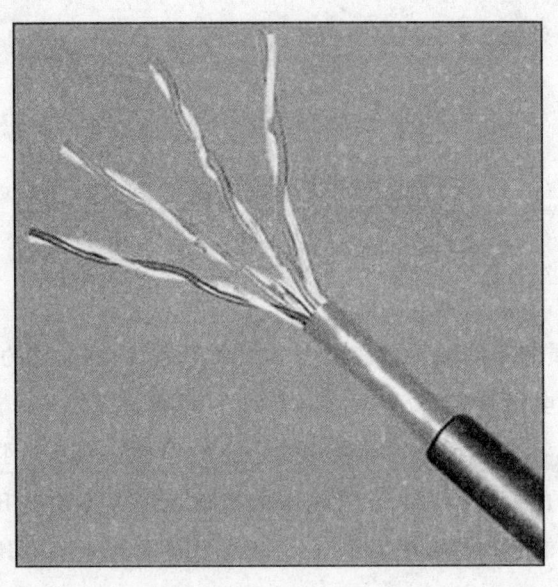

➢ 屏蔽双绞线

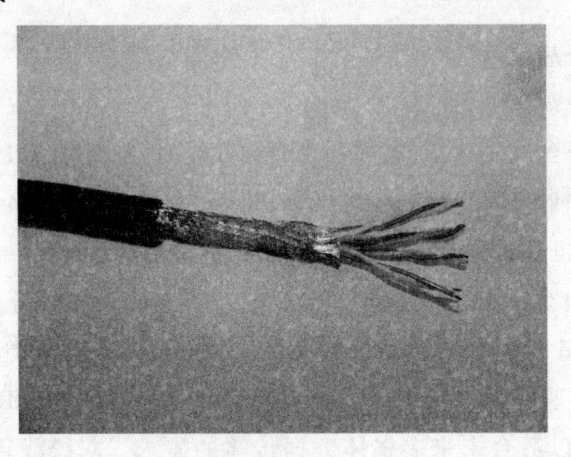

　　光纤是利用光的全反射原理来传输网络信号的新一代的传输介质。与铜质介质相比，光纤具有一些明显的优势。优点是速度快、传输距离远，而且因为光纤不会向外界辐射电子信号，所以使用光纤介质的网络无论是在安全性、可靠性还是网络性能方面都有了很大的提高。光纤传输的带宽大大超出铜质线缆，而且光纤支持的最大连接距离达两公里以上，是组建较大规模网络的必然选择。现在有两种不同类型的光纤，分别是单模光纤和多模光纤（所谓"模"就是指以一定的角度进入光纤的一束光线）。多模光纤使用发光二极管（LED）作为发光设备，而单模光纤使用的则是激光二极管（LD）。多模光纤允许多束光线穿过光纤。因为不同光线进入光纤的角度不同，所以到达光纤末端的时间也不同。这就是我们通常所说的模色散。色散从一定程度上限制了多模光纤所能实现的带宽和传输距离。正是基于这种原因，多模光纤一般被用于同一办公楼或距离相对较近的区域内的网络连接。单模光纤只允许一束光线穿过光纤。因为只有一种模态，所以不会发生色散。使用单模光纤传递数据的质量更高，传输距离更长。单模光纤通常被用来连接办公楼之间或地理分散更广的网络。

如果使用光纤作为传输介质，还需增加光端收发器等设备。价格比较昂贵，在一般的应用中并不采用。

➢ 光纤

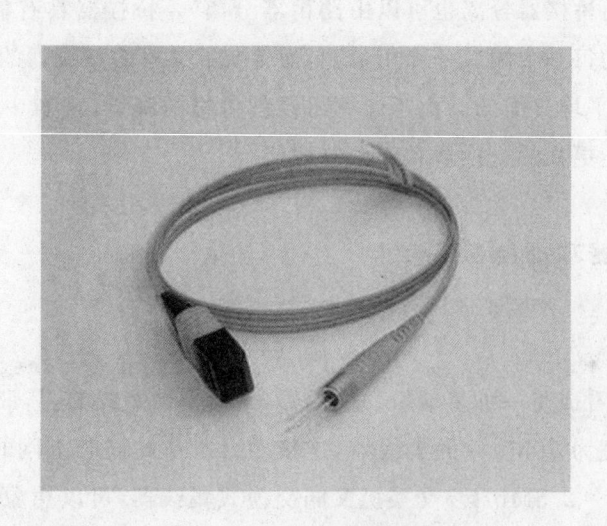

➢ 光纤网卡

在现实的互联网中，现存的几种网线基本上处于互补位置。一般互联网的骨干网会使用光缆作为传输介质，以满足大容量、高速度与长距离传输的要求，而小型局域网则使用 RJ45 双绞线来连接终端。而 RS232 串行网线现在一般都是用在工业控制中。

第二章

2.3.4 中继器和桥接器

大家知道,无论采用何种传输介质,其传输距离都是有限的。粗同轴电缆每一网段的最大距离为 500 米,细同轴电缆为 180 米,双绞线为 100 米。超过这些距离,就需要利用中继器来扩展距离。中继器的功能就是将经过衰减而变得不完整的信号,经过整理后,重新产生出完整的信号再继续传送。虽然中继器可以延长传输距离,但传输带宽不会发生变化。

至于桥接器,传统的桥接器只有两个端口,用于连接不同的网段(网段可以由中继器分离,可以由桥接器分离也可以由路由器分离)。桥接器具有信号过滤的功能,此外,桥接器上的每一个端口是专用带宽,而传统的共享式集线器的带宽是由该集线器上的所有端口平均分配的。由于计算机硬件价格的降低,现实中的桥接器越来越少,逐渐地被功能更强的交换器和路由器取代。

2.3.5 集线器和交换机

> 集线器

集线器可以看成是一种多端口的中继器,是共享带宽式的,其带宽由它的端口平均分配,如总带宽为 10Mb/s 的集线器,连接四台工作站同时上网时,每台工作站平均带宽仅为 10/4＝2.5Mb/s。交换机又叫交换式集线器:可以想象成一台多端口的桥接器,每一端口都有其专用的带宽,如 10Mb/s 的交换式集线器,每个端口都有 10Mb/s 的带宽。交换机和集线器都遵循 IEEE802.3 或 IEEE802.3u,其介质存取方式均为 CSMA/CD。它们之间的区别为:

集线器为共享方式,既同一网段的机器共享固有的带宽,传输通过碰撞检测进行,同一网段计算机越多,传输碰撞也越多,传输速率会变慢;交换机每个端口为固定带宽,有独特的传输方式,传输速率不受计算机增加影响,其独特的 NWAY、全双工功能增加了交换机的使用范围和传输速度。

现在交换机和集线器普遍采用了自适应(Auto-sense 或 Auto-Negotiation)技术。可以自动适应 100M 和 10M 速率。这类交换机和集线器按照以下顺序适应工作速率:100M 全双工,100M 半双工,10M 全双工,10M 半双工。Auto-Negotiation 在 IEEE 802.3u 中已有规定。其好处是在不需用户参与设定的情况下,自动以最高

互联网的技术基础

速率连接。

另外集线器上一般都有 Collision 灯。由于以太网络采用了 CSMA/CD 协议，在传输过程中可能发生冲突，此时，Collision 要闪烁。如果 Collision 闪烁过分频繁，说明网络负载已经很重了，需要对网络进行调整或者升级。

➢ 交换机

一般意义上的交换机和集线器功能差别不大，只是交换机的每个端口都有笃定带宽，而不是如集线器那样共享带宽的。

现在随着网络发展，又有了新的设备：第三层交换机，只是它的功能与一般的交换机截然不同，更类似于以下即将介绍的路由器的功能。

2.3.6 路由器

路由器（见下页图）是网络中进行网间连接的关键设备。作为不同网络之间互相连接的枢纽，路由器系统构成了基于 TCP/IP 的国际互联网络 Internet 的主体脉络，也可以说，路由器构成了 Internet 的骨架。它的处理速度是网络通信的主要瓶颈之一，它的可靠性则直接影响着网络互联的质量。因此，在园区网、地区网乃至整个 Internet 研究领域中，路由器技术始终处于核心地位。路由器之所以在互联网络中处于关键地位，是因为它处于网络层，一方面能够跨越不同的物理网络类型（DDN、FDDI、以太网等等），另一方面在逻辑上将整个互联网络分割成逻辑上独立的网络单位，使网络具有一定的逻辑结构。

路由器的基本功能是把数据（IP 包）传送到正确的网络，具体包括：IP 数据包的转发，包括数据包的寻径和传送；子网隔离，抑制广播风暴；维护路由表，并与其他路由器交换路由信息，这是 IP 包转发的基础；IP 数据包的差错处理及简单的拥塞控制；实现对 IP 数据包的过滤和记忆等功能。

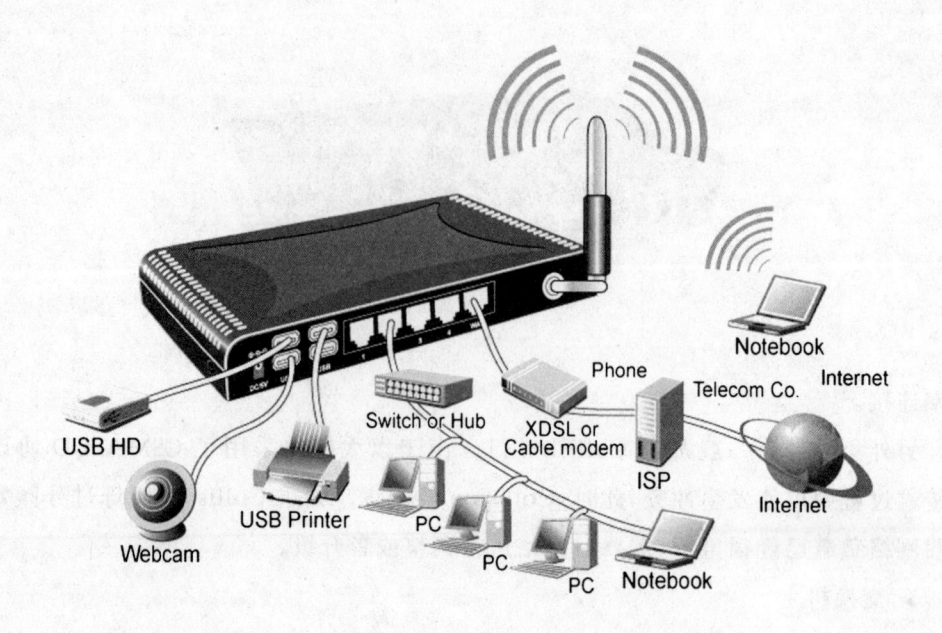

2.4 互联网传输方式的发展

2.4.1 电话网

最初的互联网是建立在原有电话网的基础之上的。电话网由于其带宽较窄,被称为低速网。在电话网中,计算机用户要想拨号进入互联网时,一个关键的设备就是调制解调器。它把计算机产生的数字信号调制成模拟信号进行传送,或把收到的模拟信号解制成数字信号进行处理。由于每次接通的电话线路质量会有差别,数据压缩效率有所不同,实际的传输速率会有快有慢,并非与设定值完全一致,所以其数据传输的速度和可靠性相对较差。

为了克服电话网的不足,有线电视网、卫星线路、光线网、无线互联网等几种新的网络方案开始迅速发展。

2.4.2 有线电视网

有线电视网以其可以普遍接入宽带的明显优势引起信息技术、信息服务以及其他相关领域的广泛重视。目前,有线电视网在全世界已有9.4亿以上的用户。有线电视网的优势是普及率高,接入带宽最宽,掌握着重要的信息源。从理论上讲,利用有线电视网络作为一种宽带信号网,可以作互联网信道的一种有益补充,成为信息的分流途径。这样既可缓解互联网信道拥塞的问题,又有助于将有线电视网纳入统一网之中,利用有线电视网进行信息的整体报送。在整体推送的前提下,为了尽可能组织好信息,需要在通信的不同阶段均实现信息的有序化。

不过,有线电视网存在着一些先天的缺陷。因为有线电视网只是为了将收费的电视节目从电视台传到用户家中,根本没有打算要提供点对点的双向通信。有线电视网络是无交换机制的树状分枝结构。此外,有线电视网络还有诸如接头的阻抗不匹配、布线水平不高、缺乏双向传输必需的双向放大器、抗杂音干扰差等致命的缺点。由于有线电视网络不具备成熟的交换机制,因此它的应用受到很大限制。目前整个有线电视网络只能视为一个互联网的节点,只能获取互联网上的数据,无法提供点对点的通信。

2.4.3 卫星线路

随着互联网的普及,数据通信的需求大大增强。各国国际通信公司已开始将目光投向卫星线路。利用卫星线路作为国际通信主干线路的技术正在确立。卫星线路的采购成本也比电缆线路低廉得多。今后卫星线路与电缆相配合的各种服务,将会相继面世。国际数据通信公司(IDC)利用国际通信卫星组织的卫星线路成功地进行了大容量数据通信试验。

卫星线路位于相对静止轨道的人造卫星与地面站之间,它的最大的缺点是传送延迟、不适宜以同步方式相互交换信号的数据通信。在国际数据通信公司的试验中也产生了传送延迟现象,得到文页信息的时间平均延长2秒左右。当然,在家庭利用方面几乎没有影响,因为家庭所需的容量不大。

2.4.4 光纤网

光纤通信的诞生与发展是电信史上的一次重要革命。近几年来,随着技术的进步,光纤通信又一次呈现出蓬勃发展的新局面,其发展速度不仅超过了摩尔定律所限定的交换机和路由器的发展速度,而且也超过了数据业务的增长速度,成为近几年来发展最快的技术。

第二章

为什么需要光纤网？根据计算，在互联网上传输的数据每三个月就会增长一倍。常规的电子网络根本无法跟上这一发展速度。光纤网络与这些常规网络相比，能够以较低的成本承载多得多的数据。因此，尽管在电子商务的其他领域形势时阴时暗，但是用户对光纤网络的需求却一直很强劲。克莱纳·珀金斯-拜尔斯风险投资公司的合伙人之一维诺德·科斯拉说："人们对这类产品的需求不受市场周期的影响。"目前他已成功地投资了十几家互联网设备公司。

什么是光纤网？光纤网是基于光纤传输的数据网络，数据网络由 ATM、IP 路由器/交换机等组成，光纤网包括 WDM 终端、光放大器和光纤本身。光纤网的论题不仅仅涉及数据和光纤网，还涉及数据与光纤网的内部传输。在光纤网中，交换机和路由器这类高速互联网设备是通过光联网技术互联在一起的。它们既可以与光学介质直接连接，也可以与一个包括互联设备和 SOnet/SDH 网络要素在内的光学网络层连接。

目前，光纤网络正在世界普及。为了抓住网络经济时代带来的巨大商业机会，世界各国都在加紧研制新一代的宽带通信技术。而绝大多数的这些研究都把新一代光纤技术作为努力方向。

2.4.5　无线互联网

随着通信技术、网络技术、软件和信号处理技术的发展，进入 21 世纪以来，无线移动通信、无线互联网和个人终端的发展特别引人注目，成为风靡全球的高新技术和新兴产业。因此，以无线移动通信作为传输手段，以互联网为核心网络，以个人终端作为用户机的无线互联网应运而生，即将得到广泛的应用。

无线互联网，是通过无线接入通信向信息终端（计算机）提供 IP 业务和信息服务的互联网络。其特点是以无线接入（区域性通信）为信息传递方式，以计算机终端（笔记本电脑）为信息终端。其特征和能力与现有的互联网终端没有太大的不同，可以直接接入现有的互联网，实现 IP 业务通信的服务。

无线互联网有两大类，第一类是无线 Modem，主要应用于便携式电脑的移动上网。这类产品的突出代表就是 3G（第三代移动通讯），可以提供 2M 的网络接入速度，因为无线带宽也有限，所以价格比较昂贵。另一类就是智能终端。主要是"掌上应用"，简单易用，小巧便携。这类产品主要以移动电话、寻呼机、双向寻呼机、掌上电脑（PDA）和电子阅读器为核心。这类产品占用网络资源少，价格低，个性化极强，能够像今天的普通寻呼机一样大规模普及。未来的几年内,所有的掌上电脑都应该可以通过无线互联网连接世界。

无线互联网设备和电脑比起来,显示器小、内存小、存储量小、没有键盘,一般单手操作。无线网络同有线网络比较,带宽低、价格高、稳定性差、接通率低,在传输同样的数据量时,价格要高许多。虽然有着这些不利因素,但是无线互联网还是让人们摆脱了空间的束缚,能够自由方便地使用。移动电话和有线电话网比起来,也有类似的毛病,但是并不妨碍它的流行。无线互联网的优点也有很多,可以随时随处使用、服务费用低、可以保持在线状态、能够根据人的位置和行为改变自身的内容。

2.5 互联网的技术发展趋势

随着 IT 业的不断发展,互联网越来越深地融入到生活中去。计算机技术的不断发展,正不断推动着互联网的变革。互联网的技术发展,取决于硬件设备的发展,而硬件技术的发展,则带动互联网应用的发展,从而带动互联网的软件发展。

现在计算机的普及极大地带动了互联网的普及,低成本双绞线能很轻松地搭建起一个小型网络,而随着硬件技术的不断提高,越来越多的网络设备变得普及,同时又有更新的网络设备出现。而现今互联网硬件技术的三个明显的趋势就是无线化、高速化、大容量。

高速化:下一代的互联网的基础带宽可能会是 40G(相当于传送 10 个 DVD 影片)以上,而现有的我国已建成的下一代网络的骨干传输速度也已高于现有网络的 100 多倍。

大容量:新一代的网络采 IPv6 协议,使得现有的 IP 协议网络上 IP 地址不足的现象得以解决,采用 IPv6 组建的互联网的网址在可以预见的将来是不会枯竭的,具体而言,Ipv6 的网络地址容量是在地球上每一平方米的面积上,可以拥有 $6 \times 1,023$ 个网络地址。

无线化:这是现今发展最明显、最活跃的一方面。举例而言,基于 802.11 技术的无线网卡已经不足百元,小型带有无线路由功能的路由器的价格也为人所接受,搭建无线网络的成本不比组建传统的以太网高,反而具有免去施工的优点。而在国外,WIFI 技术的发展让越来越多的终端成为网络的组成部分,如手机、PDA 等等,这些手持设备的加入更加使互联网融入到人的生活中,反过来也促进了互联网内容、功能

第二章

的多样化。

　　同时，在有线网络方面，越来越多的互联网接入技术运用到人的生活中，如有线电视网络接入、电力线网络接入等等，使得今后使用互联网的方式越来越多，使用互联网也越来越方便。这些无疑使互联网与人的生活变得更加密不可分，同时也促进了互联网自身的发展。

　　而今后的计算机网络也将不是单独的计算机网络，将会与电信、有线电视等融合，实现所谓的"三网合一"。这从现有的发达国家的3G和3.5G的手机网络的运营中可初见端倪：

　　在欧美和日韩，3G手机的上网速度都已经达到或者超过现有ADSL的速度，而现在正全面普及的HSDPA（即所谓的3.5G）的速度已经达到了10M以太网的速度，使得人们可以随时随地接入互联网。这些更促进了互联网的功能和内容的发展。而实验室中4G的网络速度已经超过了在线点播高清视频的要求。未来的互联网必将不只是计算机组成的网络，它将囊括手机、PDA、数字电视等等一切可以支持网络的设备。而这些终端的加入无疑将大大促进互联网内容的多样化，提高互联网在人们生活中的地位，并深刻影响人们的生活工作方式。

　　网络向无线的方向发展，使人们能更加方便地使用互联网。在可以预见的将来，随时随地接入互联网并不是梦想；而与此同时，网络速度又不断地提高，使得人们不断地发掘出越来越多的互联网的运用，互联网也因此在人们的各类活动中扮演着更加重要的角色。

第 3 章　互联网的应用基础

互联网的出现无疑是信息化程度迈上一个新台阶的重要标志。通过互联网所提供的各种服务,各种软、硬件资源可以在不同的组织间进行共享,同时互联网也提供了一个平台,使得组织间的协同商务、个人成员间的协同工作成为可能。本章在介绍 E-mail、BBS、即时通讯等互联网的基本应用和 Web2.0、Wiki 等发展新趋势的基础上,重点介绍了电子商务与电子政务的基本概念、分类以及各自的发展阶段,并通过实际案例分析了各自的特点,最后简要地阐述了建设网站的基本过程和网站规划与设计的相关内容。通过本章可以看到,互联网技术的不断更新推动了组织信息化的飞速发展,同时信息化的不断发展也驱动着越来越多互联网新技术如内容管理技术、情报技术的产生。

3.1　互联网的基本服务与应用

通过互联网人们可以对各种信息资源和硬件资源进行共享。互联网之所以得到如此迅速的发展,其主要原因正是因为它提供了满足人们需要的服务与应用。互联网的生命力和原动力也就在于人们对信息服务和资源的需求。归纳起来,互联网所提供的服务和应用主要有以下几类:

3.1.1　电子邮件(E-mail)服务

Electronic Mail（简写为 E-mail）称做电子邮件,国内也有网友将其昵称为"伊妹儿"。它是用户或者用户组之间通过计算机网络收发信息的服务。目前电子邮件已成为网络用户之间快速、简便、可靠且成本低廉的现代通讯手段,也是互联网上使用最广泛、最受欢迎的服务之一。

使用电子邮件的前提是拥有自己的电子信箱。电子信箱也称电子邮件地址（E-mail Address）。电子信箱是电子邮件服务网站为用户建立的,实际上是该网站在与 Internet 联网的计算机上为用户分配的一个专门用于存放邮件的磁盘空间。

第三章

在 Internet 中，邮件地址如同自己的身份，一般而言邮件地址的格式如下：somebody@domain_name+后缀。此处的 domain_name 为域名的标识符，也就是邮件必须要交付到的邮件目的地的域名。而 somebody 则是在该域名上的邮箱地址。后缀一般则代表了该域名的性质与地区代码。例如：com、edu.cn、gov、org 等等。

目前网上提供的电子邮件服务主要分为免费服务和收费服务两大类。其中，免费电子邮件服务一般包括：一定数量的邮箱空间、发送限制容量的附件、在线杀毒功能、Html 邮件编辑功能以及垃圾邮件过滤功能等。而收费型电子邮件服务一般在免费服务的基础上，还提供了更大的邮箱空间、支持更大容量的附件、支持音频和视频邮件、自动回复功能、增强型地址簿、电信级稳定服务以及更多其他增值服务。

一般邮件服务提供商所提供的邮件服务支持 Web、POP、IMAP 方式收发邮件。Web 方式就是用户通过登录到邮件服务商的网页，输入邮箱的用户名和密码登录到邮箱，通过浏览器来收发邮件。该方式的特点是操作简单，也不需要其他软件的支持，只要联网就可以访问邮箱。POP3（Post Office Protocol 3）即邮局协议的第 3 个版本，它是规定怎样将个人计算机连接到 Internet 的邮件服务器和下载电子邮件的电子协议。POP3 收信方式采用 Client/Server 工作模式，一般使用邮件软件（如 Outlook、Foxmail）将远程邮件服务器上的邮件下载到本地电脑上。与 Web 方式相比，POP3 能把邮件下载到本地保存并且提供了许多实用的邮件管理功能。IMAP 是 Internet Message Access Protocol 的缩写，是用于访问服务器上所存储的邮件的 Internet 协议。同 POP3 相比，IMAP 提供的邮件"摘要浏览"方式极大地提高了邮件浏览速度，可有效地节省客户宝贵的时间。对于经常接收大量邮件和希望阻止垃圾邮件的用户来说，此功能是非常实用的。比如：用户收到了一封有三个附件的信件，用户可以根据自己的需要只下载其中的一个，从而节省了大量的宝贵时间和网费，避免了使用 POP 方式收信时必须将邮件全部收到本地后才能进行判断的被动。

电子邮件主要有以下几方面特点：

➤ **方便性**：通过电子邮件可以传送文本、图像文件、报表和计算机程序，并且可以支持非实时的发送和接收。

➤ **广域性**：它具有开放性，凡是接入 Internet 的用户都可以自由地相互发送邮件。许多非 Internet 网上的用户可以通过网关与 Internet 上的用户交换邮件。

➤ **廉价性与快捷性**：通过网络传送电子邮件的成本仅仅是网络接入费，同时通过现有的邮件程序能十分方便地帮助用户发送和接受邮件。

3.1.2 万维网（WWW）服务

World Wide Web（缩写为 WWW），英文也简写为"Web"。是全球广域网的简称，也叫万维网。WWW 是互联网上提供的最主要的服务项目，同时也是互联网上发展最快和最有发展潜力的信息查询服务。我们一般所说的浏览网页其实就是使用 WWW 服务。可以说，是互联网造就了 WWW，而 WWW 则反过来造就了互联网今日的辉煌。互联网上储藏着各种各样以不同格式存储的信息资源，这些信息资源被存储在不同的服务器平台上。万维网服务提供了搜寻信息的一种途径，帮助用户在互联网上进行简单的操作，以统一的方式去获取不同地点、不同存取方式、不同检索方式以及不同表达形式的丰富的信息资源。只要在计算机上安装 WWW 服务器软件，使用者用浏览器（Browser）软件便可以访问远程主机上互联网站点的信息。WWW 以友好的图形接口，简单方便的操作方法以及图文并茂的显示方式呈现出来。人们可以浏览从文本、图像、到声音乃至动画等各种形式的信息，轻松地在互联网各站点之间漫游。

目前来讲，IE（Internet Explorer）浏览器是用户数量最多的浏览器，超过 80%的用户使用 IE 浏览器。IE 浏览器最大的好处在于，浏览器直接绑定在微软的 Windows 操作系统中，当用户电脑安装了 Windows 操作系统之后，无须专门下载安装浏览器即可利用 IE 浏览器来实现网页浏览。IE 有以下的特点：易于使用的导航浏览功能、快捷的搜索引擎、方便的个人搜藏夹（保存用户喜欢的网页）、历史记录（记录用户访问过的网页的地址信息）、脱机浏览功能、支持多种图像和多媒体文件类型、支持多种协议（http、FTP 等）、安全特性等。

随着网页浏览器的普及，越来越多的网站推出了各自的浏览器插件工具，例如 Google 推出的 Google 工具栏在安装后将在 Internet Explorer 的工具栏内新增一个带输入栏的工具条，通过这个工具条用户可以在任何网页上，随时使用 Google 的强力搜索，而不需要每次造访 Google 的首页。同时它还提供了站内查询、网页级别、查询字词标释等实用功能，方便了用户的网页浏览与查询。

第三章

3.1.3 文件共享服务

File Transfer Protocol（缩写为 FTP），称做文件传输协议，是互联网上进行文件共享的一种服务，也是互联网上最受欢迎的功能之一。其任务是将文件从一台计算机传送到另一台计算机，但不受这两台计算机所处位置、连接方式以及操作系统的影响。这种服务能使你从 Internet 上的无数主机中复制文件，获取各种所需的数据，如软件、学术论文、音像数据、图片、图形、图像数据等。在具有图形用户界面的 World Wide Web 环境于 1995 年开始普及之前，匿名 FTP 一直是互联网上获取资源的最主要方式。在互联网成千上万的匿名 FTP 主机中存储着无以计数的文件，这些文件包含了各种各样的信息、数据和软件。人们只要知道特定信息资源的主机地址，就可以用匿名 FTP 登录获取所需的信息资料。虽然目前 WWW 逐渐取代匿名 FTP 成为最主要的信息查询方式，但是匿名 FTP 仍然是互联网上传输分发软件的一种基本方法。除此之外，FTP 服务还提供远程主机登录、目录查询、文件操作以及其他会话控制功能。

P2P 服务是目前网上进行文件共享的另一种服务。P2P（Peer-to-Peer）即点对点，是一种实现网络上不同计算机之间，不经过中继设备直接交换数据或服务的一种技术。所有网络节点上的设备都可以建立 P2P 对话。这使人们在 Internet 上的共享行为被提到了一个更高的层次，使人们以更为主动的方式参与到网络中去。在 Web 和 FTP 方式中，要实现内容需要服务器的大力参与，通过将文件上传到某个特定的网站，用户再到某个网站搜索需要的文件，然后下载，若下载用户很多，则对网站的网络吞吐能力提出了极高的要求。著名的 P2P 音乐共享软件 Napster 就是在这样的情况下横空出世，它抓住人们对 MP3 的需求，在不长的时间里就风靡整个北美，可以说，Napster 的 MP3 发布方式直接引发了网络的 P2P 技术革命。随后 BT（Bit Torrent）、迅雷等一批 P2P 软件大行其道，在很短的时间内成为网上免费视音频、软件、动漫共享和下载的主流工具。除了文件下载，P2P 技术在视频点播和 IPTV 都有应用，随后出现的诸如 CoolStreaming、PPLive、沸点网络电视等 IPTV 工具就是应用了 P2P 技术作为后台，因此观看的人数越多，播放效果就越好。

3.1.4 网络新闻组（Usenet）服务

除邮件、WWW 等服务外，互联网提供的另一个重要的公共消息系统就是网络新闻组（Usenet）。它与邮件系统的最大区别是它可以对信息进行分类整理，根据讨论内容将信息归类成不同的讨论小组。用户可以根据自己的兴趣和爱好加入某一专题的讨论，也可快捷地查找到自己需要的信息。互联网上现有一万多个各种各样的新闻组，数量还在不断地增加，它们涉及的方面几乎无所不包，为互联网的各类用户提供了一个快速而有效的自发交流环境。

网络新闻组通常又称做网络新闻（Network News），其起源于早期的计算机网络，这种网络使用调制解调器通过电话线在计算机之间交换信息，因此被称做Usenet（意为 users network，用户网）。Usenet 系统为每个新闻组指定了一个唯一的名字，用户想加入一个新闻组并参与其中的讨论就要输入新闻组的名字。网络新闻组服务是具有共同爱好的互联网用户相互交换意见的一种无形的用户交流网络，它相当于一个全球范围的电子公告牌系统。世界上任何一个联入互联网的用户都可以参与讨论，彼此交流自己的看法，分享有益的经验。这对商务活动带来了巨大好处，因此它是电子商务的主要工具之一。

网络新闻组是按不同的专题组织的。志趣相同的用户借助网络上一些被称为新闻服务器的计算机开展各种类型的专题讨论。Usenet 里的消息（帖子）根据所分 Usenet 层级（新闻组）存储在服务器中，多数服务器不断转发其消息给其他服务器，最终新闻组消息被分布式存储于网上大量计算机中。用户可以通过软件选择订阅感兴趣的新闻组、消息进行阅读、索引、删除过期消息等。Usenet 的最初构想是借助网络进行技术信息交流，后来被广泛推广到大众领域，如社会新闻、业余爱好、个人兴趣等主题。

3.1.5 远程登录（Telnet）服务

Telecommunication Network（缩写为 Telnet），称做远程登录。这是互联网提供的最基本的信息服务之一。远程登录是在网络通讯协议 Telnet 的支持下使本地计算机暂时成为远程计算机仿真终端的过程，是通过互联网进入和使用远距离的计算机系统。将一台本地的计算机连接到另一台远程计算机上，远程的计算机可以在同一地点或数千公里之外。在远程计算机上登录，必须事先成为该计算机系统的合法用户并拥有相应的账号和口令。登录时要给出远程计算机的域名或 IP 地址，并按照系统提示，输入用户名和口令。登录成功后，用户便可以实时使用该系统对外开放的所有功能和资源，就像操作本地计算机一样，运行远程计算机上的各种程序，使用远程计算机的包括软件、硬件和信息等资源。例如：共享它的软硬件资源和数据库、使用其提供的 Internet 信息服务，如：E-mail、FTP、WWW、Gopher、WAIS 等。

　　远程登录后，还可以进入远程计算机的特殊服务系统，这样的系统因计算机而异。Telnet 是一个强有力的信息资源共享工具，许多大学图书馆都通过 Telnet 对外提供联机检索服务，一些政府部门、研究机构也将它们的数据库对外开放，使用户可以通过 Telnet 进行查询。很多高校的 BBS 也提供了 Telnet 的访问接口。

3.1.6　电子公告牌（BBS）服务

　　Bulletin Boards System（缩写为 BBS），称做公告牌系统。通常被称做"电子公告牌"或"电子公告栏"。BBS 是互联网上最著名的服务项目之一。它提供一块公用电子白板，每个用户都可以在上面书写，可发布信息或提出看法。所有的 BBS 都具有一些相同的基本功能，如：信件交流、文件传输、信息发送、经验交流及数据查询等。

　　BBS 提供了注册讨论区、信件区、聊天区、文件共享区等多种工作栏目，同时也可以根据 BBS 站长或者用户自己的需要开辟相应的新栏目。

　　像日常生活中的黑板报一样，电子公告牌按不同的主题分成很多个布告栏，公告牌设立的依据一般是大多数 BBS 使用者的要求和喜好，使用者可以阅读他人关于某个主题的最新看法，也可以将自己的想法毫无保留地贴到布告栏中。同样地，别人对你的观点的回应也是很快的。如果需要进行私下的交流，也可以将想说的话直接发到某个人的电子邮箱中。如果想与其中的某个人聊天，可以启动聊天程序加入闲谈者的行列。

　　在 BBS 里，人们之间的交流打破了空间、时间的限制，在与别人进行交往时，无须考虑自身的年龄、学历、知识、社会地位等因素，而这些条件往往是人们在其他交流形式中不可回避的。同样地，也不能知道交谈的对方的真实社会身份。这样，参与 BBS 的人可以处于一个平等的位置与其他人进行任何问题的探讨。这对于现有的所有其他交流方式来说是不可能的。BBS 联人方便，通常通过互联网 WWW 方式登录。

3.1.7　即时通讯

　　即时通讯是一个提供端到端或者终端连接实时通讯网络的服务。即时通讯不同于 E-mail 的地方在于它的交谈是实时的,更有现场感。它具有多任务、异步性、长短沟通、媒介转换迅速、互动性、不受时空限制等特征。大部分的即时通讯服务还提供了状态信息的特性,即显示联络人名单、联络人是否在线以及能否与联络人交谈。

在早期的即时通讯程序中,使用者输入的每一个字符都会实时显示在双方的屏幕上,且每一个字符的删除与修改都会实时地反映在屏幕上。这种模式比起使用 E-mail 更像是电话交谈。在现在的即时通讯程序中,交谈中的另一方通常只会在本地端按下送出键后才会看到讯息。

最早的即时通讯软件是 ICQ,ICQ 是英文中 I seek you 的谐音,意思是我找你。四名以色列青年于 1996 年 7 月成立 Mirabilis 公司,并在 11 月份发布了最初的 ICQ 版本,在六个月内有 85 万用户注册使用。它主要用于让你知道你的网友现在是否在线,当然你网友的机器上必须也安装有 ICQ,并且可以实现互相交谈或者传输信息。在 ICQ 中,你可以传信息、发送文件、发 E-mail,甚至可以看网友的主页(Homepage)。

早期的 ICQ 存在不少问题,尽管如此,还是受到大众的欢迎。雅虎随即推出 Yahoo! pager,美国在线也将具有即时通讯功能的 AOL 打包装进 Netscape Communicator 中,而后微软更将 Windows messenger 内置于 Microsoft Windows XP 操作系统中。腾讯公司推出的腾讯 QQ 是中国最大的即时通讯软件之一。

3.1.8 IP 网络电话

IP 电话,顾名思义就是采用互联网 IP 技术,在网上打电话。它出现的时间不长,是网络和通信技术不断发展的最新产物。它的工作原理是:利用某种语音转换软件将人们的语音信息(模拟信号)转变为数字信息,经压缩后通过互联网将这些数字信息传到受话方,受话方用相应软件将数字信息解压缩后转换为语音信息,通过计算机的多媒体系统播放出来,从而完成通话。IP 电话经由计算机网络进行通讯,而数字信息的传输效率很高,能在同等时间和同等带宽的条件下比模拟通讯传输更多的信息,因而大大降低了通讯成本。由于它价格低廉,使用方便,一出现就得到了极大欢迎,得到了飞速发展。现在它越来越成为电信网络强劲的竞争对手。

IP 电话目前有几大类型。

一类是由专门的网络公司在世界各地建立 IP 电话网关,并与当地的市话局相连,达到网上通话的目的。这种类型的 IP 电话通话质量好,通话地域广,不需要计算

第三章

机上网，直接使用一般电话机进行通话。这种类型只能由具有相当实力的国家允许的大公司经营，其通讯费用较传统的电话费降低了三分之一到三分之二。目前国内已经和正在开通 IP 电话业务的有中国电信、中国联通等。

一类是使用专门终端设备实现网上通话。发话方与受话方都需要有专门的设备通过 Internet 连接才能进行通话。这种方式虽然费用少，但是通话质量和通话范围很受限制。

另外一类是通过专门计算机软件实现的网上通话。这种类型完全使用计算机设备，利用 Internet 网络进行远距离话音通讯。它的主要特点是费用低廉，有的还有视频功能，但通信质量受线路的影响大。有的软件也可支持受话方使用普通电话机，这一般是一些商业软件通过付费网关来实现。这种类型的 IP 电话有的是商业软件，有的是共享软件。比较有名的有 Skype、NetSpeak 公司的 WebPhone，微软公司的 Messenger，还有 Net2Phone、VoxPhone 等等。

3.2 Web2.0 时代的新型应用

3.2.1 博客（Blog）

博客（Blog）的全名应该是 Web log，中文意思是"网络日志"，后来缩写为 Blog，而博客（Blogger）就是写 Blog 的人。博客属于网络共享空间的一种，是一个正处于快速发展和快速演变中的互联网新应用，目前对博客的定义和认识可以说并没有统一的说法。在《市场术语》中对博客的定义为：一种表达个人思想和网络链接，内容按照时间顺序排列，并且不断更新的出版方式。Pyra 创始人 EvanWilliams 认为博客概念主要体现在三个方面：频繁更新（Frequency）、简洁明了（Brevity）和个性化（Personality）。其他说法还有：博客是一个"快捷易用的知识管理系统"（Dylan Tweney），博客是新型的"协同媒体"，博客是"不停息的网上旅程"，是"个人网上出版物（社区）"，是"网络中的信息雷达系统"，是"人工搜索引擎"，是"专家过滤器"，是"自组织网络生态"，是"草根记者"……总之，博客（Blog）是一种新的生活方式、新的工作方式、新的学习方式和交流方式，是"互联网的第四块里程碑"。

做名词用的时候，Blog 的定义指的是一些文章，而这些文章必须要满足以下条件：

- 汇整（Archive）：这些文章必须经由特定方法加以整理存放，可以是单纯地按照时间顺序整理，或是采取其他任何类型的分类方式；
- 静态链接（Permalink）：这些文章必须公开于网络上，且能让其他读者借由某个固定的网址链接直接读取；
- 时间戳印：这些文章必须具有时间戳印，记录写成的时间；
- 日期标头：这些文章必须要标出日期标头，这意味它们将会是有时序性的，内容可能与时空背景有一定的关联。

于是网络日志从很概略的"网页形式的个人札记"转变成具有多样特性的文章集结。

因此，一般而言，一个Blog就是一个网页，它通常是由简短且经常更新的张贴的文章（Post）所构成；这些张贴的文章都按照年份和日期排列。Blog的内容和目的有很大的不同，从对其他网站的超级链接和评论，有关公司、个人、构想的新闻到日记、照片、诗歌、散文，甚至科幻小说的发表或张贴都有。许多Blogs是发表个人心中所想之事，其他Blogs则是一群人基于某个特定主题或共同利益领域的集体创作。

在网络上发表Blog的构想始于1998年，但到了2000年才真正开始流行。起初，Bloggers将其每天浏览网站的心得和意见记录下来，并予以公开，来给其他人参考和遵循。但随着Blogging快速扩张，它的目的与最初已相去甚远。目前网络上数以千计的Bloggers发表和张贴Blog的目的有很大的差异。不过，由于沟通方式比电子邮件、讨论群组更简单和容易，Blog已成为家庭、公司、部门和团队之间越来越盛行的沟通工具，因为它也逐渐被应用在企业内联网。目前国内专业的博客网站有博客中国、中国博客网等。

博客存在的方式，一般分为三种类型：一是托管博客，无须自己注册域名、租用空间和编制网页，博客们只要去免费注册申请即可拥有自己的博客空间，是最"多快好省"的方式。如英文的www.blogger.com、wordpress.com，中文的"博客中文站"（www.blogcn.com）及多种语言的博客室（blogates.com）等都提供这样的服务；二是自建独立网站的博客，有自己的域名、空间和页面风格，需要一定的条件。如方兴东建立的"博客中国"站（www.blogchina.com）；三是附属博客，将自己的博客作为某一个网站的一部分（如一个栏目、一个频道或者一个地址）。这三类之间可以演变，甚至可以兼得，一人拥有多种博客网站。

以博客为代表的互联网媒体对电视、报纸为载体的传统媒体产生了深远影响。

第三章

现在，全世界每天传播的媒体内容，有一半是由六大媒体巨头所控制。其利益驱动、意识形态以及传统的审查制度，使得这些经过严重加工处理的内容已经越来越不适应人们的需求。媒体的工业化、内容出口的工厂化，都在严重影响其发展。比如，以美联社为例，有近4,000个专业记者，每天"制造并出厂"2,000万字的内容，发布在8,500多种报纸、杂志和广播中，把读者当做"信息动物"一样。这种大教堂式的模式主导了整个媒体世界。这时，以个人为中心的博客潮流却开始有力冲击传统媒体，尤其是对新闻界多年形成的传统观念和道德规范所形成的冲击不可小觑。

博客是一种满足"五零"条件（零编辑、零技术、零体制、零成本、零形式）而实现的"零进入壁垒"的网上个人出版方式，从媒体价值链最重要的三个环节：作者、内容和读者三大层次，实现了"源代码的开放"。它同时在道德规范、运作机制和经济规律等层次上，将逐步完成体制层面的真正开放，使未来媒体世界完成从大教堂模式到集市模式的根本转变。

博客的出现集中体现了互联网时代媒体界所体现的商业化垄断与非商业化自由、大众化传播与个性化（分众化、小众化）表达、单向传播与双向传播三个基本矛盾、方向和互动。这几个矛盾因为博客引发的开放源代码运动，至少在技术层面上得到了根本的解决。

这几年，对于所有新闻媒体来说，都品尝到了技术变革的滋味。如今，再没有任何人会否认互联网对媒体带来的革命，但是，好像也没有多少人感知到互联网的神奇：颠覆性的力量似乎并没有来到人间。

所有的核心在于时间。对于性急的人来说，时间如同缓慢的河流，对于从容的人来说，时间又是急流。互联网的力量的确还没有充分施展，因为互联网的商业化，到今天仅仅才十年；互联网作为一种新的媒体方式，从尝试到今天，也刚刚跨过十年。

对于一种全新的媒体形式来说，十年实在过于短暂。但是，十年也足以让人们感受到势不可当的力量，以及依然静静潜伏着的冲击力。而今，随着博客的崭露头角，网络媒体超常的力量开始展现了，声势逐渐增大。虽然，博客依然在大多数人的视野之外，但是，他们改变历史的征程已经启动。

> 1998年，个人博客网站"德拉吉报道"率先捅出克林顿、莱温斯基绯闻案；
> 2001年，"9·11"事件使得博客成为重要的新闻之源而步入主流；
> 2002年12月，多数党领袖洛特的不慎之言被博客网站盯住而丢掉了乌纱帽；
> 2003年，围绕新闻报道的传统媒体和互联网上的伊拉克战争也同时开打，美

国传统媒体公信力遭遇空前质疑，博客大获全胜；
> 2003年6月，《纽约时报》执行主编和总编辑也被"博客"揭开的真相而下台，引爆了新闻媒体史上最大的丑闻之一；
> 2004年4月，轰动一时的Gmail测试者大部分从bloggers中产生。

博客秉承了个人网站的自由精神，但是综合了激发创造的新模式，使其更具开放和建设性，要在网络世界体现个人的存在，张扬个人的社会价值，拓展个人的知识视野，建立属于自己的交流沟通的群体。博客作为一种新的表达方式，它传播的不仅是情绪，还包括大量的智慧、意见和思想。从某种意义上说，它也是一种新的文化现象。博客的出现和繁荣，真正凸显了网络的知识价值，标志着互联网发展开始步入更高的阶段。

国内目前比较著名的中文博客站有：

> 新浪博客：http://blog.sina.com.cn/

> 博客中国：http://www.blogchina.com/

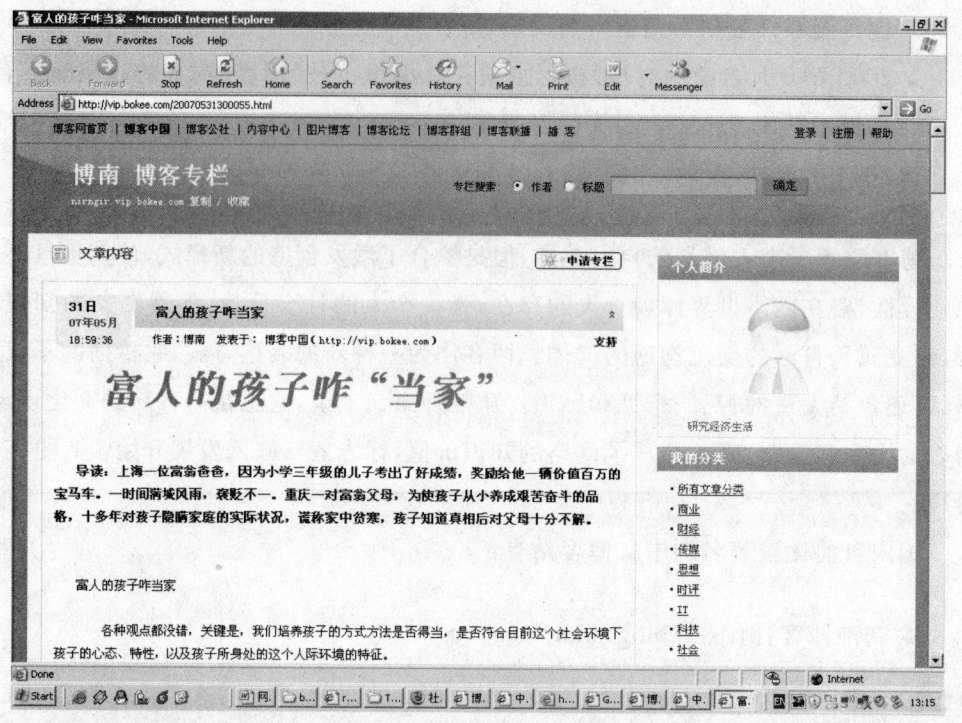

第三章

➢ 博客中文站：http://www.blogcn.com

➢ 百度空间：http://hi.baidu.com/

- 简单 Blog：http://blog.ezde.com
- 中文 Blog 心得：http://www.cnblog.org/blog
- 数字部落：http://xchina.linux.net.cn/
- Hi! PDA：http://www.hi-pda.com/
- 新讯 BLOG：http://www.sinv.com/
- 第三只眼看电信：http://telecoblog.blogspot.com/
- vivo 的数位日志：http://vivo.vip.sina.com/diary/index.htm
- 平民思考：http://kokoco.blogspot.com/
- 报客 BLOGGER：http://blogchina.blogspot.com/

3.2.2 RSS

讨论与 Blog 相关的技术，不可不谈的就是 RSS。RSS（Really Simple Syndication）是一种描述和同步网站内容的格式，是目前使用最广泛的 XML 应用。RSS 是一种用于共享新闻和其他 Web 内容的数据交换规范（也叫聚合内容），起源于用于新闻频道的"推 PUSH 技术"，后被广泛应用于博客中，通过订阅 RSS，别人可得知站点的更新，让人们很容易跟踪他们订阅的所有内容。

最初的 0.90 版本 RSS 是由 Netscape 公司设计的，目的是用来建立一个整合了各主要新闻站点内容的门户，但是 0.90 版本的 RSS 规范过于复杂，而一个简化的 RSS 0.91 版本也随着 Netscape 公司对该项目的放弃而于 2000 年暂停。

不久，一家专门从事 Blog 软件开发的公司 UserLand 接手了 RSS 0.91 版本，并把它作为其 Blog 软件的基础功能之一继续开发，逐步推出了 0.92、0.93 和 0.94 版本。随着 Blog 的流行，RSS 作为一种基本的功能也被越来越多的网站和 Blog 软件支持。

在 UserLand 公司接手并不断开发 RSS 的同时，很多的专业人士认识到需要通过一个第三方、非商业的组织，把 RSS 发展成为一个通用的规范，并进一步标准化。于是 2001 年一个联合小组在 0.90 版本 RSS 的开发原则下，以 W3C 新一代的语义网技术 RDF（Resource Description Framework）为基础，对 RSS 进行了重新定义，发布 RSS1.0，并将 RSS 定义为"RDF Site Summary"。但是这项工作没有与 UserLand 公司进行有效的沟通，UserLand 公司也不承认 RSS 1.0 的有效性，并坚持按照自己的设想进一步开发出 RSS 的后续版本，到 2002 年 9 月发布了最新版本 RSS

第三章

2.0，UserLand 公司将 RSS 定义为"Really Simple Syndication"。

目前 RSS 已经分化为 RSS 0.9x/2.0 和 RSS 1.0 两个阵营，由于分歧的存在和 RSS 0.9x/2.0 的广泛应用现状，RSS 1.0 还没有成为标准化组织的真正标准。

有了 RSS，用户可以订阅任何自己感兴趣的 BLOG 和新闻。相较于传统上对订阅的理解，由于网络技术的发展，新闻订阅博客订阅越来越深入日常生活，现在大多数的新闻网站和博客网站都提供 RSS 订阅的功能。通常在时效性比较强的内容上使用 RSS 订阅能更快速获取信息。网站提供 RSS 输出，有利于让用户获取网站内容的最新更新。网络用户可以在客户端借助于支持 RSS 的聚合工具软件，在不打开网站内容页面的情况下阅读支持 RSS 输出的网站内容。用户一般需要下载和安装一个 RSS 阅读器（例如 SharpReader、NewzCrawler、FeedDemon），或者使用在线 RSS 订阅网站（抓虾，Google Reader http://reader.google.com，BBReader http://www.bbreader.com）来管理这些新闻，在线方式是现在更加流行的方式，不用安装附加的软件，在任何上网的地方就能够获得你想知道的内容而无须做任何的数据迁移工作，订阅后，用户将会及时获得所订阅的最新内容。

目前，RSS 阅读器基本可以分为两类。

第一类大多数阅读器是运行在计算机桌面上的应用程序，通过所订阅网站的新闻供应，可自动、定时地更新新闻标题。在该类阅读器中，有 Awasu、FeedDemon 和 RSSReader 这三款流行的阅读器，都提供免费试用版和付费高级版。国内最近也推出了几款 RSS 阅读器：周博通、看天下、博阅。另外，开源社区也推出了很多优秀的阅读器。RSSOWl（完全 Java 开发）不仅完全支持中文界面，而且还是完全的免费软件。

第二类新闻阅读器通常是内嵌于已在计算机中运行的应用程序中。例如，NewsGator 内嵌在微软的 Outlook 中，所订阅的新闻标题位于 Outlook 的收件箱文件夹中。另外，Pluck 内嵌在 Internet Explorer 浏览器中。

发布一个 RSS 文件（RSS Feed）后，这个 RSS Feed 中包含的信息就能直接被其他站点调用，而且由于这些数据都是标准的 XML 格式，所以也能在其他的终端和服务中使用，如 PDA、手机、邮件列表等。而且一个网站联盟（比如专门讨论旅游的网站系列）也能通过互相调用彼此的 RSS Feed，自动地显示网站联盟中其他站点上的最新信息，这就叫做 RSS 的联合。这种联合就导致一个站点的内容更新越及时、RSS Feed 被调用的越多，该站点的知名度就会越高，从而形成一种良性循环。

而所谓 RSS 聚合，就是通过软件工具的方法从网络上搜集各种 RSS Feed 并在一个界面中提供给读者进行阅读。这些软件可以是在线的 Web 工具，如 http://my.netscape.com，http://my.userland.com 等，当然，可以使用我们以上提到的客户端工具。

随着越来越多的站点对 RSS 的支持，RSS 已经成为目前最成功的 XML 应用。RSS 搭建了信息迅速传播的一个技术平台，使得每个人都成为潜在的信息提供者。相信很快我们就会看到大量基于 RSS 的专业门户、聚合站点和更精确的搜索引擎。

3.2.3 维基百科（Wiki）

维基百科，英文名为 Wikipedia，自由的百科全书。它是一种基于 Wiki 的百科全书，是一个自由、免费、内容开放的百科全书协作计划，参与者来自世界各地，目前已经成长为全球最大的网络百科全书。

WikiWiki 一词来源于夏威夷语的"wee kee wee kee"，原本是"快点快点"的意思。在这里 WikiWiki 指一种超文本系统。这种超文本系统支持面向社群的协作式写作，同时也包括一组支持这种写作的辅助工具。我们可以在 Web 的基础上对 Wiki 文本进行浏览、创建、更改，而且创建、更改、发布的代价远比 html 文本为小；同时 Wiki 系统还支持面向社群的协作式写作，为协作式写作提供必要帮助；最后，Wiki 的写作者自然构成了一个社群，Wiki 系统为这个社群提供简单的交流工具。与其他超文本系统相比，Wiki 有使用方便及开放的特点，所以 Wiki 系统可以帮助我们在一个社群内共享某领域的知识。

最早将全世界的知识收集于一个屋檐下供人查阅的要数古代亚历山大图书馆。而出版百科全书的想法则可以追溯到狄德罗等 18 世纪百科全书派。在各国的大学中，图书馆是最佳的百科全书汇集点。今天最常见的百科全书包括英语的《大不列颠百科全书》、《美国哥伦比亚百科全书》，以及中文的《中国大百科全书》等。

1995 年沃德·坎宁安为了方便模式社群的交流建立了一个工具——波特兰模式知识库（Portland Pattern Repository）。在建立这个系统的过程中，Ward Cunningham 创造了 Wiki 的概念和名称，并且实现了支持这些概念的服务系统。这个系统是最早的 Wiki 系统。从 1996 年至 2000 年间，波特兰模式知识库围绕着面向社群的协作式写作，不断开发出一些支持这种写作的辅助工具，从而使 Wiki 的概念不断得到丰富。同时 Wiki 的概念也得到了传播，出现了许多类似的网站和软件系统。

维基百科的创始人是吉米·威尔士和桑格，两人先在 2000 年创建了 Nupedia，

第三章

却未成功。2001年1月15日,走投无路的他们试着建立了维基百科,一个月后就增加了600条词条,一年后更是激增到20,000条。2006年3月1日,它迎来了第一万个词条,是用户伊万·麦克唐纳提交的。

维基百科本身有三个引人注意的特点。正是这些特点使维基百科与传统的百科全书有所区别。

首先,维基百科始终就将自己定位为一个包含人类所有知识领域的百科全书,而不是一本词典、在线的论坛或其他任何东西。其次,计划也是一个Wiki,这允许了大众的广泛参与。维基百科是第一个使用Wiki系统进行百科全书编撰工作的协作计划。还有一个重要的特点,那就是维基百科是一部内容开放的百科全书。内容开放的材料允许任何第三方不受限制地复制、修改及再发布材料的任何部分或全部。维基百科使用GNU自由文档协定证书。

作为百科全书,维基百科的内容性质与那套著名的《大英百科全书》没什么区别。但是,它的撰写者和管理者却不是能够入选《大英百科全书》作者名单那样的专家,而都是网络志愿者。或许正因为它避开了传统百科全书的精英参与、审阅、论证这个烦琐过程,任何注册者都有资格修改这个百科全书中的任何一个条目,这让它成为了世界上最大的百科全书。

随着人类信息传播途径日益畅通,知识过度保护还是共享一直是关于知识产权争论的核心问题。维基百科所遵循的CNU自由文档许可证(GFDL)就是一个反版权的内容开放协议。

GFDL是一种copyleft许可证。Copyleft是指将一个程序变成自由软件,同时也使得这个程序的修改和扩展版本变成自由软件,与它对应的是我们传统意义上的copyright(版权),后者保护版权只能被其他人在一定条件——通常是付费的条件下使用。

"GFDL所代表的文档开放运动,是1990年代初源代码开放运动的延伸。"中文维基百科的管理员之一时昭说。我们可以将它们都称为内容开放运动。在中文维基百科中,有一条词条"内容开放(open content)",词条中说"内容开放的作品是指任何在比较宽松的条件下发布的创造性作品",这些作品允许公众在不受传统版权的苛刻条件约束下,自由地复制和传播它们。

而维基百科所采取的GFDL协议还允许第三方在不受约束的情况下自由修改和发布修改版本的作品。这样做的前提条件是你必须遵循GFDL的另一个条款:你必须保证自己允许公众对你的作品拥有同样的自由。自由获得,自由复制,甚至自由销售维基百科，不能独占所有的权利——维基百科因而被称为"公众的百科全书"。

除维基百科之外，内容开放运动包含更多内容。它还包括了从1971年就开始的由米切尔·哈特发起的古登堡计划，这是历史最悠久的免费提供网络图书下载和阅读的开放运动；以及最近几年影响颇大的麻省理工学院的开放式课程网页，这个计划让麻省理工的所有大学部或研究所的课程教材都能够上网，免费提供给世界各地的任何使用者，开放分享教育资源、教育理念和思考模式。

3.2.4 SNS

SNS，全称 Social Networking Services，即社会性网络服务，专指旨在帮助人们建立社会性网络的互联网应用服务。

社会性网络起源于美国著名社会心理学家米尔格伦（Stanley Milgram）于20世纪60年代最先提出的六度理论："你和任何一个陌生人之间所间隔的人不会超过六个，也就是说，最多通过六个人你就能够认识任何一个陌生人。"

基于此理论的社会性网络软件 SNS（Social Network Software）2003年3月在美国出现，经过极短的时间便风靡北美洲，被众多互联网企业和投资家看做未来两年内增长最快的业务，美国的 TheFaceBook 日前就获得来自风险投资商的1,300万元美金的风险投资。

互联网应用发展到现阶段，网络用户开始追求更加"实用"、"真实"的应用体验，渴望将虚拟网络与现实社会结合。目睹了国外 SNS 网站的成功，一批中文 SNS 网站也随之产生。最早的中文 SNS 出现在2004年下半年，截至目前，国内已有数十家中文 SNS 网站，如联络家（Linkist.com）、天际网等。

信息技术与互联网对人们的工作、学习、生活有着无处不在的渗透作用，其中对商务工作的影响尤其重要。拥有固定的上网环境、有着明确上网目的、致力于通过互联网进行商务活动的人士也是上网一族中最为稳健可靠的部分。网络对商务的帮助和商务人士对网络的使用，形成一个不可分割的联合体。

社会性网络软件 SNS 属于显性的社会性软件，即比较关注直接的社会朋友关系的建立，具有社群性质，朋友之间可进行人力资源分享，有直接的应用目的指向性，在建立社会关系的过程中完成或解决了具体的应用问题。以联络家（Linkist.com）为例，它是一家面向华语世界专业人士的 SNS 网站。在注册成为网站会员后，人们可通过网站建立和管理自己的人脉网络。与其他中文 SNS 网站相比，联络家有着一个

第三章

根本区别，即它的会员来自各行业的专业人士。在联络家，你结识到的是和你的真实工作和研究方向需求相一致的朋友，你将获得更多的工作机会，拥有更有竞争力的品质和价格的商品，联系到更多的销售渠道，抢先一步掌握商机等，这都是在其他的交友网站所不能实现的。

最新数据显示，联络家已拥有逾 30,000 个会员，并以 2% 的日增长率在稳步提高。联络家的会员中，以 25—40 岁的白领人士和中高级管理人才居多，他们都具有较高的社会地位，拥有灵活、先进、易接收新生事物的思维方式，对于网络的应用和依赖更为显著。为了适应这批专业人士的商务需求，联络家提供了一个真实、诚信、可靠的沟通和评价体系：

> 接触特定使用者，必须通过两者共同的朋友引荐、传达。
> 使用者可以自行决定是否要和某人建立关系或不再往来。
> 电话、手机号码、电子邮件没有被第三者知晓的可能。

这些使得联络家具有极高的操控性和私密性，保证了联络家网站中人际关系网络的高度优质性。

通过使用 SNS，人们可以实现个人数据处理、个人社会关系管理、可信的商业信息共享，可以安全地对信任的人群分享自己的信息和知识，利用信任关系拓展自己的社会性网络，达成更加有价值的沟通和协作。人们的社会资本（Social Capital）可以累积，这样的体系未来可以服务于各种社会活动，并带来巨大的商业和社会价值。

行业分析说，SNS 所建立的真实的网上人际社会，实际上已解决了电子商务工作中最重要的"信誉"问题。通过 SNS 在工作圈、商务合作圈中建立良好的信誉，实现的将是多方共赢。SNS 将很快与电子商务相结合，将电子商务带来的渠道、价格、管理优势与 SNS 自身的人脉网络优势相结合，带来更为广阔的发展空间。

而就 SNS 网站自身而言，已经成为互联网发展的一个新里程碑。有专家预测，SNS 网站有可能取代现有门户网站概念成为第二代门户网站。

3.2.5 TAG

Tag 即标签，就是指一篇网络日志、一个图片、一个音视频作品的关键词，通过 Tag 可以方便、灵活的对这些内容进行分类管理。你可以为每篇日志、图片、影音等文件添加一个或多个Tag，通过添加的Tag可以增加被搜索到的几率。

Tag总的来说是一种分类系统，但是Tag又不同于一般的目录结构的分类方法。首先Tag能以较少的代价细化分类。想象一下，一篇涉及面比较广的文章，比如一篇谈论20世纪以来物理学的成就的文章，可能会涉及相对论、量子力学、黑洞理论、宇宙大爆炸理论，可能涉及爱因斯坦、普朗克等科学家，甚至可能涉及诺贝尔奖。如果你用目录结构的分类方法的话，根本不可能按这篇文章涉及的各个方面来分类，因为要细化分类，将使整个目录结构异常庞大，更加不利于资料的组织以及查找。而Tag则不同，它可以不考虑目录结构而对文章进行分类。各个Tag之间的关系是一种平行的关系，但是又可以根据相关性分析，将经常一起出现的Tag关联起来，而产生一种相关性的分类。

Tag也可以说是一种关键词标记，利于搜索查找。但是Tag也不同于一般的关键词，用关键词进行搜索时，只能搜索到文章里面提到了的关键词，但Tag却可以将文章中根本没有的关键词作为Tag来标记，比如上面的那篇关于20世纪以来物理学成就的文章，我们可以标记为"资料"或者"历史"，当然更多的时候是标记为"物理"，不过，如果标记上"资料"的Tag，则可以将所有资料性的文章全部关联起来，便于查找。

Tag的意义不仅在于分类，更在于它可以体现出用户各人的思想、生活和感情。比如，去年你去北京旅游，有你和家人在火车上的照片，你也可以将它以"北京"标识。以后，当你看到这张并不是北京的照片的时候，可以想到你在北京的旅游。

Tag与普通分类法不同，它是从下向上建立的，普通分类法一般从上向下建立。

3.2.6 案例：亚马逊网站的书籍作者博客营销

全球最大的网上零售网站亚马逊（Amazon.com）发布了一个新程序，为所有的书籍作者开通博客。

为了鼓励用户为网站创作内容（user-generated content），亚马逊发布了一个新程序The Amazon Connect，为所有的书籍作者开通博客。目的在于增进读者与作者之间、读者与Amazon.com之间的接触和沟通。同时，书籍作者博客不仅为作者提供了一个推广自己书籍产品的渠道和机会，也给予那些购买了书籍的访问者再次访问Amazon.com的理由。

新竞争力（www.jingzhengli.cn）网络营销管理顾问认为，亚马逊的书籍作者博

第三章

客营销策略非常高明,在很多电子商务网站还没有将博客与营销策略产生联想时,亚马逊已经将博客营销运用自如了。亚马逊鼓励作者写博客实际上是 Amazon.com 在不用自己付出额外努力和投入的情况下,让作者加入到书籍网络营销的行列,通过作者与顾客的互动达到更好的在线销售效果。

在亚马逊的图书作者博客栏目,作者最新发布的博客文章被醒目地放在作者介绍页面或书籍的介绍页面,同时有一个链接指向该作者的全部博客页面。此外,用户也可以通过他们自己的 Amazon 首页看到所购买书籍作者的最新博客文章。

不过目前该程序还不允许读者对作者博客进行评论,或者通过 RSS 订阅博客文章。专家认为,受欢迎的博客有两个特点是必须具备的:可以 RSS 订阅和进行读者评论,因此 Amazon 应该开通这两个功能。同时,Amazon 还可以利用 RSS 信息源作为向用户发送个性化推荐产品的工具,如向那些订阅作者博客的人发送"购买该作者书籍的用户还可以购买……"之类的产品促销信息,这种策略无疑将产生巨大的网络营销价值。

在网上零售网站上,网络购物者需要根据有限的产品介绍信息来进行购买决策,有时是比较困难的,如何增加更详尽的产品信息是网上零售网站的难题之一。新竞争力对比国内部分电子商务网站的书籍产品介绍发现,有些已经有较高知名度的电子商务网站也经常存在很多产品描述信息非常贫乏的情况,有些书籍除了书名、作者、出版社和价格之外,很少有更详尽的内容,这种情况下要想获得好的效果是不太现实的。相反,亚马逊网站在产品信息方面一直在引领潮流。2005 年,他们就开始允许用户上传产品相关的图片。Amazon 还开始测试 Wiki 产品页面,消费者可以增加或编辑书籍或产品的信息,类似 Wikipedia(维基百科)编辑方式。公司还让用户对产品添加描述性的关键词标签,让所有人浏览。

3.3 电子商务

电子商务是未来贸易的发展趋势,其挑战、冲击和变革将渗透到整个经济的全过程。随着信息技术在国际贸易和商业领域中的广泛应用,电子商务的时代已经来临,其发展异常迅速,必将给企业的经营、人们的工作和生活带来极具革命性的变革。

3.3.1 电子商务的概念

电子商务是 Electronic Commerce 的译名,缩写为 EC。1999 年 12 月 14 日,在美国旧金山公布了由 301 位世界著名的 Internet 和 IT 业专家学者制定的《世界上第一个 Internet 商务标准》,其中提出了电子商务的定义:"电子商务是指利用任何信息和通讯技术,进行任何形式的商务或管理运作或进行信息交换。"

这里的"任何信息和通讯技术"包括了现代信息技术、企业内联网、企业外联网和因特网;"任何形式的商务或管理运作或进行信息交换"包括生产者、消费者和管理方面的活动,如:获取原料、组织生产、处理与供应商和存储商的相互关系,以及处理消费者通过网络买卖产品、索取信息和获得服务等行为与企业所发生的关系。

狭义的电子商务仅仅包括通过 Internet 网络进行的商业活动。而广义的电子商务包括利用企业或组织的内部网、外部网和 Internet 等网络进行的电子贸易、电子商业、网络金融、网上服务以及电子政务等活动。

由于电子商务的内涵和外延非常丰富,很多专家们从不同的角度提出了不同的电子商务定义,概括起来有以下几种:

- 电子商务是通过数据通信进行商品和服务的买卖以及资金的转账,它还包括公司间和公司内利用 E-mail、EDI、文件传输、传真、电视会议、远程计算机联网所能实现的全部功能(如市场营销、金融结算、销售及商务谈判)。
- 电子商务是通过电子方式,在网络基础上实现物资、人员过程的协调,以实现商业交换活动。
- 美国政府在其《全球电子商务纲要》中指出:"电子商务是指通过 Internet 进行的各项商务活动,包括广告、交易、支付、服务等活动,全球电子商务将会涉及全球各国。
- IBM 公司提出了一个电子商务的公式,即电子商务 = Web + IT。它所强调的是在网络计算环境下的商业化应用,是把买、卖方、厂商及其合作伙伴在因特网、企业内联网和企业外联网结合起来的应用。
- 惠普公司提出电子商务以现代扩展企业为信息技术基础结构,电子商务是跨时域、跨地域的电子化世界 E-World,即 EW = EC (Electronic Commerce) + EB (Electronic Business) + EC (Electronic Consumer)。惠普公司电子商

第三章

务的范畴包括所有可能的贸易伙伴,即用户、商品和服务的供应商、承运商、银行保险公司以及所有其他外部信息源的受益人。

电子商务顾名思义是电子技术与传统商务的有机结合。如果将现代信息技术看做一个集合,商务看做另一个集合,电子商务所涵盖的范围应当是这两个集合所形成的交集。电子商务形成了一个虚拟的市场交换场所,是一种采用最先进信息技术的交易方式与商业模式。参见图3-1:

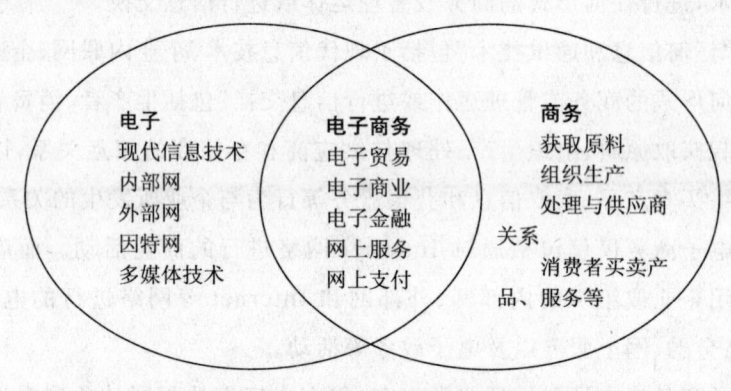

```
        电子              电子商务            商务
    现代信息技术          电子贸易         获取原料
    内部网                电子商业         组织生产
    外部网                电子金融         处理与供应商
    因特网                网上服务         关系
    多媒体技术            网上支付         消费者买卖产
                                          品、服务等
```

图3-1 电子与商务的关系

电子商务中商务是本体和本质,电子是工具和手段,可是恰恰是这工具和手段塑造了全新的商务模式。电子商务既非生意上的简单变革,也不是信息技术的简单、机械应用,而是对现行机制的彻底改造,将商务与电子真正合为一体,通过构建全新的商务模式,服从于共同的商业目的。

电子商务的目标是实时响应、信息量大、价格低廉,即以最快的速度满足客户的即时需求,向客户提供全面的商务信息以满足客户的个性化需求,降低企业运营成本,向客户提供廉价的商品或服务。同时,电子商务能跨越各种不同的网络形态,进行各种各样的商务活动。它所提供的网上沟通方式,打破了传统实体的界限,使企业的客户、供应商及员工达到前所未有的紧密联系,进而降低运营成本、提高作业效率。

3.3.2 电子商务系统的框架结构和功能模块

电子商务系统的框架结构

电子商务系统的框架结构包括实现电子商务的技术保证和各种组成关系。从图3-2可以看出,电子商务系统包括两大支柱和三个层次。两大支柱是公共政策、法律法规及各种技术标准。三个层次自下而上，从最基础的网络基础设施层，到电子商务基础设施层，到最顶端的电子商务应用系统层。

公共政策、法律法规	电子商务应用系统：网上购物、电子银行、网上广告、在线拍卖……	各种技术标准
	电子商务服务基础设施：CA 认证、支付网关、客户服务中心……	
	信息传输基础设施：WWW、http、html、EDI……	
	网络基础设施：互联网、通信网、无线网络……	

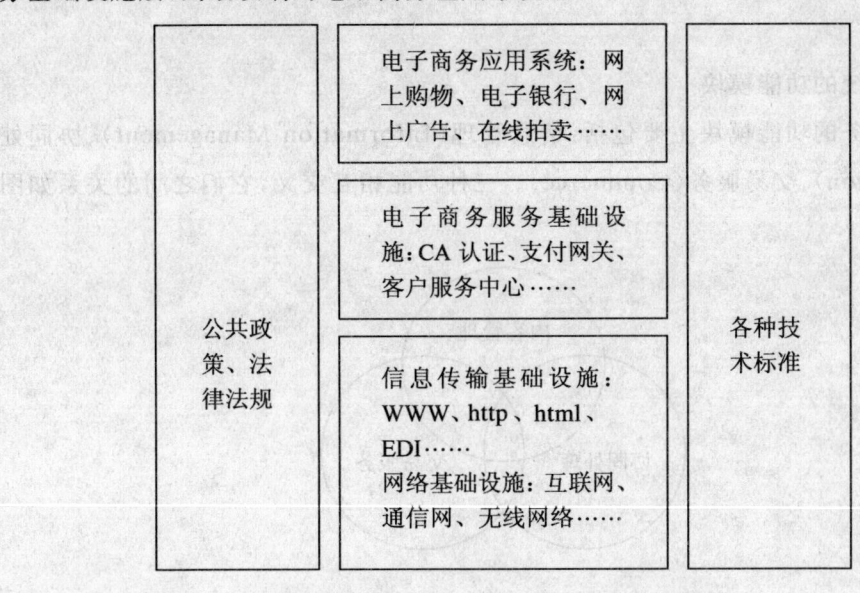

图 3-2　电子商务框架结构图

➢ 网络基础设施

这是实现电子商务最底层的部分，包括两个方面：一是以互联网为基本及各种增值网、通信网、无线网络等构成的网络通信基础设施，主要提供了电子商务信息传输的通道和媒介；二是信息传输基础设施，也称信息发布平台。其中 WWW 是互联网上最常用的信息发布方式，html 是网络世界最主要的信息内容制作发布语言，http 和 EDI 作为信息传输交流的方式，EDI 提供了格式化的数据交流，而 http 是互联网上最广泛通用的信息传播协议，为电子商务的普及提供了技术上的支持。

➢ 电子商务服务基础设施

又称电子商务平台，是指由社会机构所提供的服务与安全技术体系，包括网络安全加密、CA 认证、支付网关和目录服务等。

➢ 电子商务应用系统

包括支持交易前、交易中、交易后的各个过程，各行各业的电子商务应用。典型的应用包括网上购物、电子银行、网上广告、在线拍卖、远程教育等。

➢ 技术标准、公共政策和法律法规体系

技术标准是电子商务系统框架的自然科学性支柱，包括接口定义、传输协议、信息发布标准、代码标准、安全协议等技术细节。公共政策、法律法规是电子商务系统

第三章

框架的社会人文支柱,主要涉及法律责任、税收、个人隐私、市场规则以及新技术在法律上的效力等,它们维系着电子商务活动的正常运转。

电子商务系统的功能模块

电子商务的功能模块主要包括:信息管理(Information Management)、协同处(Collaboration)、交易服务(Commerce)。三种功能相互交叉,它们之间的关系如图所示:

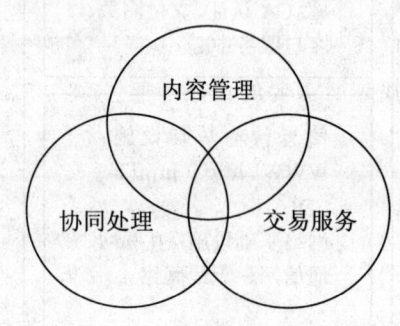

图3-3 电子商务的功能模块

➢ 信息管理

信息管理就是管理需要在网上发布的各种信息,通过充分利用信息发布来扩大企业的影响,增加品牌的价值,其主要内容包括:

• 促进公司内部信息的传播和流通,并通过 Internet 将公司的政策、通知传递给雇员、客户、供货方和商业伙伴。

• 提供 Web 上的信息发布,利用各种静态和动态网页技术,并经常更新 Web 站点上的内容。

• 提供与产品和服务相关的信息,包括产品介绍、使用说明等。

➢ 协同处理

协同处理能支持群体人员的协同工作,通过提供自动处理业务流程来减少公司运营成本和产品开发周期。具体包括:

• 通信与信息共享,包括电子邮件和信息通信系统,这是实行电子商务的企业首先要处理的内容。

• 人力资源和工作流管理。包括雇员的自助服务和工作过程的自动化管理,如查找公司的岗位、培训信息,申请公司资源以及项目组织计划安排等。

• 利用企业内联网和外联网协同处理。企业内联网主要连接公司各个部门、分店。企业外联网主要连接企业的供货商、主要客户和商业伙伴。通过协同,将企业内部各组织精密联系在一起,并与制造商、供货方、企业伙伴共享信息和流水作业。

- 销售自动处理:包括电子化的合同管理、合同审定及签署。

➢ 交易服务

交易服务能帮助企业开拓新的市场,并提供交易前、交易中、交易后的各种服务。主要包括:

- 市场推广和售前服务:企业提供可供交易的商品或服务目录,利用网上主页、电子邮件在全球范围内进行产品或服务的广告宣传,树立产品的品牌形象。客户可通过网上搜索工具迅速地找到所需要的产品与服务。

- 销售服务:主要帮助企业完成与客户之间的咨询洽谈、网上订购、订单处理、网上支付等商务过程。对于销售无形、数字产品的公司来说,Internet 上的销售服务为网上的客户提供了直接试用产品的机会,例如音像制品的试听、试看以及软件产品的试用等。

- 售后客户服务:包括帮助客户解决产品使用过程中的问题,包括排除技术故障、提供技术支持、发布产品改进或者升级的信息等,同时还提供各种渠道吸引客户对产品与服务进行反馈,从而提高客户的满意度。

3.3.3 电子商务的分类

按照使用网络类型分类

从这个角度分类,电子商务目前主要分为:EDI(电子数据交换)商务、Internet(因特网)商务和 Intranet(内联网)商务。

➢ EDI 商务

电子数据交换(Electronic Data Interchange,简称 EDI),是一个汇集和传送电子信息的标准。EDI 商务利用 EDI 网络进行电子交易,它将商业文件按一个公认的标准从一台计算机传输到另一台计算机。EDI 旨在实现票据传输的电子化,所以也有人称它为"无纸贸易"。

➢ Internet 商务

Internet 商务是指利用 Internet,包括万维网 WWW 服务进行任何电子商务运作。它以计算机、通讯、多媒体、数据库技术为基础,通过互联网络实现营销、购物等活动。

第三章

➢ Intranet 商务

Intranet 是在 Internet 基础上发展起来的企业内部网，或称内联网。通过在原有局域网上附加一些特定的软件，可以将局域网与 Internet 连接起来。Intranet 商务就是利用企业内部网络进行任何电子商务运作。

按照交易对象分类

从这个角度分类，电子商务主要有两大类：企业和企业间的电子商务和企业对消费者的电子商务。

➢ 企业和企业间的电子商务

企业和企业间（Business to Business）的电子商务一般被简称为 B2B 电子商务。B2B 电子商务是将买方、卖方以及服务于他们的中间商（如金融机构）之间的信息交换和交易行为集成到一起的电子运作方式。这种方式在企业和企业之间进行，采取电子化手段开展商业业务，通过网络传送动态的、实时的数据，联系世界各地的贸易伙伴，对不同企业之间的信息整合利用。B2B 电子商务的目的是以信息改善传统企业的经营。这也从根本上改变了企业的计划、生产、销售和运行模式。在电子商务中 B2B 占据主流，据统计全世界 B2B 占全部电子商务交易额的 80% 左右。

➢ 企业对消费者的电子商务

企业对消费者（Business to Customer）的电子商务一般被简称为 B2C 电子商务。B2C 电子商务指企业通过 Internet 网络对消费者（客户）提供即时的商业活动。B2C 在企业与消费者之间进行，主要是电子化零售业务。此类商业一般无特定交易对象，任何消费者都可以直接利用网络进行购买。例如，网上商店同一天的营业额可能来自世界各地的消费人群，而商店也不需计较交易对象是谁，只要能够提出合法的身份证明，并且拥有合法有效的付款依据即可。B2C 电子商务的目的是以新兴的网络，创造新的商业通路。这种类型的电子商务供需渠道直接、障碍少、速度快、费用低。相信随着互联网的迅速发展和网上购物被越来越多的个人用户所接受，B2C 会有很大的发展前景。

除了企业和企业间的电子商务、企业对消费者的电子商务之外，还有商业机构对政府的电子商务（Business to Administration）和消费者对政府的电子商务（Customer to Administration）等类型。这里不做详细介绍。

按照商务活动内容分类

从这一角度分类,电子商务可分为完全电子商务和非完全电子商务。

➢ 完全电子商务

完全电子商务(或称直接电子商务)是指可以通过网络方式完成全部交易活动,通常进行交易的内容是无形货物和服务,如计算机软件、音乐作品、视听作品、电子报刊、商业广告、各类市场信息和各种咨询服务等。完全电子商务使双方超越地理空间的障碍来做电子交易,可以充分挖掘全球市场的潜力。如苹果公司的 I-tune 音乐下载系统网站,就采用了无介质销售模式解决了数码产品支付和配送问题。

➢ 非完全电子商务

非完全电子商务(或称间接电子商务)是指不能完全依靠电子方式实现全部交易活动,通常进行交易的内容是有形货物,采取电子订货后,依然需要依靠邮政服务、快递中心等配送部门才能实现全部的交易过程。例如网上书店模式、Taobao 网模式一般都是属于这种电子商务类型。

3.3.4 电子商务的特点

电子商务提供了虚拟的全球性贸易环境,通过计算机网络使各种商务活动、交易活动、金融活动和相关的综合服务活动在全球进行。它与传统贸易活动的内容和形式相比,表现出更为突出的特点。主要有以下几个方面:

➢ 社会性

电子商务的最终目标是实现商品的网上交易,但这是一个相当复杂的过程,除了要应用各种有关技术和其他系统的协同处理来保证交易过程的顺利完成,还涉及许多社会性的问题。例如商品和资金流转的方式变革、法律的认可和保障、政府部门的支持和统一管理、公众对网上电子购物的热情和认可等等。所有这些问题全都涉及社会的方方面面,不是一个企业或一个领域就能解决的,需要全社会的努力和整体的实现,才能最终得到电子商务所带来的优越性。

➢ 便利性

电子商务通过 Internet 网上的浏览器,可以让客户足不出户就能看到商品的具体型号、规格、售价、商品的真实图片和性能介绍,借助多媒体技术甚至能够看到商品的图像和动画演示和听到商品的声音,使客户基本上达到亲自到商场里购物的效果。

第三章

特别是客户可以减少路途的劳累和人员的拥挤,在网上购物对客户也具有趣味性和吸引力。但是,大部分消费者还是习惯于直接的购物方式,对网上购物要有一个观念的转变和适应的过程。

➢ 动态性

电子商务交易网络没有时间和空间的限制,是一个不断更新的系统,每时每刻都在进行运转。通过 Internet,人们可以在世界任何地点、任何时间获得所需信息。网络上的供求信息在不断地更换,网上的商品和资金在不断地流动,交易中买卖的双方也在不停地变更,商机不断地出现,竞争也不断地展开。正是这种物质、资金和信息的高速流动,使得电子商务具有了传统商业所不能比拟的强大生命力。企业竞争力将得到前所未有的增强。企业和个人将拥有一个商机无限的网络发展空间。

➢ 低成本

由于互联网是国际性的开放型网络,费用较低,对于企业来说,电子商务节省了许多潜在开支,如企业利用电子邮件与客户、供应商进行通讯节省了通信费用,特别是一些分布广泛的跨国公司,利用互联网进行通讯大大降低了电话和信函等费用,而电子数据交换又大大地节省了人员管理环节的开销。例如,全球能源网络公司,原先公布每份技术资料共花费 25 美元,而在网上公布并散发相同的技术资料,其成本微不足道,而且宣传面更大。再如,利用网络进行软件及音像产品的发送,可将物流配送成本降到零。Axon computerime 公司在公司与客户之间建立了全新的电子商务解决方案,在线信息使公司的服务电话降低了 40%,仅此一项每年就可节约 10 万美金。

➢ 高效率

Internet 覆盖全球,通过 Internet 来进行商务活动,信息处理和传递的速度明显加快,从而使商务活动的节奏明显加快,大大地提高了商务活动的效率。例如,利用 Internet 将供货方连接至企业管理系统,进行客户订单处理,并通过一个供货渠道加以处理,这样公司就节省了时间,消除了纸张文件带来的麻烦并提高了效率。

➢ 灵活性

基于互联网的电子商务可以不受特殊数据交换协议的限制,任何商业文件或单证均可以直接通过填写与现行的纸面单证格式一致的屏幕单证来完成,不需要进行翻译,任何人都能看懂或直接使用。企业通过电子商务给客户提供了很大的方便,大大提高了服务的质量,如目前的某些网上银行,提供了每周 7 天、每天 24 小时的服务,使得客户能全天候地浏览资金账户,为客户提供存取、开户和转账等全方位的在线服务。

3.3.5 案例：从传统企业走向电子商务企业的ego365

概况

与普通意义上单一从事商品买卖的 B2C 网站不同，由上海市糖业烟酒集团和上海市第一食品商店股份有限公司共同出资组建的易购 365（http://www.ego365.com），一方面集投资方业务、销售、配送和商誉等优势资源于一身，与国内外的食品商建立起了良好的合作关系，规划在未来的几年内整合社会优势资源，立足上海，辐射江浙，面向全国，并最终成为中国著名的居家生活服务综合性网站；另一方面鉴于网络对社会的全面渗透，传统商业融入新型电子商务行业已然成为大势所趋，易购365 旨在成为中国大型商业企业向电子商务转化的先行者，充分利用互联网技术，促进烟糖集团由传统产业向现代产业转化。

作为易购 365 的母体，上海富尔网络销售有限公司早在 1998 年成立之初，就开始进军无店铺销售领域，为从事电子商务积累了最直接的经验，成为终端网络销售的先行者。

自 2000 年 4 月易购 365 正式建成运行后，目前形成了总面积达 8,000 多平方米的现代化配送中心，并在上海市区设有 30 个分送网站，注册会员已达到 60 万户，有 3.5 万固定会员用户经常光顾。易购 365 针对季节的差异和消费热点，不断调整商品种类，挑选具有代表性和市场潜力的商品以顺应消费者的需要。目前在线销售的商品涉及食品、生活用品、家电产品等 32 大类，近 4,000 种，并逐步淘汰陈旧商品，确保销售商品的常有常新，渐渐在消费者心目中树立起了易购 365 良好的商业形象，其知名度和销售额等各项指标比建成之初均有了突飞猛进的提高。

网点设计

易购 365 现已开通了两个专业频道，分别从事 B2C（针对消费者个人）和 B2B（针对加盟易购超便利体系的零售小店）业务。形式上网页的设计更注重于对消费者个人的服务，B2B 频道更像是一个对外宣传加盟的窗口，走网上网下互相联动之路。

其中，开通购物功能是开展 B2C 业务的主要途径，共分为三大板块：会员服务中心、网上购物和商家专卖。会员服务中心提供包括会员登录、顾客向导、投诉指南等

第三章

图 3－4 ego365 主页

在内的一系列在线服务。会员上网直接点击相关按钮，就可以方便地完成新会员注册、会员登录、修改个人信息、查看购物记录、购物流程演示、购物指导、会员留言、商品搜索、消费者投诉等各项活动，让每位光顾的会员可以便捷、安全、轻松地完成每一次购物，而且可以方便地将信息反馈给易购365，并及时得到回复。

网上购物则通过每月推出的热销商品、特别推荐和新品速递等栏目使消费者可以在第一时间了解易购365的最新商品动向，而每件商品的实物照片和简短介绍使消费者可以更直观地了解到产品信息。网上还设置了购物车、收银台和个性化的个人目录，方便消费者在购物和浏览网页的同时可以随时查看到购物动态，并按个人喜好将商品保留在个人目录中，简化购物程序。

在易购365上销售的商品中有很多是世界著名的食品商和国家级的著名品牌。易购365为它们专门开辟了商家专卖，可以借助网络的各种表现手段宣传公司形象、进行商品推广、市场促销等，使得消费者在购物的同时更能感受到商品背后所传达出的文化内涵，分享网络世界的无限商机。

在逐步巩固B2C业务的基础上，从2001年底开始，易购365还重点对市内的社会零售小店（小食品店、小杂货店、小烟酒店的总称）进行整合，计划建立起以加盟店为基础的"易购超便利"连锁经营体系，为社区居民提供身边的人性化服务，改变零售小店以往给人脏、乱、差的印象，易购将这部分业务称为B2B部分。

至此易购已初步构筑起两条腿走路的完整商务模式。

经营战略

➢ 一切以服务为核心

据有关资料表明,上海商业的"顾客满意度指数"2000年已升至72%,仅比欧美国家平均水平低2到3个百分点。易购365经营的是通过电话和互联网接受客户订货提供送货上门的无店铺销售业务,这就更需要每位从业人员的一切工作都围绕如何使消费者满意而展开,通过推进规范服务、星级服务、品牌服务和创新服务,使易购365的客户服务队伍在高起点上进一步提升整体素质。因此,易购365在提出"上午订货,下午送;下午订货,隔天送"的服务承诺和订购满50元环线内免费送货的基础上,又推出了"铃声一响,你我互联;在线服务,满意无限"的服务理念。

➢ 特服电话与网络互补

目前,并非上海的每个家庭都拥有一部电脑,而且在易购365的会员当中有相当数量的顾客并不是时刻连在网络上。为使这部分会员也可以享受到及时服务,易购365还专门开通了84365的24小时热线。消费者可以将需要告知服务中心的接线员,通过只闻其声不见其人的语音服务满足其订货要求。目前,100%的接线员都取得了专业机构的普通话合格证书并能娴熟地使用公司内的电脑业务系统,有效地缩短了每位消费者的通话时间。

➢ 全力构筑易购超便利

在网站取得一定成功经验的基础上,易购365将更多的人力、物力放在了"易购超便利"体系的建设上。

经过长时间的调研后,易购365发现遍布城市大小街道的零售小店无一不是与市民的生活圈紧密相连,以小、快、灵为经营特色,与其余的零售业态保持着错位经营的格局。整合正可以使便民性最强、具有常青业态特征的零售小店真正成为具有可持续发展能力的业态,从而使上海的整体零售业态得到进一步完善。利用市场机制,将目前无人管理的零售小店纳入规范化管理,从采购、物流直至售后服务的各个环节全面杜绝"假冒伪劣",正本清源,使"市场规范工作"中最薄弱、最难深入的方面得到加强。同时,利用烟糖集团的强势资源,统一引进"超便利"经营模式,针对小店本身的特点,引入老百姓日常生活所需的常备商品,使老百姓在家门口就能解决基本的生活需要,从而使"超便利"以亲切的、人性化的服务有别于超市和大卖场。

此举不仅可以使整合后的零售小店突破以往散兵式小打小闹,而且也为易购365找到了电子商务落地的极佳方式。

第三章

支付方式

对于消费者的不同支付请求,易购365提供了三种不同的支付方式:现金支付、网上支付和易购消费卡支付(根据市府要求,此项服务现已暂停)。

➢ 现金支付

是目前易购365用户最常使用的方式,根据收货人的不同可选择货到付款或者是异地付款。货到付款即在收到订货后,按照实际的交易额支付商品金额;异地付款专为收货和付款不是同一地址的消费者提供便利。

➢ 网上支付

易购365和Chinapay合作,接受下列银行卡的网上支付,并确保网上支付过程的安全性:中国农业银行上海分行白玉兰卡、金穗卡(包括信用卡和借记卡),中国银行上海分行长城信用卡,中国建设银行上海分行龙卡(包括储蓄卡和信用卡),交通银行上海分行太平洋卡(包括借记卡和信用卡),招商银行上海分行一卡通,中国光大银行阳光卡,中信实业银行上海分行理财宝,深圳发展银行上海分行发展卡,民生银行上海分行民生卡,华夏银行上海分行华夏卡,广东发展银行上海分行理财通。

其中作为民生银行的合作伙伴,易购会员将免费拥有民生易购联名卡,除了享有民生借记卡持有人的一切权利外,今后民生易购联名卡将成为网上支付和会员享有特别优惠活动的特殊标识。

物流配送

为了实现对消费者的服务承诺,易购365在建成之初就把逐步完善配送网络放在了重要的位置,现已形成了呼叫中心、中心仓库、分拣中心、网站配送相衔接的格局。

其中:

➢ 呼叫中心　　接受客户的电话订购和网上订购,确认配送网站。
➢ 中心仓库　　根据每个时段的商品汇总单把商品出库到分拣中心。
➢ 分拣中心　　按照每个网站的粗配单进行分拣粗配。
➢ 车辆配送　　专车、专人负责网站的配送。
➢ 网站配送　　根据粗配单商品进行细配,并送至终端客户。

截至目前,易购365建成了遍布上海市区的终端配送网络,拥有一个总面积达8000多平方米的现代化配送中心和30个分送网站,使配送的响应时间和准确率有了保证。

特色服务

为了应对不断推陈出新的网络大战,易购365基于先进的技术硬件,如采用Sun服务器和大型数据库构建网络支撑系统,后台业务系统、物流陪送系统、网络交换采用CISCO千兆交换系统,保持了与网站系统的一致性,做到了网站和后台业务系统的无缝连接等,还推出了各种面向不同消费者和供应商的服务项目。

➢ 呼叫中心(Call Center)

易购365的呼叫中心采用朗讯公司的全套解决方案,充分实现了呼叫引导、实时来话客户资料显示、电脑电话综合服务与后台业务系统紧密结合,使顾客享受到实时的服务。

与传统的柜台服务员不同,易购365呼叫中心的接线员可能将面临顾客对在售的千种商品的提问,她们对商品知识的熟练掌握使用户最大程度上免除了在商店中穿梭奔波之苦,同时满足了用户足不出户就能对购买的商品有深刻了解的要求。特别是在电话业务较为繁忙的时候,易购的呼叫中心还为用户提供回呼服务,记录下用户的电话信息,待较为空闲时主动回复用户,提升了服务品质。

在2002年,易购365还将基于现有的呼叫中心系统,开发出ICC(Internet Call Center)技术,并在实际工作中形成应用,即上网用户只需在浏览页面时,点击相应按钮,易购365的呼叫中心就会通过网络IP电话,及时回答各种咨询,使得易购365的广大会员真正享受到在线呼叫中心的关怀。

➢ 客户管理系统(Customer Relationship Management)开发

CRM是一种旨在改善企业与客户之间关系的管理机制,它目前实施于易购365的市场、销售、技术支持、客户服务等有关的工作部门。

CRM作为一个专门管理企业前台的管理思想和管理技术,提供了一个利用各种方式收集和分析客户资源的系统,使得易购365得以利用现有的会员资料和数据库技术对现有60万用户量的客户数据进行具体分析,与之建立一对一关系,提升顾客的满意度,建立起顾客的忠诚感。如在现在的实际工作中,对于经常来购物的客户,电脑系统能够分析其购买偏好,通过CTI技术绑定客户电话号码并列出相关客户资料,使Call Center的接线服务和消费引导更具科学性,更富有成效。

第三章

> **市场调查**

在很多新产品投放市场时,生产厂家都需要进行产品前期的调研,以使自身的产品能符合消费者的要求,而费用一般均十分可观。

易购365针对这样的市场需求,推出了新品反馈的专项服务,即在要求的时间段内,将新产品在挑选范围内向会员派发,免费试用,Call Center 就可以根据数据库中会员信息及时回访,采集第一时间的使用感受,及时向生产厂家反映相关数据,为产品的进一步改进提供参考意见。

易购365正在稳步向着全国最好的电子商务网站迈进。他们以服务为本的经营理念、两条腿走路的发展模式和坚强的技术后盾,将确保易购365成为中国著名的居家生活服务综合性网站。

3.4 电子政务

电子政务在提高政府工作效率、打破信息盲区、减少腐败机会等方面已显示出巨大作用,并且正在深刻影响和改变着原有的政府组织结构、行政模式、行政观念、运转方式和工作机制。可以说,电子政务既具理论价值,又具实践意义。深入理解电子政务的内涵、价值和意义,将使政府增强建设电子政务的紧迫感,提高对电子政务重要性的认识,从而保证电子政务的健康和有序发展。

3.4.1 电子政务的概念

电子政务的英文是 E-governor 或 E-government Affairs。人们对电子政务的理解多种多样,并没有统一的定义。但是,为了深入理解电子政务,研究它的内涵是很有必要的。

电子政务真正作为一个独立的概念出现,是在计算机网络技术相对成熟和普及之后。一般而言,电子政务指借助信息技术,以计算机网络为平台而进行的政务活动。它不仅意味着政府信息的进一步透明和公开化,还意味着政府要通过网络来管理其所管辖的公共管理事务。由于电子政务是信息技术与政务的交集,所以它的内涵在很大程度上取决于我们对于信息技术和政务所下的定义。

信息技术是能够扩展人的信息器官功能的一类技术。根据这个基本定义,我们还可以得到两个导出性的定义：一是信息技术是指完成信息的获取、传递、加工、再生和施用等功能的一类技术；二是信息技术是指感测、通信、智能（包括计算机硬件、软件、人工智能）和控制等技术的整体。"政务"在《现代汉语词典》中的解释是"关于政治方面的事务，也指国家的管理工作"。"电子政务"简单地来讲就是指运用电子化手段所实施的国家管理工作。具体来说，电子政务实质上就是政府机构应用现代信息和通信技术，将管理和服务通过网络技术进行集成，在网络上实现政府组织结构和工作流程的优化重组，超越时间、空间与部门分隔的限制，全方位地向社会提供优质、规范、透明、符合国际水准的管理和服务。

电子政务是一个系统工程，应该具备以下三个基本的特点：

- 电子政务必须借助IT技术与互联网技术的综合应用，离不开信息基础设施和相关软件技术的发展。电子政务的硬件部分主要包括内部局域网、外部互联网、系统通信系统和专用线路等；软件部分应包括大型数据库管理系统、系统传输平台、权限管理平台、文件形成和审批上传系统、新闻发布系统、服务管理系统、政策法规发布系统、用户服务和管理系统等。
- 电子政务是处理与政府有关的公开事务、内部事务的综合系统。电子政务除了包括政府机关内的行政事务以外，还包括立法、司法部门以及其他一些公共组织的管理事务，如社区事务等。
- 电子政务是新型的、先进的、革命性的政务管理系统。电子政务并不是简单地将传统的政府管理事务原封不动地搬到互联网上，而是要对其进行组织结构的重组和业务流程的再造。因此，电子政府在管理方面与传统政府管理之间有显著的区别，见下表：

表3-1 电子政府与传统政府的对比

传统政府	电子政府
实体性	虚拟性
地域性	超地域性
集中管理	分权管理
政府实体性管理	系统程序式管理
垂直化分层结构	扁平化辐射结构
在传统经济中运行	适应新经济发展

第三章

随着从传统政府向电子政府的转变,一个复杂的电子政务系统结构将逐步形成(见图 3-5):

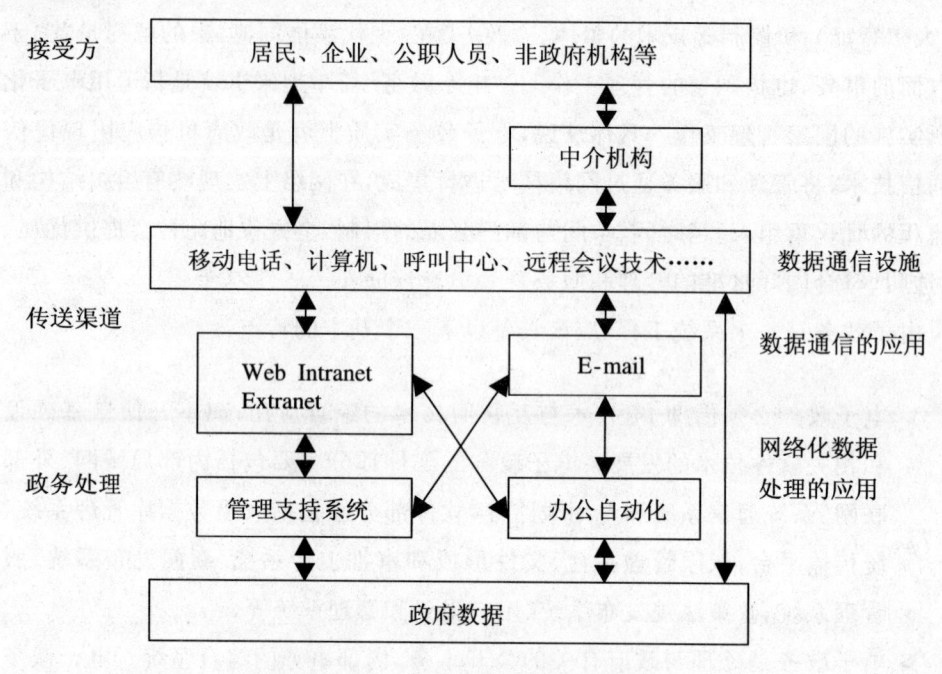

```
接受方        [居民、企业、公职人员、非政府机构等]
                    ↕           ↕
                              [中介机构]
                    ↕           ↕
             [移动电话、计算机、呼叫中心、远程会议技术……]    数据通信设施
传送渠道            ↕           ↕
             [Web Intranet   [E-mail]              数据通信的应用
              Extranet]
                    ↕    ╳    ↕
政务处理                                            网络化数据
             [管理支持系统]  [办公自动化]              处理的应用
                    ↕           ↕
                      [政府数据]
```

图 3-5 电子政务系统的结构

3.4.2 电子政务系统分类

从图 3-5 可以看出,电子政务的内容非常广泛。从服务对象来看,电子政务主要包括这样几个方面:政府间的电子政务(Government to Government,G2G);政府对企业的电子政务(Government to Business,G2B);政府对公民的电子政务(Government to Citizen,G2C)等。

政府间的电子政务

政府间的电子政务是上下级政府、不同地方政府、不同政府部门之间的电子政务。主要包括以下内容:

➢ 电子法规政策系统

通过网络等平台对所有政府部门和工作人员提供相关的现行有效的各项法律、法规、规章、行政命令和政策规范,使所有政府机关和工作人员真正做到有法可依、有法必依。

> 电子公文系统

在保证信息安全的前提下,在政府上下级、部门之间传送有关的政府公文,如报告、请示、批复、公告、通知、通报等等,使政务信息十分快捷地在政府间和政府内流转,提高政府公文处理速度。

> 电子司法档案系统

在政府司法机关之间共享司法信息,如公安机关的刑事犯罪记录、审判机关的审判案例、检察机关的检察案例等,通过共享信息提高司法工作效率和司法人员的综合能力。

> 电子财政管理系统

向各级国家权力机关、审计部门和相关机构提供分级、分部门历年的政府财政预算及其执行情况,包括从明细到汇总的财政收入、开支、拨付款数据以及相关的文字说明和图表,便于有关领导和部门及时掌握和监控财政状况。

> 电子办公系统

通过电子网络完成机关工作人员的许多事务性的工作,节约时间和费用,提高工作效率,如工作人员通过网络申请出差、请假、文件复制、使用办公设施和设备、下载政府机关经常使用的各种表格、报销出差费用等。

> 电子培训系统

对政府工作人员提供各种综合性和专业性的网络教育课程,特别是适应信息时代对政府的要求,加强对员工与信息技术有关的专业培训,员工可以通过网络随时随地注册参加培训课程、接受培训、参加考试等。

> 业绩评价系统

按照设定的任务目标、工作标准和完成情况对政府各部门业绩进行科学的测量和评估。

政府对企业的电子政务

政府对企业的电子政务是指政府通过电子网络系统进行电子采购与招标,精简管理业务流程,快捷迅速地为企业提供各种信息服务。主要包括:

> 电子采购与招标

通过网络公布政府采购与招标信息,为企业特别是中小企业参与政府采购提供必要的帮助,向它们提供政府采购的有关政策和程序,使政府采购成为阳光作业,减少徇私舞弊和暗箱操作,降低企业的交易成本,节约政府采购支出。

➢ 电子税务

使企业通过政府税务网络系统,在家里或企业办公室就能完成税务登记、税务申报、税款划拨、查询税收公报、了解税收政策等业务,既方便了企业,也减少了政府的开支。

➢ 电子证照办理

让企业通过互联网申请办理各种证件和执照,缩短办证周期,减轻企业负担,如企业营业执照的申请、受理、审核、发放、年检、登记项目变更、核销,统计证、土地和房产证、建筑许可证、环境评估报告等证件、执照和审批事项的办理。

➢ 信息咨询服务

政府将拥有的各种数据库信息对企业开放,方便企业利用。如法律、法规、规章、政策数据库,政府经济白皮书,国际贸易统计资料等信息。

➢ 中小企业电子服务

政府利用宏观管理优势和集合优势,为提高中小企业国际竞争力和知名度提供各种帮助。包括为中小企业提供统一政府网站入口,帮助中小企业同电子商务供应商争取有利的、能够负担的电子商务应用解决方案等。

政府对公民的电子政务

政府对公民的电子政务是指政府通过电子网络系统为公民提供的各种服务。主要包括:

➢ 教育培训服务

建立全国性的教育平台,并资助所有的学校和图书馆接入互联网和政府教育平台;政府出资购买教育资源然后向学校和学生提供;重点加强对信息技术能力的教育和培养,以适应信息时代的挑战。

➢ 就业服务

通过电话、互联网或其他媒体向公民提供工作机会和就业培训,促进就业。如开设网上人才市场或劳动市场,提供与就业有关的工作职位缺口数据库和求职数据库信息;在就业管理和劳动部门所在地或其他公共场所建立网站入口,为没有计算机的公民提供接入互联网寻找工作职位的机会;为求职者提供网上就业培训、就业形势分析,指导就业方向。

➢ 电子医疗服务

通过政府网站提供医疗保险政策信息、医药信息、执业医生信息，为公民提供全面的医疗服务。公民可通过网络查询自己的医疗保险个人账户余额和当地公共医疗账户的情况；查询国家新审批的药品的成分、功效、试验数据、使用方法及其他详细数据，提高自我保健的能力；查询当地医院的级别和执业医生的资格情况，选择合适的医生和医院。

➢ 社会保险网络服务

通过电子网络建立覆盖地区甚至国家的社会保险网络，使公民通过网络及时全面地了解自己的养老、失业、工伤、医疗等社会保险账户的明细情况，有利于加深社会保障体系的建立和普及；通过网络公布最低收入家庭补助，增加透明度；还可以通过网络直接办理有关的社会保险理赔手续。

➢ 公民信息服务

使公民得以方便、容易、费用低廉地接入政府法律、法规、规章数据库；通过网络提供被选举人背景资料，便于公民对被选举人的了解；通过在线评论和意见反馈，了解公民对政府工作的意见，改进政府工作。

➢ 交通管理服务

通过建立电子交通网站提供对交通工具和司机的管理与服务。

➢ 公民电子税务

允许公民个人通过电子报税系统申报个人所得税、财产税等个人税务。同时通过在线支付方式完成税收的支付。

➢ 电子证件服务

允许居民通过网络办理结婚证、离婚证、出生证明等有关证书。

3.4.3 电子政务的发展阶段

电子政务的上述业务并不是一出现时就具备的，而是在电子政务从简单到复杂的发展过程当中逐步建立和完善起来的。这个发展过程可以从三个维度来说明，即以实施技术为特点的"电子政务功能度"、以信息交互程度为特点的"电子政务复杂度"和以满足公众需求为特点的"电子政务成熟度"。如果将政府内部各种办公信息系统作为比较基准的话，那么下页图就为我们认识电子政务提供了很好的分析框架。纵坐标代表政府提供服务所需技术功能的难易程度；横坐标反映了政府提供的服务性质和质量对交互程度的要求。交互程度也可以理解为政府作为信息提供者的复杂程度。政府提供的服务可监督程度越高（包括内外监督），涉及的外部接口越多，则交互程度就越高。纵坐标则代表电子政务适应社会经济发展的匹配度，同时也表明电子政务通过利用信息技术和其他相关技术所能够提供的各种工具和手段。电子政务的目标是不断地改善政府、企业与居民各行为主体之间的互动，使其更有效、更友善和更有效率，从而推动整个社会政治、经济、文化等各个方面的发展，促进社会的进步。在这个过程中当然少不了要对原有的政府结构，政府业务活动组织的方式和方法等进行一系列重要的、根本的改造，从而使政府更精简，更透明，更接近人民群众，更好地为人民服务。在电子政务的发展过程中，也因而产生了一些只有应用信息技术才可能获得的新的政府概念，如"一站服务"，即居民或企业只要去一个政府部门即可解决需要政府办理的有关事项；"无站服务"（即居民或企业只要进入一个政府网站即可解决问题）；"居民关系管理"，即掌握某些居民（如残疾等）的特殊需要以便有针对性地适时提供他们所需要的政府服务等等。

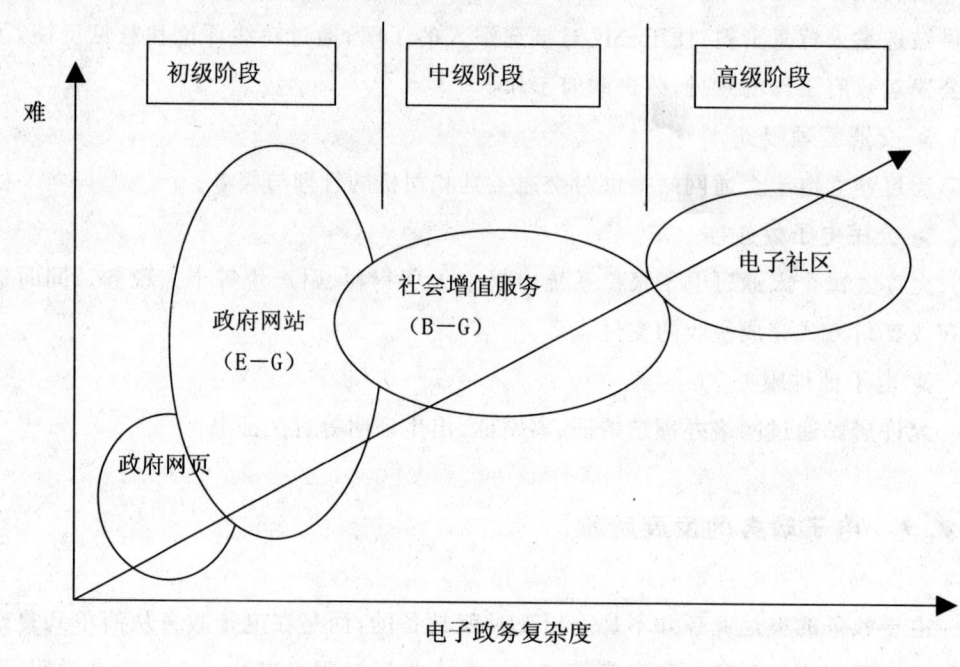

图 3-6 电子政务发展模型图

从政府工作形式看，电子政务分为四个发展阶段：

➢ 公文电子化。运用计算机存储各种政府相关的公文和文件，并通过网络进行发布，这是电子政务发展的最初级阶段。

- 内部办公自动化。建立政府部门内部办公自动化系统,应用计算机辅助行文、汇报、报表及管理业务,达到业务流程化。
- 行政管理网络化。实现在线信息交互和网上交互。
- 网上协同办公。部门间协同工作,以业务(项目)为中心,多个政府机构利用网络平台协同工作。

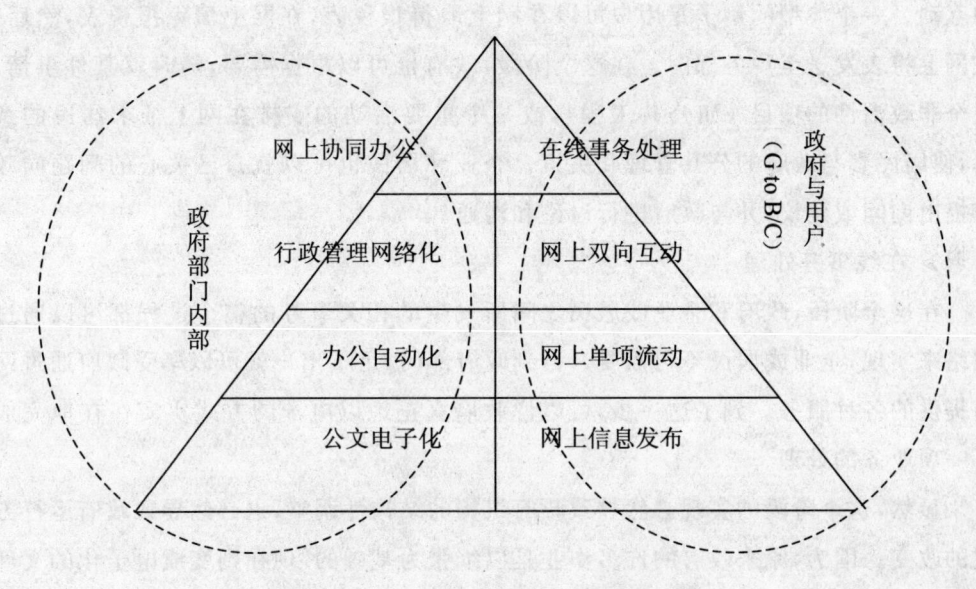

图 3-7 电子政务的发展阶段

从政府与用户交互的角度,电子政务的发展大致经历了以下四个阶段:

- 政府信息网上发布

这是电子政务发展早期较为普遍的一种服务形式。主要是通过网站发布与政府有关的各种静态信息,如法规、指南、手册、政府机构、组织、通讯联络方式等。这样的网站一大部分有可能将始终仅以提供信息服务为目的,另一些则有可能进一步向深层次和高级应用的方向发展。在这个阶段,政府与用户是"被动/被动"的关系,二者在网上互不联系,或者也不通过其他方式(如电话或传真之类)相互沟通。

- 政府与用户单向互动

在这个阶段,政府开始在网上实现与用户的互动,但是,这个互动还只是单向的政府主动,用户被动。政府在网上发布与政府服务项目有关的动态信息,并向用户提供某种形式的服务,但是政府却不在网上回答用户的各种询问。这个阶段的一个例子是用户可以从网站上下载为接受政府某种服务所需要填写的表格(如报税表)。

在这个发展阶段,电子政务显然已经超出了仅仅提供信息服务的范畴,而使用户可以享有某种程度的政府服务。

> 政府与用户双向互动

在这个发展阶段,政府继续扩大与用户的互动,用户可以在网上与政府部门进行通讯,政府部门也可以通过电子方式应答用户的要求,政府与用户可以在网上完成双向互动。一个典型的例子是用户可以在网上取得报税表,在网上填完报税表,然后,从网上将表发送至税务部门。在这个阶段,政府也可以根据需要,随时就某件事情、某个非政治性的项目(如公共工程),或某个重要活动的安排在网上征求居民的意见,使居民参与政府的公共管理和决策。企业和居民也可以就自己关心的问题向政府提出询问或建议,并与政府进行讨论和沟通。

> 在线事务处理

在这个阶段,政府和企业或居民之间所发生的相关事务的整个过程都可以通过网络来实现,企业或居民不再需要亲自到政府部门,足不出户就可以享受政府通过网络提供的各种服务。到了这一步,可以说政府真正地以电子的方式实实在在地完成了一项业务的处理。

显然,这个阶段的实现必然导致政府机构的结构性调整,也必然导致政府运行方式的改变。因为,原来政府的许多作业是以纸张为基础的,现在则变成电子化的文件了;原来政府与居民的"接口"是办公室,或者在柜台、在窗口,现在则移到计算机屏幕上了。因此,原有的某些政府部门及某些人员需要裁撤,一些新的部门及新的岗位则需要设立。这就是为什么说电子政务不是将现有的政府电子化,而是要将原有的政府改造为一个电子政府。只有这种改造实现了,电子政务才是真正地趋于成熟。

3.4.4 电子政务的意义与建设原则

概括地说,推动电子政务的发展,可以带来以下五方面的好处:

> 可以提高政府的办事效率。依靠电子政务信息系统,一个精简的政府可以办更多的公务,行政管理的电子化和网络化可以取代很多过去由人工处理的烦琐劳动。

> 有利于提高政府的服务质量。实施电子政务以后,政府部门的信息发布和很多公务处理转移到网上进行,给企业和公众带来了很多便利。如企业的申

- 报、审批等转移到网上进行,可以大大降低企业的运营成本,加快企业的决策速度,这又从另一个方面促进了经济的繁荣。
- 有利于增加政府工作的透明度。在网上发布政府信息、公开办公流程等,保护了公众的知情权、参与权和监督权。政务的公开又拉近了公众和政府的关系,有利于提高公众对政府的信任。
- 有利于政府的廉政建设。电子政务规范办事流程,公开办事规则,加强了和公众的交互。通过现代化的电子政务手段,那些容易滋生腐败的"暗箱操作"将大大减少,这将有利于促进政府部门的廉政建设。
- 提高了行政监管的有效性。我国20世纪90年代中期开始建设的"金关工程"、"金税工程"等,从近几年的实施看,政府部门大大加强了对经济监管的力度。"金关工程"和"金税工程"的实施大大减少了偷税、漏税和出口套汇等,增加了国家的财政收入;公安部门的网上追逃也取得了显著的社会效益。

虽然实施电子政务能给政府、企业与公民带来许多便利,但是电子政务是一个系统工程,实施电子政务需要考虑长期和短期的应用需求,应坚持以下原则:

- 实用性原则

电子政务系统必须保证实用,切实符合政府部门管理、决策、服务及办公自动化等各项业务和职能要求。在功能上不能盲目追求一步到位。在电子政务网络建设方面应充分利用现有设备和系统,少花钱多办事。可采用分步实施、分阶段投入的方法,追求尽可能高的性价比。

- 先进性及成熟性原则

网络和办公自动化系统应适合政府部门自身发展的特点及网络通信技术的发展趋势,所选择的网络设备和系统平台应具有先进性,采用国际上既先进同时又成熟可靠的技术。政府部门的业务和职能要求网络和办公系统必须可靠。所以在进行网络设计时,关键部位必须要有高可靠性的设备,对于重要的网络节点采用先进的高可靠性技术。

- 开放性及安全性原则

政府业务范围广,在网络设计过程中应考虑与外部系统如企业网和各地政府机关网等的网络互联,所以网络系统的开放性要好,应支持多协议;同时应有健全的安全防范措施,从硬件、软件以及行政管理等方面严格管理,杜绝非法入侵和泄密,在必要时采用物理隔离的方法。在网络设备和系统平台选型时,应符合国际网络标准及

第三章

工业标使系统的硬件环境、通信环境、软件环境相互间的依赖减至最小,使其各自发挥自身优势。

➢ 可扩充性原则

随着政府业务的发展,系统的扩充是必然的,因而在网络设计时要充分考虑到将来网络扩充的可行性。

➢ 可维护性、可管理性原则

网络设备和系统平台应该具备安装方便、配置方便、使用方便等特点,同时要求有较强的网络管理手段,能够合理地配置和调整网络负载、监视网络状态、控制网络运行。

3.4.5 案例:江门市"12345"电子政务服务热线

建设背景和目标

当前电子政务建设的重点在于:适应改革开放和现代化建设对政务工作的要求,转变政府职能,提高工作效率和监管的有效性,更好地服务人民群众;以需求为导向,以应用促发展。而据专家分析,不同行政级别的政府机构、不同的职能管理部门,对电子政务的业务需求是不同的:中央(部委)一级的主要职能是进行综合的宏观政策决策与管理;地方一级的职能则主要是直接面向各行业的工商企业,根据有关法律法规对所有工商企业的市场准入、市场行为进行管理与监督。基层一级则更多是处理社区与居民的事务,主要承担社会信息指导与服务职能。

作为地级市的江门市,其电子政务的目标主要在于推动政府职能转型,即由管理型向管理服务型转变。自国家信息化办公室把江门市列为国家信息化试点城市以来,江门市的政府信息化建设紧紧围绕转变政府职能这个中心,认真贯彻落实中共中央文件精神,实施"电子政府"工程,提高了政府各部门的办事效率,促进了政务公开、廉政建设和公共服务。在"电子政府"系列工程中,12345/12319建设行业服务热线系统是江门市电子政务应用的一个新的突破点,也是江门市被确定为建设部12319建设行业服务热线试点城市后推出的重要举措。江门市12345/12319建设行业服务热线系统(简称江门"12345"服务热线)的建设目标是:与政府网站一起,给广大市民提供生活服务、抢险抢修、政策咨询、问题投诉等一系列的市政服务。

创新的建设模式

江门"12345"服务热线系统首先是一个以呼叫中心为基础的服务运营平台。其技术支撑主要集中在呼叫中心技术方面,包括传统电话交换技术、CTI 技术和最新网络技术;在此之上,如何能够提高呼叫中心的服务水平、扩大服务范围和拓展服务方式?这是方案规划人员反复思考和探讨的问题。

系统可以有两种建设模式:(1)传统的公众意见服务平台模式,即以电话、服务人员和数据库为中心的呼叫中心模式。(2)创新的综合信息服务平台,在这种模式下,呼叫中心只是作为服务的界面,用来搜集信息和传播信息。在呼叫中心的背后,还需要一个有效的信息管理和服务跟踪的平台,以保证呼叫中心所提供信息和服务的质量,并拉动其他相关信息系统的运转。

传统的呼叫中心模式自成体系,信息记录相对封闭,和其他系统也缺乏数据交换和应用互动,因此其信息管理和服务的效率和效果受到局限,容易建成又一个信息孤岛。综合信息服务平台的模式,是把政府热线平台看做整个江门电子政务大平台上的一个节点,也是其一个有机的组成部分。在此设想下,实现数据共享和统一信息检索,并可以在应用流程上和其他业务系统连接和互动。这种思路突破了目前政府热线的建设模式,将热线服务平台定位成公众与政府沟通的桥梁,服务于两端,一端连接公众,另一端连接政府各业务部门。最终,方案规划人员选择这一具有创新和整合意义的建设路线。

主要功能和特点

按照综合信息服务平台的建设模式,江门"12345"服务热线系统主要分为如下四大块:

- ➢ 呼叫中心:提供传统呼叫中心功能,实现电话网络的呼入呼出、坐席管理和数据库维护等。
- ➢ 门户网站:提供基于 Internet 的各种信息咨询功能,实现信息发布和交互平台的功能,包括处理结果、网上调查、社区、邮件等等。
- ➢ 流程管理:将热线收到的任何请求按不同的流程处理,分为特急事件流程、紧急事件流程、一般事件流程等,需要时和相应的业务系统相连接。实现工作流设计、任务分派、事件驱动和消息提示等功能。

第三章

> 知识管理：利用分类、摘要、聚类、提取等文本挖掘技术，为政府决策提供支持；建设服务知识共享库，提升服务人员专业知识水平，实现学习型服务体系。

江门"12345"城建服务热线系统网络示意图如下：

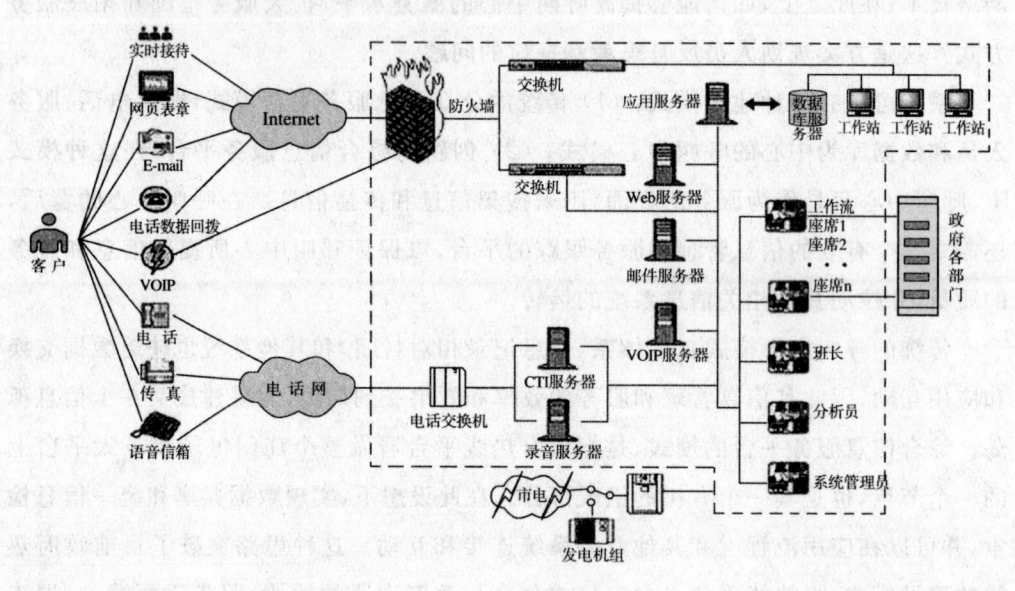

解决方案的特点和优势

> 建立了一个统一的面向服务、开放式的综合服务平台，实现了电话、传真、短信、网页、VOIP 等多种方式的信息搜集和发布。

> 服务热线结合流程管理的创新设计，将服务热线和业务处理流程结合在一起，提供的标准接口可实现与业务单位 OA 无缝连接，使事件处理直接进入业务单位内部办公流程，提高了事件处理效率和平台的整体服务水平。

> 应用知识管理和挖掘技术，实现了热线数据的有效、综合利用，为各级政府机关决策提供支持。

> 依托先进的内容管理理念、集成成熟的技术产品搭建方案（软件）基础架构。

> 集成领先的信息检索和知识挖掘技术，整体提升知识管理和决策支持水平。

> 采用开放平台体系架构和设计，遵从 J2EE/XML/Web Service 等开放标准和规范，具有良好的扩展性，保护政府投资。

> 主要产品均可快速部署实施，并采用全 Browser/Server 模式，零客户端，大大

降低初始和运行维护成本。
➢ 可以与电子政务门户无缝集成,利于政务部门整体协作。

社会效益和推广意义

12345服务热线把江门市城市建设系统各级部门的职能统一到一个服务平台上,凡涉及供水、供气、供暖、市政、市容、城市交通、园林绿化、城市规划、城市房管、城市执法、环境卫生、城市环保、路灯、建筑市场、建筑质量和安全监督等方面的咨询、建议、投诉,市民都可拨打12345城建服务热线得到解决。服务热线每天可处理四千多条信息,可同时支持多达上万人次的网上访问。江门市12345政府服务热线平台开通四个月内,共处理两万三千余项呼叫。项目社会效益主要在于:

➢ 方便市民,拉近了政府与市民的距离,提升了政府形象。
➢ 方便政府机关,加强廉政建设;提高政务服务自动化水平,完善电子政务。
➢ 减少行政人力成本,提高工作效率。
➢ 综合利用信息,为领导提供科学的决策依据。

第4章 互联网的管理基础

21世纪启迪人类最深层的变化就是要由单纯从世界看世界的世界观转变为从宇宙看世界的宇宙观。不同世界观的共同特征主要表现为对抗性,通过对抗和矛盾冲突来解决世界和人类的诸多问题,推广各自的世界观至大同。延伸到经济领域,主要表现为通过"你死我活"的竞争来解决问题。然而,宇宙观更多强调的是合作性,通过与周围环境的合作来解决地球的问题。在"只有一个地球"的基点上,不同的世界观升华为同一的宇宙观。延伸到经济领域,则主要表现为通过"双赢"的竞合来解决问题。

新世纪伊始,人们在感叹工业革命以来文明成果的同时,也要面对它带给人类的环境污染、生态破坏、贫富分化等自然和社会问题。组织作为一个具有特定目标、稳定的社会结构,作为社会经济的细胞,曾经成功地在自己的周围树起一面面围墙,以命令和等级制度让组织成员为了组织的目标而努力。然而当人们对传统组织模式与组织存在进行关于价值、社会责任的重新思考时,一场经济风暴又席卷而来。经济全球化、一体化及知识经济已现端倪,虚拟经济的兴起、新经济力量的崛起,使得组织竞争的基础、格局不断变化,带给组织一个复杂多变的经济环境。包括网络技术在内的信息通信技术的日新月异的发展,也使组织面临新的机遇与挑战。面对社会责任的要求、经济环境的变化以及信息通信技术的迅猛发展,组织存在的目的、价值、方式也要相应转变。

修改组织价值的评价准则:从只关心自身的利益到关注组织存在的社会、生态、环境价值。

拓展组织利益相关者群体:从只关心组织拥有者的经济利益到关心利益相关者的全方位利益。

适应竞争环境和资源基础的变化:从注重整合资源、追求效率和经济性到挖掘潜力、协作创新、塑造"不可复制的优势"。

时代与环境呼唤新的组织模式,也催生了孕育已久的"网络组织"的诞生。今天研究网络组织具有新的基础和现实必要性,网络组织在今天被赋予了新的社会与时代使命。

本章在首先叙述了网站建立的基本过程、网站规划与设计、网站的管理与维护之后,重点介绍了网络化组织的产生背景及其内涵和特征,并对网络组织的几种典型形

第四章

式做了详细的介绍。最后,通过分析网络化组织建设和管理的相关机制,让读者对如何在当今复杂多变的环境下建立高效的网络组织有更清晰的认识。

4.1 建立网站的基本过程

企业或政府需要在互联网上提供信息和服务,就必须建立一个网站,将所要提供的信息和服务放到网站上。本节主要介绍建立网站的基本知识和步骤。简单而言,建立一个网站的基本过程大致有以下几个步骤:

4.1.1 注册域名

域名是网站在 Internet 上的合法标识,因此建立网站前必须向 Internet 管理机构申请一个域名,有了域名用户才可以通过网址查找到该网站,与企业开展业务活动。在 Internet 迅速普及的今天,企业上网正成为一个热门词汇。但是要建立自己的网站,首先要有一个属于自己的域名。所以域名注册是在互联网上建立任何服务的基础。由于域名和商标都存在着唯一性,随着 Internet 的发展,从树立企业形象的角度看,域名从某种意义上讲和商标一样也是企业的一种资产。许多企业在选择域名时,往往希望采用和自己企业商标一致的域名,因此尽早注册自己的域名就显得十分必要。

在互联网上,许多大的门户网站都会提供免费的个人主页空间,但这些免费空间往往不能提供符合企业要求的域名,因此一般不建议企业或者政府建立网站时采用这种方式。

从域名的注册方式来看,一般把域名分成两种,一是注册国际域名,另外一种是注册国内域名。一般来说,国际域名具有更大的影响力,往往以".com"、".net"、".gov"等结尾,但注册费用略高。国内域名一般以".cn"结尾,也可以在全球范围内被访问,互联网上的用户都可以访问到国内域名注册的网站。

➢ 注册国际域名

国际域名由 Internet 管理委员会统一管理,从国内直接通过 Internet 管理委员会注册国际域名的手续比较复杂,一般国内用户注册国际域名都通过国内的域名注册代理公司进行注册。

下面我们以国内较著名的"创联万网"(http://www.net.cn)为例来简单介绍

一下注册国际域名的具体步骤：

在浏览器中输入 http：//www.net.cn 进入"创联万网"网站。

在"创联万网"注册域名前，需要先注册成为其用户。单击"用户注册"链接进入注册页面，输入用户名、密码和申请人的个人信息，填写后单击"下一步"按钮，当系统提示注册成功后表明注册过程结束。

单击"进入您的家"，在对话框中输入注册的用户名和密码，进入登录页面。

单击"域名服务"菜单中的"注册国际域名"，开始域名注册。在域名栏中输入要注册的域名，在域名类别中根据单位性质选择（如 .com 或者 .gov）然后单击"查询"按钮，系统开始搜索该域名是否已经被他人注册。如果已经被他人注册，系统会提示用户重新输入一个新的域名，当系统提示域名还没有被他人注册时，会出现"在线域名注册服务条款"，这时应单击"我同意"表示接受服务调控以继续注册过程。

填写域名注册表，完成后单击"下一步"进入确认窗口。确认所填信息无误后，可单击"提交"。系统提示刚才填写的内容还没有提交到"创联万网"，此时应单击"购物车"。

最后出现付款提交页面，在这个页面选择注册域名的付款方式，选择网上付款方式后单击"提交"，此时出现在线支付页面，确认支付成功后，申请的域名将在一天内生效。

➤ 国内域名注册

与申请国际域名不同，申请国内域名需要向中国互联网络信息中心（CNNIC）提交申请。CNNIC 规定国内域名只能由单位注册而不允许个人注册，并且在注册时需要提交以下材料：

- 单位介绍信。
- 承办人身份证与复印件。
- 单位依法登记文件的复印件。如果申请人是企业，应提交营业执照复印件；如果是其他组织，则应提交相应主管部门批准其成立的文件复印件。

准备好以上材料后，就可以登录到 CNNIC 的网站 http：//www.cnnic.net.cn，在主页上方的域名查询栏中输入想要注册的域名，如果域名已经被他人申请，则还需要重新输入一个新域名。新域名确认没有被注册后，可单击"域名注册服务"链接，进入国内域名注册相关页，再单击"域名联机注册"进入"CNNIC 域名注册申请表"。

在"CNNIC 域名注册申请表"中首先需要填入申请单位和联系人等信息，然后在表格下面填写"域名服务器"一栏，如果不填，CNNIC 也会为你指定一个。申请表填好后，单击页面下方的"注册"按钮提交表单。一般而言，CNNIC 会在一天之内发一封电子邮件，通知申请者在 30 天内把所有域名注册相关的材料邮寄到 CNNIC，所

第四章

需的材料包括：申请表（盖章）、申请单位营业执照复印件（或法人证明复印件）、承办人身份证复印件以及申请单位介绍信。CNNIC 在收到申请材料后，会对材料进行审核。如果材料缺少或者材料有误，会再一次通过电子邮件通知申请者进行修改。如果材料合格，CNNIC 将用电子邮件通知域名的开通时间。域名开通后申请者每年需要为此域名支付 300 元左右的域名使用费，并在 20 天内通过汇款、银行电汇等方式支付给 CNNIC。

4.1.2 选择网站服务器提供商

上网类似看电视节目，电视机本身不存储各种节目，电视节目是通过电视台发送的。同样我们自己的电脑没有存储各种网站的内容，网站的内容都是网站的开发人员制作并保存在服务器上，通过互联网向全世界发布的。服务器是专门用来在网上为其他计算机服务的计算机，主要供用户存放网站的网页、数据等各种文件。我们在网上看到的网页、图片、动画、数据库等都存放在网站服务器上。

服务器虽然也是计算机，但是它的配置要比普通上网用的计算机要高，因此价格也要高很多。网站的服务器一般归某个服务器供应商所有。虽然拥有自己的服务器能提供更多的功能和更强的灵活性，但是由于自己购置专门的服务器需要支付大量的费用（如服务器购置费用和申请专线接入 Internet 费用），同时还需要花费很多人力和物力成本进行维护，这对于一般的企业和政府部门而言是得不偿失的。因此一般而言，网站都是存放在专门的服务商的服务器上。当然，对于那些提供 Internet 服务的专业公司或有实力的大型企业来说，往往都选择自己组建服务器存放网站的内容。一般我们可以通过搜索引擎在线查找网站服务器供应商，比如在新浪、网易、雅虎输入"服务器托管"、"服务器供应商"等词进行搜索，会找到很多相关的匹配记录。

4.1.3 选择合适的服务器

不同用途、不同规模的网站所需要的服务器规格是不同的。提供网站建设服务的网站，一般都会提供各种规格的服务器配置供用户选择。比如中国企业新网提供了"免费型"、"经济型"、"标准型"三种服务器配置规格；而创联万网则提供了"安居型"、"标准置业型"、"私家专享型"、"双响炮系列主机"、"二联珠系列主机"等多种规格。

对于用户而言，一般有以下几种类型的网站可选择。

➢ 宣传型网站

这类网站的主要作用是为企业提供一个网上宣传的窗口，能够对外发布信息，展示自己的产品并获得用户的反馈。宣传型的网站所需要的技术含量不高，一般而言只需要有一定容量的静态空间和电子邮箱即可。例如中国企业新网提供的"免费型"、"经济型"以及创联万网提供的"安居型"等都适合存放这类网站。

➢ 商业型网站

如果企业计划在互联网上开展经营，也就是前面所说的电子商务，那么就需要一支专业的队伍来进行开发和维护，同时对于网络服务器的要求也相对较高。一般需要大量的空间容量存放文件和资料，同时需要支持动态网页以提供交互式的服务。此外还需要有严格的安全机制以及定期的备份计划。例如中国企业新网提供的"标准型"以及创联万网提供的"私家专享型"、"双响炮系列主机"等都属于适合这类网站的服务器。

目前市场上建设网站的服务供应商推出的服务器规格很多，其关键在于技术指标，例如，服务器空间容量、支持动态网页的类型以及相关的安全备份服务等。至于名字只是一个代号，一家服务器供应商的"标准型"服务器，在另一个网站可能归为"经济型"，所以在选择服务器时切不可从其名称来进行判断，而要仔细阅读该配置服务器的技术指标介绍，以便选择满足自己需要的服务器规格。

选择完服务器规格后，就可以按照网站的价格列表进行付款，付款确认后就可以开始建设网站发布网页了。如果有技术方面的问题可以通过电话或者电子邮件的方式同服务器供应商进行联系。

4.1.4 网站发布与宣传

网页在制作完成后需要将网页文件通过专门的工具上传到相应服务器上，并通过各种宣传手段和渠道尽可能让更多的人知道并访问网站，扩大影响力。

➢ 网站发布

建网站一般需要申请域名、租用服务器、制作网页和上传网页四个步骤。完成了域名申请、选择好了相应的服务器之后，网站建设服务提供商会发一份资料，上面将详细说明你申请的域名和服务器的具体技术参数。其中主要包括上传FTP地址以及FTP的用户名和密码。

通过使用专门的FTP软件，输入相应的地址和密码后，便可以登录到远处的服务器进行网页内容的发布。发布完成后需要在浏览器中进行测试。如果提示错误信

第四章

息,或者看到的内容不是最新制作的网页内容,需要检查网络是否联通,同时还可以尝试刷新页面(F5键),如果问题还是存在,需要与服务器供应商联系。

➢ 网上宣传

网站建立后,需要通过宣传让公众了解并访问你的网站。宣传可以通过传统媒体如电视、广播、报纸杂志等渠道,但最经济、高效的方法还是通过互联网进行宣传。

通过 Internet 进行站点宣传主要有以下几种类型:

- 搜索引擎

目前 Google、百度等搜索引擎的使用率非常高,而在搜索引擎中加入一个新站点一般又是免费的,因此这种推广方法作为企业和组织在网络上进行宣传是个非常好的选择。加入搜索引擎一般是点击相应的链接进入指定网页,按照相应的说明操作即可。例如在新浪搜索引擎的网页单击"帮助信息"链接后,再查看"关于网站登录、修改、删除"帮助选项即可看到比较详细的使用说明。

友情链接。友情链接是指和一些相关的或者其他友好站点合作。在自己的网站上放置对方网站的链接,通过这种互惠的行为扩大网站的宣传效果。这种方法的特点是成本比较低廉,节省费用,但是效果并不是十分突出。

- 广告联盟

广告联盟是从友情链接发展而来的一种网站推广方法。友情链接是在两个网站之间进行相互的链接,而广告联盟则是由网络广告商发起的许多站点之间的相互链接。一家网站一旦加入一个广告联盟,这家网站的宣传链接就会以一定的概率出现在其他所有参加这个广告联盟的网站上。作为回报,该网站也会在主页上添加一段代码,动态显示其他网站的宣传链接。一般加入广告联盟只需要与广告联盟的发起人或者组织管理者联系,无须与其他网站联系。

- 分类广告

分类广告也称标题广告,是一种付费的广告系统。最常见的是横幅式广告,又名"旗帜广告",是以 Flash、GIF、JPG 等格式建立的图像文件,通常规格为 468×60 像素,往往做成动画形式定位在网页中,因其表现力强、容易引起受众的注意,因而在目前最受欢迎,也是最能产生实效的形式。一般是在网站的显著位置(如主页的最上方)设置一块区域,出租给要做广告的单位或者通过计算点击的次数计费。

- 邮件列表

邮件列表也称电子杂志。是指通过发送电子邮件来发送广告和传递信息的一种网上宣传模式。在网上有一些比较著名的网站提供邮件列表与电子杂志服务,可以提供包括邮件列表的创建、用户的订阅和订阅用户的管理等。只需要加入少量代码到网站的网页中,访问网页的用户就可以通过输入自己的 E-mail 地址来订阅该邮件,从而获得该网站的更新信息。

4.2 网站规划与设计

在创建站点之前,应掌握创建站点的基本技能。尽管网络上各种站点的结构各异,网页内容和设计风格千差万别,但无论创建什么样的站点,都必须完成以下三项工作:首先应合理规划好自己的站点,其次是创建站点的基本结构,最后是为站点添加网页及精心设计网页。

4.2.1 规划站点

设计一个 Web 站点,首先需要进行合理的、完善的规划。确定 Web 站点所包含的内容、服务的对象,并选择适合的表现方式。没有很好的规划,就不可能创建出成功的 Web 站点,甚至根本没有人愿意访问这个 Web 站点。

➢ 确定 Web 站点的目的

首先用户应当确定 Web 站点的目的,在开始创建用户的 Web 站点之前,首先弄清楚为什么要创建这个 Web 站点,给人们提供些什么信息或为浏览者提供哪些服务?浏览者为什么要访问这个网站?这个网站和其他相关网站的区别与特色在哪里?

➢ 确定 Web 站点主要面向的对象

创建站点前必须确定该 Web 站点可能拥有的访问者范围,然后从界面和功能等方面设计一个能吸引这些人的 Web 站点。例如定位在年轻人的网站就应该在颜色运用和图形设计方面更加活跃,以体现年轻人的特点;而一些提供给百姓访问的政府网站就要设计得规范、大方,以体现政府机构的权威性与严谨性。

➢ 确定在 Web 站点为访问者提供哪些信息

针对该站点可能拥有的读者,了解他们所需要的信息,尽量提供读者最关心、最需要的信息,并且在网站最显眼的地方列出这些关键信息。在确保信息的质量与数量的同时及时更新信息的内容。

➢ 要考虑访问者下载页面所需要的时间

第四章

网站打开的速度也是站点规划需要考虑的问题。目前很多网站由于采用了大量的图片和动画,打开的等待时间相当长,如果下载页面所需时间过长,人们也许就不会再来访问这个 Web 站点了。

➢ 创建站点时应充分考虑到站点的维护问题

创建的 Web 站点越复杂,维护所需付出就越大。所以创建站点时应事前估计一下维护站点的工作量,确定是否具备对较大站点的维护能力。如果没有足够的人力、经费来支撑这个站点,就不要把站点建得太复杂。

4.2.2 创建站点的基本结构

➢ 利用模板创建站点

目前市场上有很多网站开发工具。在一些建立网站的工具软件如 FrontPage2000 中提供了多种使用方便的网站模板和轻松方便的网站创建向导。创建站点时,用户可以使用模板或向导,以此为基础创建一个站点,然后再根据自己的需要进行修改,使之符合自己的需要。FrontPage 2000 中文版提供了多个网站范本,如客户支持站点、个人站点和项目站点等。如下图所示:

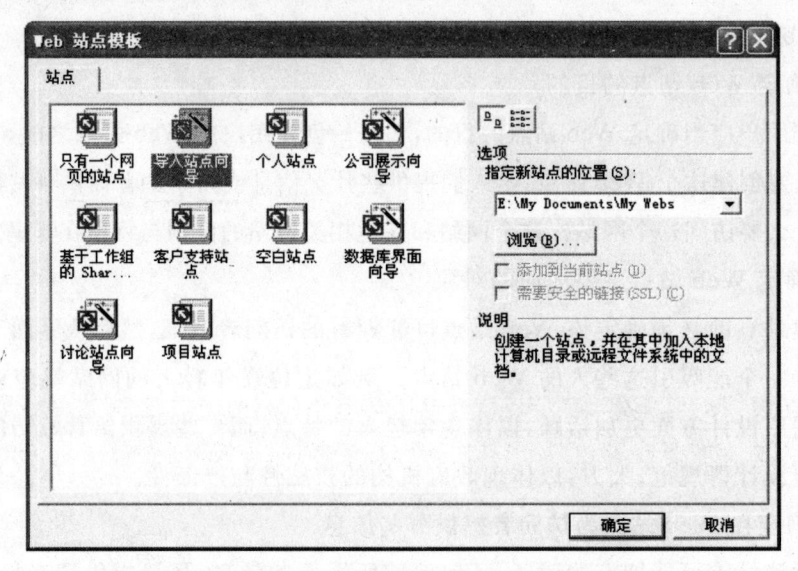

图 4-1 FrontPage2000 利用模板创建网站

创建站点时,用户可根据自己的需求选择最接近的网站模板。利用站点范本创建新站点仅仅是一个半成品,因为站点中的网页文件中没有具体的内容。接下来的工作就是选择文件夹列表中的网页文件打开网页,在"网页"视图窗口中,按其中的提示信息添加自己的内容。

➢ 使用向导创建站点

所谓站点向导就是通过一系列的对话框,向用户展示(或描述)站点的内容及格式要求,允许用户根据需要进行选择。FrontPage2000 提供了三个向导:公司展示向导、讨论站点向导和导入站点向导,如图所示。公司展示向导可以帮助用户在 Web 上创建专业化的公司机构宣传网站。讨论站点向导帮助用户创建所择主题的论坛,它将建立一个由互相链接的网页组成的站点,用户可以创作新文章或查找已有的文章。导入站点向导可以将其他网站(本地的、远程的)的信息调过来建立网站。

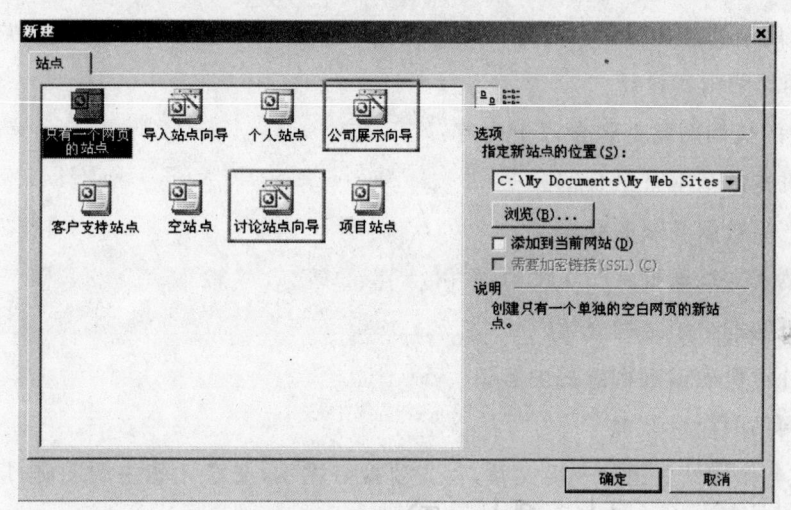

图 4-2 FrontPage2000 利用向导创建网站

➢ 自己创建站点

对 FrontPage 比较熟悉的用户,可以先创建一个只有一个网页的站点,然后再逐步地增加网页和信息内容,建立网页之间的超级链接,最终构造一个具有专业水平的网站。

4.2.3 网站设计

网站设计包括网站本身的设计和网站的延伸设计。网站本身的设计包括文字排

第四章

版、图片制作、平面设计、三维立体设计、静态无声图文、动态有声影像等。网站的延伸设计包括网站的主题定位和浏览群的定位、制作策划、形象包装、宣传营销等。

➢ 网站的形象设计

一个杰出的网站需要整体的形象包装和设计。准确的、有创意的 CI（Corporate Identity）设计,对网站的宣传推广有事半功倍的效果。在网站主题和名称定下来之后,需要的就是定位网站的 CI 形象。

设计网站的标志（Logo）。标志是一个站点特色和内涵的集中体现,标志可以是文字、符号、图案等。标志的设计创意来自网站的名称和内容,可以使用本行业有代表性的事物作为标志。最常用的方式是用自己机构的名称（中英文均可）做标志。例如复旦大学的徽标,就是采用中英文字体、字母的变形来制作的。

设计网站的宣传标语。可用一句话甚至一个词来高度概括,类似商业广告。

➢ 网站的内容设计

一般的机构网站都包含以下内容：

- 机构的基本背景介绍。
- 产品数据或服务介绍。
- 技术支持数据。
- 机构的组织结构介绍。
- 针对机构运营特点的内容。
- 网站的栏目设置

建立一个网站好比写一篇文章,首先要拟好提纲,文章才能主题明确,层次清晰。如果网站结构不清晰,目录庞杂,内容东一块西一块,结果不但浏览者看得糊涂,自己扩充和维护网站也相当困难。网站的题材确定并且收集和组织了许多相关的资料内容后,如何组织内容才能吸引网友们来浏览网站呢？栏目的实质是一个网站的大纲索引,索引应该将网站的主体明确显示出来。一般的网站栏目安排要注意以下几方面：

- 要紧扣主题。将你的主题按一定的方法分类并将它们作为网站的主栏目。主题栏目个数在总栏目中要占绝对优势,这样的网站显得专业,主题突出,容易给人留下深刻印象。

- 设立最近更新或网站指南栏目。设立"最近更新"栏目,是为了照顾常来的访客,让你的主页更具人性化。如果主页内容庞大,层次较多,而又没有站内的搜索引擎,设置"本站指南"栏目,可以帮助初访者快速找到他们想要的内容。

- 设立可以双向交流的栏目。比如论坛、留言本、邮件列表等,可以让浏览者留下他们的信息。

- 设立下载或常见问题回答栏目。网络的特点是信息共享,比如可以在你主页上设置一个资料下载栏目,便于访问者下载所需资料。另外,如果站点经常收到网友关于某方面的问题来信,最好设立一个常见问题回答的栏目,既方便了网友,也可以节约自己更多时间。

➢ 网站表现方式

设计网站的标准色彩。网站给人的第一印象来自视觉冲击,确定网站的标准色彩是相当重要的一步。不同的色彩搭配产生不同的效果,并可能影响到访问者的情绪。一般来说,一个网站的标准色彩不超过三种,太多则让人眼花缭乱。标准色彩要用于网站的标志、标题、主菜单和主色块,给人以整体统一的感觉。

设计网站的标准字体是指用于标志、标题、主菜单的特有字体。一般网页默认的字体是宋体。为了体现站点的个性和风格,可以根据需要选择一些特别字体。例如,为了体现专业可以使用粗仿宋体,体现设计精美可以用广告体,体现亲切随意可以用手写体等。

4.2.4 网站的开发

➢ 对网页内容进行编辑

网页制作人员按照网页的设计要求,先要对所有的材料进行汇总,编辑具体的栏目,最后提交制作报告形成如下的具体栏目:

- 站点结构图

站点结构图是一种有关站点结构、组织方式的示意图。各主要内容或题目的详细内容将被列在其下的副标题中。当访问者单击标题、题目或副标题时,相关的网页就会出现在屏幕当中。

- 导航栏

每个 Web 站点都应该包括一组导航工具,它出现在此站点的每一个页面中。导航栏中的按钮应该包括:主页、联系方式、反馈及其他一些用户感兴趣的内容。这些内容应该与站点结构图中的主要题目相关联。

- 联系方式页面

创建可转到发送 E-mail 的链接。你的地址可以自动地出现在"收信人"中。这样,访问者在录入相关内容后单击"发送"按钮即可完成操作。

第四章

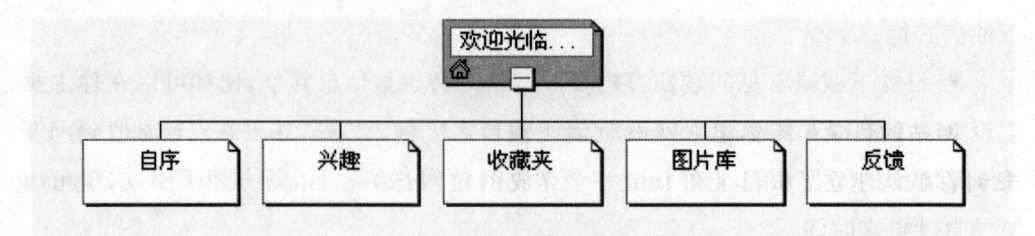

图 4-3　FrontPage2000 中的站点结构图

- 反馈表

利用反馈表，访问者可以随时提出信息需求，信息将通过表单的方式提交到服务器并存储在数据库中，而不必通过电子邮件或者电话进行联系。反馈表还为那些没有 E-mail 账号的用户提供了方便。有了反馈表，每天只需接听少量的电话，大多数访问者的疑问都可以从数据库中提取，你可以自己选择以 E-mail 或打电话的方式与用户联系。同时还可以加设消息栏，用户可以在此发表一些评论，提出他们所关心的问题。

- 精美的图片

图片不应用得过多，太多的图片会导致网页文件的增大并影响访问读取的速度，因此要对图片进行压缩或选择合适的、无须太多空间及下载时间的图片。

- 搜索工具

一般在页面上要有一个搜索栏，用户可以在搜索工具中键入关键词语或词组，在单击查寻按钮后，本站点中与关键词相关的网页列表就会出现在屏幕中。

- 更新页面

这是一个网站必需的栏目，这样用户才会认为你的网站内容是时常更新的。引导用户访问新信息有以下几种方法：在最近更新的信息边加注一个亮丽的小图标；专门为最新消息创建单独页面，并在一段时间后将新闻放置于适当的目录下；在主页或每个页面下加注一行文字，表明本站点或每个单独页面最近一次被更新的时间等。

- 相关站点链接

好的站点通常都可以链接到其他站点以提供更多相关信息。

➢ 确定网站的目录结构

当网站内容非常丰富、设计的栏目很多时,就要求对网站的目录结构进行认真设计,最后由网页制作者提交网站目录链接结构示意图。

网站的目录是指你建立网站时创建的目录。例如,在用 FrontPage2000 建立网站时都默认建立了根目录和 Images（存放图片）子目录。目录结构的好坏,对浏览者来说并没有什么太大的感觉,但是对于站点本身的上传维护、内容未来的扩充和移植有着重要的影响。下面是建立目录结构的一些建议:

- 不要将所有文件都存放在根目录下,造成文件管理混乱。

服务器一般都会为根目录建立一个文件索引。当将所有文件都放在根目录下,那么即使只上传更新一个文件,服务器也需要将所有文件再检索一遍,建立新的索引文件。因此文件量越大,等待的时间也将越长。所以,尽可能减少根目录的文件存放数。

- 按栏目内容建立子目录。

子目录的建立,首先按主菜单栏目建立。例如,企业站点可以按公司简介、产品介绍、价格、在线订单、反馈联系等建立相应目录。其他的栏目,类似友情链接等内容较多、需要经常更新的可以建立独立的子目录。而一些相关性强,不需要经常更新的栏目,例如,联系方式、公司简介等可以合并放在一个统一目录下。所有程序一般都存放在特定目录中。例如,CGI 程序放在 CGI-BIN 目录下。所有提供下载的内容也最好分类放在一个目录下。

- 在每个主栏目目录下都建立独立的 Images 目录。

为每个主栏目建立一个独立的 Images 目录是最便于管理的。而根目录下的 Images 目录只是用来放首页和一些次要栏目的图片。

- 目录的层次不要太多。

目录的层次建议不要超过三层,这样便于进行维护管理。

- 不要使用中文目录和目录名过长的目录。

> 确定网站的链接结构

所谓网站的链接结构是指页面之间相互链接的拓扑结构。它建立在目录结构基础之上,但可以跨越目录。形象地说,每个页面都是一个固定点,链接则是两个固定点之间的连线。一个点可以和一个点连接,也可以和多个点连接。网站的链接结构的目的在于用最少的链接获得最有效率的浏览。

通常,建立网站的链接结构有树状链接结构（一对一）和星状链接结构（一对多）两种基本方式:

- 树状链接结构。类似 DOS 的目录结构,首页链接指向一级页面,一级页面链接指向二级页面。使用这样的链接结构进行浏览时,需要一级级进入、一级级退出。其优点是条理清晰,访问者明确知道自己在什么位置,不会迷路;缺点是浏览效率低,从一个栏目下的子页面到另一个栏目下的子页面,必须绕经首页。

- 星状链接结构。类似网络服务器的链接,每个页面相互之间都建立有链接。这种链接结构的优点是浏览方便,随时可以到达自己喜欢的页面。缺点是链接太多,容易使浏览者迷路,搞不清自己在什么位置,看了多少内容。

这两种基本结构都只是理想方式,在实际的网站设计中,总是将这两种结构混合起来使用,达到比较理想的效果。比较好的方案是:首页和一级页面之间用星状链接结构,一级和以下各级页面之间用树状链接结构。

关于链接结构的设计,在实际的网页制作中是非常重要的一环。采用什么样的链接结构直接影响到版面的布局。例如用户的主菜单放在什么位置,是否每页都需要放置,是否需要用分帧框架,是否需要加入返回首页的链接。在链接结构确定后,再开始考虑链接的效果和形式,是采用下拉窗体,还是用 dhtml 动态菜单等。

4.2.5 网站测试、发布

在创建完网站后,应认真检测站点,包括以下步骤:

➢ 综合评测

综合评测内容包括:

- 网页浏览器的兼容性。
- 网页编写者针对搜索引擎的准备。
- 链接情况。
- 其他网站的链接数量。
- html 文件编写检测。

➢ 具体测试

- 链接有效性

检查指定网页上所有链接是否正常,还要避免与其他网站的链接错误。

- 网页可读性

检查网页头部 META 标识符内的信息是否完全;内容尽量简洁明了;同时不要让关键字重复太多的次数。

- 网站下载速度

检查网页加载时间，了解不同网络环境下连接网页的速度。网页应该保持较小的体积，尽量少采用图形文件或采用压缩后的图形文件。

- 网页语言正确性

网页中英文拼写正确性和网页 html 语法书写正确性。

- 网站使用性

网站是否整体结构清晰，网站内部页面导航是否清晰。

- 网站交互性

网站是否提供了足够的联系信息及反馈表格。

- 网站兼容性

在不同浏览器上是否能正常显示。

➤ 信息发布

将制作完成的信息发布到 Internet，需要将制作好的网页上传到网站服务器上，让全球的用户都可以访问到。我们可以使用专门的上传服务软件如 Cuteftp，设置好服务器供应商提供的 FTP 地址和相应的用户名密码，登录到远程服务器上将相应的内容上传到指定的位置。

4.3 网站的管理与维护

网站的可用性在很大程度上取决于网站的日常维护和管理，因为建网只是阶段性的任务，而只要网站存在就需要维护和管理。网站可能出现软件问题，也可能出现硬件故障，可能需要改变网站结构，也可能需要升级网站。同时，在网络使用过程中性能会有所下降，安全会受到威胁。如何防患于未然、如何分析解决已经出现的问题，以保证网站持续正常运转，是网站管理的主要内容。网站的维护与管理的工作量很大，人们对此所进行的研究也较多。本章同本书的其他章节一样，着重介绍面对互联网的网站管理，对局域网内部管理问题不过多涉及。

4.3.1 网站管理概述

网站管理的实践性很强，内容广泛复杂，显得琐碎零乱，但经过长期的研究，人们还是把网站管理的日常工作归纳为几个主要的功能，即性能、故障、安全、记账、配置等管理。

第四章

网站管理的必要性和目标网站管理应该在网络设计阶段就予以考虑。没有网站管理可能会使网站很快陷入困境。网络在日益发展变化,从规模上讲,网络在以惊人的速度扩张。

从应用上讲,各种原来与信息产业有关或无关的行业都在向网络靠拢,由此产生的新技术层出不穷。可以说,随着网络的不断扩张,其复杂性与高性能的矛盾日益突出,这一切使网站管理与维护工作不再是可有可无,不再是支离破碎的片段,而成为需要系统规划的过程。

从功能上讲,作为电子商务网站,为了使网站每天 24 小时、每周 7 天提供不间断的易于使用的服务,为了保障与用户交流的效果和范围,为了更恰当、更准确、更生动地反映组织的形象,为了更有效地吸引各方面的人才,为了通过电子商务进一步节约成本,为了不断追赶竞争者在网站服务上的最新步伐,为了拓展销售范围、提高经营业绩,都需要对网站进行系统有效的管理与维护。

从内容上讲,中型电子商务网站的硬件包括路由器、集线器、网桥等各种接入设备,各种型号的服务器、工作站等高智能设备,托架、电源相关设备,保温、保湿的设备;软件包括操作系统、服务器、代理服务器、WWW 服务器、FTP 服务器等软件系统。这些硬件设备可能随时需要维护与配置,软件系统可能随时需要升级和安装补丁;同时,对网站安全的新的攻击手段时刻在产生,各种新病毒正在威胁实际上很脆弱的网站系统;随着用户的增加和其他种种原因,网站服务的性能可能会下降,下降到一个限度时可能会急剧恶化;网站内容更需要随时更新、随时备份,以免造成不应有的损失。而这些都属于网站维护与管理的内容。

网站管理不仅涉及组成网站的各种设备、网站对象,还涉及管理这些不同网站设备或对象的标准。往往在一个复杂的网站中,组成网站的可能是不同厂商提供的设备。它们可能基于不同的标准,即使这些设备都使用同一种标准,不同厂商在实现标准上可能存在差异。这也是网站需要维护管理的重要原因。

综上所述,网站管理的目标可以归纳为:保证网站永不间断地提供服务;维持网站的高性能;保持网站对用户的吸引力;降低网站的维护成本;使网站的管理具有可持续性。从用户角度看,网站应该是易用的,网络应是透明的,如同使用单机。

4.3.2 网站管理的内容与功能

实际管理网站的过程中,涉及内容非常广泛,按不同标准有不同的分类方法。有的以网站管理对象为分类标准,可分为服务器管理、工作站管理、连接设备管理、用户管理等。有的以网站管理实现的功能划分,在网站管理标准中定义了网站管理的五大功能:即配置管理、性能管理、故障管理、安全管理和计费管理。事实上,网站管理还包括其他一些功能,比如对网管人员自身的管理,但五大功能是最基本的功能,是网站管理的核心内容。

下面分别介绍这五方面所包含的具体内容。

➤ 配置管理

配置管理主要包括三方面的内容。第一是自动获取配置信息。在大、中型网站中,需要管理的设备很多,如果每个设备的配置信息都由管理人员手工完成,工作量太大,在大型网站中,工作量会大到出乎人的想象,而且出错的可能性也相当大,因此网站管理系统应具有对需要完成配置信息的自动获取功能。第二是配置功能,自动完成配置。第三是对以上的配置进行一致性检验。

➤ 性能管理

性能管理,即采集由网管人员定义的被管对象属性的性能数据,对对象的关键属性值、通过值开关控制阈值进行检查,对设置溢出情况提供报警机制,并基于以上数据生成可视化性能报告,根据报告可以进一步分析,预测网站性能的长期趋势。还可以对以上任意一步的结果进行查询,随时提供最新的资料。

➤ 故障管理

故障管理,即监测或接收网站的各种事件,识别出其中与网站和系统相关的内容,驱动不同的报警程序,通过各种形式报警,并对其中关键部分保持跟踪,记录故障信息,根据故障信息,用一系列的实时检测工具给出排错建议。

➤ 安全管理

主要通过用户认证、访问控制、数据传输、存储的保密性与完整性机制,以保障网站管理系统本身的安全,还应该维护系统日志,使网站的每一步变化都有据可查。

➤ 计费管理

包括对网络内的用户按单向或双向流量,根据计费标准进行计费,也包括对分布在各地的用户使用网站资源应付的费用进行的管理,还应包括对用户通过网络获得的商品或其他服务的收费管理。

4.3.3 网站管理原则

网络管理并没有定式,网站管理更是这样。它不像局域网的管理那样拥有比较

第四章

多成熟的经验。本节介绍在实践中证明是有效的几条原则,参考它们会提高网站管理效率、节约网站管理成本。

> 明确岗位责任制

在进行网站管理之前,应该明确网站管理人员的分工,使网站管理人员各司其职。网站管理人员的精力是有限的,不可能对网站的各个方面都非常精通,分工之后,每个人对自己负责部分的工作可以钻研得更加深入,这样可以提高网站管理的效率。分工之后,还能分清责任,促使管理人员高质量完成任务,出了问题也有人负责。有相应的责任就应该有相应的权力,由于网站安全对网络的正常运行十分关键,而网站管理人员的超级密码更成了众矢之的,而几乎每项服务都要有密码才能进入,因此,分清网管人员的权力、限制密码的知晓范围,对维护网站安全是很有益处的。

要使网站管理规范化,另一项工作是要建立机房制度。现在对网站的可用性要求越来越高,基本上都是全天候的服务,网管人员不能有一时的松懈,这就要有制度做保证。同时,网站对安全性的要求也很高,物资上有贵重的设备,无形的有各种密码、账号,这些都要保证安全。网站是数字化的世界,有了用户的账号与密码基本上可以控制网站,这对管理人员本身的自律性要求很高,客观上需要规章制度的约束。

> 简化用户的负担

网站管理的主要部分之一是对用户进行管理,这时少不了要求用户进行设置、安装、注册、登录、付款等操作,在实践中应该尽可能地减轻用户的负担,最好让用户简单地用鼠标操作就能完成自己的任务。

对于更复杂的服务,则应提供相应的学习资料,可以是普通网页,也可以是多媒体课件,让用户充分感觉到网络是便捷的工具,应该充分地使用它。这样做的另一好处是:形成这样的资料后,如果更换网管人员的职位后,网管人员本身能迅速适应新的工作。

> 要做好长远打算

网站永远都不能说是最好的,因为其更新换代的时间很快,周期很短,如果只是满足一时的最优而不考虑扩展的能力,随着网络的进一步发展,会使网站管理陷入被动局面。因而在存储设备上要留有足够的剩余空间,以备新的应用;在硬件上要留有冗余接口,以备扩展之用;在内容上,主页要具有加入新内容而较少改动原来网页内容的灵活性。

另一方面是要考虑服务的长期性。任何服务都是要付出代价的,刚开始由于用户较少可能不太明显,但随着用户的不断增加,代价可能会变成不可接受的。如网络上的各大门户网站都曾提供大容量的邮箱,刚开始还能适应,后来用户成百万的增加,其维护成本可能难以承受。一般网站不会有那么多用户,但也不会有那么雄厚的实力。所以从一开始就应该考虑到以后的发展,做到尽量给用户提供更多长远的、高质量的服务。

> 要形成详细完全的文档

做一项复杂的工作,及时记录与总结是非常重要的,网站文档也是这样,再怎么强调都不过分。有些由软件完成的任务会自动形成日志,由人工完成的应该及时记下操作的各种信息。其中之一是各种配置信息,由于网站是复杂的异构系统,可能会出现更改设置之后的不兼容情况,而且有时软硬件上的不兼容并不是立刻就能发现的,如果不记下修改之前的信息,恢复原来的配置会非常困难,所以不管什么时候更改了配置信息都应该按时记录下来,以备将来查阅。

还有用户的信息、软件的性能数据、安全策略的开发和实施、各种故障的出现和排除、更改的时间和程序等,几乎任何一项事件都值得记录,以备复查。

4.3.4 日常维护与管理

网站的日常维护最能体现网站管理复杂、工作量大的特点。在短时间内,可能看不到这些工作的作用,因为网站管理有很多东西是无形的,不是用一般的价值尺度就能够衡量的,只有出现了问题,人们才会意识到做与不做的差别。所以日常维护具有这样一个奇怪的特性,工作做得越好反而越看不到成果,只有在出现疏漏时才看到其工作的重要性。

数据备份与容错

> 必要性及原因

随着计算机越来越广泛地应用,人们对其依赖性也越来越强,在提高效率的同时,数据失效问题不容忽视。一旦发生数据失效,企业就会陷入困境,用户资料、技术文件、财务账目等数据可能被破坏得面目全非,而现在企业业务越来越繁忙,几乎不可能停下来进行恢复。如果系统无法顺利恢复,最终结果将不堪设想。所以企业信息化程度越高,备份和灾难恢复措施就越重要。

关于备份和灾难恢复措施的重要性有这样的统计:在我国,只有少数的系统采用备份措施,这意味着还有很多系统中的数据面临覆灭的危险。

第四章

数据失效可分为两种,一种是失效后的数据彻底无法使用,这种失效称为物理损坏;另一种是失效的数据仍可以部分使用,但从整体上看,数据之间的关系是错误的,这种失效称为逻辑损坏。有时逻辑损坏比物理损坏更为严重,因为逻辑损坏不易被发现,潜伏期长,可能会因为对其错误利用而造成严重后果。

常见的物理损坏有电源故障、存储设备故障、网站设备故障、传输距离过长、设备添加与移动、自然灾害、操作系统故障、数据丢失等。常见的逻辑损坏有数据不完整、数据不一致、系统数据虽然完全但不符合逻辑关系、数据错误等。

对计算机系统进行全面的备份并不只是拷贝文件那么简单。完整的系统备份方案应包括备份硬件、备份软件、日常备份制度和灾难恢复措施四个部分。选择了备份硬件和软件后,还需要根据企业自身情况制定日常备份制度和灾难恢复措施,并由管理人员切实执行备份制度,否则系统安全仅仅是纸上谈兵。

➢ 数据备份方法

根据系统的不同要求,可以采用不同的方法进行备份,主要有滚动备份和全部备份两种。滚动备份是指在备份的时候只对最后一次备份后新增的数据进行备份,全部备份是指每次都对全部数据进行备份。

两种方法各有自己的优缺点。滚动备份所需的冗余介质较少,备份时工作量也较少,适用于数据量庞大而对可用性要求不高的网站。完全备份恢复的速度快,对可用性要求高的网站最好采用这种方法,但显然这种方案会增加备份的工作量,而且需要大量的冗余存储空间,会增加成本。

➢ 备份需考虑的因素

在进行备份时,要考虑的因素很多,最主要是对存储介质的选择。想得到良好的性能价格比并非易事,存储容量、介质种类、读取速度都是需要考虑的因素。

• 存储容量

对于需海量存储的单位,存储介质是主要的支出项目,合理地规划使用的数量就会减少成本。存储介质的容量应以能够满足需要而略有剩余为宜,在规划时要考虑到紧急情况的需要和意外的发生。

• 介质种类

常见的用于备份的介质主要有磁盘、磁带、MO(磁光盘)、CD-R(只读光盘)等。磁盘存储方式一般人最为熟悉,比较符合用户习惯,如果所需数据量较少,是可行的方案,但固定磁盘价格昂贵,不便于移动,也不便于保管,因而并不是最理想的。磁带存储方式经过了实践的检验,对于备份数据需要保存几十年的单位来说,这种方法是最可靠的,而且成本很低、便于携带和保管。MO 的理论寿命也较长,能够重复使用,可以携带和保管。MO 也是现在较常用的介质,但是其价格也比较昂贵,而且其使用寿命只是理论上的,没有经过实践的检验。CD-R 不可重复使用,容量和速度有限,不适合大数据量的备份。不同的单位可以按照自己的实际情况选用不同介质对数据进行备份。

> 容错技术

容错,即系统在运行过程中,若其某个子系统发生故障,系统都将能够自动诊断出故障所在的位置和故障的性质,并且自动启动冗余或备份的子系统或部件,保证系统能够继续正常运行,自动保存或恢复文件和数据。

采用容错技术的目的,是为了提高系统的安全可靠性,保证系统中的数据及文件的完整性,为用户提供完全实时和连续的高可用性计算机网络系统。

容错的机制,就是为系统提供关键子系统或部件的冗余或备份资源。容错系统中的容错技术是多方面的,包括容错操作系统、容错监控与诊断系统、主服务器的磁盘镜像、容错网络部件、磁盘冗余阵列(RAID)和对称多处理等,而当前最流行、最具有代表性的容错技术是冗余磁盘阵列(RAID)和对称多处理(SMP)两种。容错可以通过硬件技术或软件技术实现,通过软件实现容错也是现在最热门的网络技术之一。但纯软件的容错对系统的开销太大,现在流行的是综合软硬件的容错技术。软件监控服务器的 CPU 或应用并使服务器之间不断发出信号,当某服务器发生问题而使其他服务器接收不到其发出的信号时,软件的切换功能发生作用,将故障服务器的工作在指定服务器上启动起来,使服务器的工作得以继续。

日志

网站日志与生活中的日志有相同的意义,是对网站发生的事件的记录。它一般由日志记载工具在机器工作时自动完成,不同的工具可能会产生不同的日志文档,内容包罗万象。如服务器何时开机,哪个管理员曾登录过,登录后所进行的各种操作等,这是近端信息,还有一些有用的远程监视信息。

> 常见日志内容

常见的是本地信息,对于网络连接至少应包含:
• 远程机器的地址,它会显示浏览者来自何方,比如它可能是 user1.domain-one.com 或者 user2.domaintwo.com。
• 浏览时间,即浏览者何时开始访问网站。

第四章

- 用户访问的资源,是网站内容的哪一部分。
- 无效链接,日志文件还能够指明哪些内容不能按照设计运行。

日志对于安全来说也非常重要,它记录了系统每天发生的各类事件,可以通过它来检查错误发生的原因或受到攻击时攻击者留下的痕迹。它还可以实时地监测系统状态、监测和追踪入侵者等。

➢ 错误日志

顾名思义,错误日志主要是记录操作过程或用户访问等过程中产生的各种错误,它对网站管理是十分重要的,是分析各种问题的很好的出发点。管理员应养成查看错误日志的习惯,这样在出现问题时才能找到初步的线索,用来分析故障原因。在未出现问题之前,也可以及时发现潜在的问题,如可能会看到大量的访问失败的记录,这或许是由于网站服务出了问题,或许是由于有非法用户试图进行越权访问,或许是存在安全隐患。通过查看日志,可以提前想出对策。

不同的错误日志会包括不同的内容,从页面请求失败到可能的系统故障,有些对管理者是有用的,但很多诸如页面请求失败的错误可能并不是很有用,常常可能是用户方的网络出现问题,这样的日志不但占用空间,而且也会对发现有用信息起负作用。所以对于网站可用性要求不是很苛刻的单位,可以关闭一些对网站影响不大的故障统计功能。

➢ 统计日志

统计日志可以作为日志的一个种类,也可以看作是一个过程。前面介绍的一般日志与错误日志等可以直接为管理员所用,而统计日志有时不那么直观,但是有效利用统计日志会对管理工作起到十分重要的作用。

在网站的主页上经常可以看到计数器,它能给网站管理员提供访问量信息,对网站的内容价值进行评价,但是,这样的计数器会给服务器和用户机带来性能上或多或少的影响。另外,为页面设计计数器增加了网页制作的难度,使一般搞平面设计出身的网页开发者不能立即进入角色。

所以,有理由找一个更好的方法来完成与计数器同样的任务,统计日志就是可选的方案之一。通过统计日志中两个时段间页面被下载的次数,很容易计算出本段中的访问人数,可以随时计算出下载次数,可以计算每个页面被访问的次数,这些并不会额外增加服务器和用户机的负担。这些统计信息可以为页面开发者所用,也可为企业管理者所用。针对不同需要,管理员可以设置或暂停某些暂时无用的统计项目。

许多系统工具都提供系统日志输出的功能。可以将日志转换成无格式的文本文档或是转换成数据库文件,转换成数据库文件之后可以重新建立各种索引,可以设定不同的查询方式,可以进行更科学的分类。

其他问题

这里要讲的都是为防止出现特殊情况所采取的措施,这些情况发生的概率较小,但危害很大,所以应该养成良好的习惯,以免造成不应有的损失。

➢ 电源管理

保证各种设备的正常供电是网站持续运转的前提条件,不同的网站对可用性的要求是不同的,但即使对可用性要求很低的网站也需要在停电之前至少有一小段缓冲时间来存储尚未保存的数据,而对可用性要求很高的网站来说,有必要使用不间断电源。

常见的电源设备有以下几种,一种是稳压设备,用来调节工作时电压不稳的情况,以免对设备造成损坏;另一种是 SPS,是一种蓄电池,当停电时可以切换到用电池供电,不同的产品可以提供不同时间和功率的服务;第三种就是 UPS,即不间断电源,这种不间断电源最为稳定,如果有经济能力,最好选用这种电源。

➢ 防静电

防静电是各种电器设备的要求,在 PC 上大家可能都会接触过机箱上的静电,看起来普通,但也会带来很大的危害。如平时行走所带电荷可能有几万伏,这对任何设备来说都是十分危险的,所以要做好各种接地等措施。一般专用机柜、专用托架都有完备的接地措施,管理员要注意的是不但整个机柜要接地,对每个设备都要接地。

➢ 防火

机房应该使用各种防火材料,以防可能出现的意外,各层间都要有防火隔离措施,要保持机房温度恒定,不能出现机器温度过高的情况。同时,对于出入机房的工作人员,不能吸烟,不能带入其他火种,这些都应成为机房制度固定下来,互相监督,确保不出现意外。

➢ 防尘

防尘不仅有利于网管人员的身体健康,还可以延长各种设备的使用寿命。

4.4 网络化组织

然而,随着网络经济时代的到来,经济节奏已明显加快,企业之间竞争异常激烈,传统的层级组织的弊端也日益暴露出来。由于遵循等级以及跳板原则,这种组织的

第四章

横向协调与沟通较为困难。这种等级制度规定了最高管理人员至最基层管理人员的领导系列或领导等级,指示出执行权力的路线和信息传递的渠道。从理论上说,为了保证命令的统一,各种开通都应按层次逐级进行,整个组织结构如一个金字塔状,上层决策,下层执行,中层监督与控制。这种等级的分工虽然在一定程度上保证了秩序,但它同时也带来了信息延误的问题。

组织需要创新,这已成为普遍的共识。但新的组织究竟应为何种模式?现有的观点大致可分为两类:一类主张对传统的组织进行调整,即革除被信息处理技术及网络协调功能替代的中间管理层,并实现操作层与决策层的无障碍的直接沟通,使原来"金字塔"型组织变为扁平的,故也叫组织扁平化。另一类则抛开了传统组织模式的逻辑框架,依据现行组织运作中的一些特点,提出了许多新的组织名词,如虚拟组织、连锁型组织等等。

网络经济时代已强烈呼唤着新型组织模式的出现,而这一模式的代表就是备受人们关注的网络组织模式。

4.4.1 企业网络组织产生的背景

网络组织的形成,有其特定的外部环境。网络组织的出现并不是一个突然事件,而是一个渐进和发展的过程。从现代企业诞生之日起,企业之间就存在超越市场交易关系的密切合作的伙伴关系,我们可以认为这是企业网络组织的雏形,只不过这种组织形式比较简单原始而已。而随着外界环境的不断发展,这样一种关系不断得到加强,并且越来越引起实业界和学术界的重视。正是基于这样一种趋势,我们对实践和理论进行概括,对其进行深入研究,以期能够抓住其本质特征和内在规律。网络组织是一个发展的概念,它的表现形式由来已久,新模式不断出现。网络组织概念外延的演进、网络组织的衍生机理,反映了网络组织作为一个复杂、开放系统的环境适应性与动态演化特征。

网络组织不断发展,是整个外在环境各种因素和企业内在动因相互作用的结果。而在外界各种因素中,社会、经济和技术三种因素起到了主导作用。下面具体讨论网络组织产生的社会背景、经济背景、技术背景及它们对网络组织的影响。

> 网络组织产生的社会背景

企业网络组织有其特定的社会背景。诸如环境保护、人口发展、疾病控制等等全球问题,使得人们不得不对整个世界进行重新思考。面对知识社会的到来、人类文化的演进、自然资源的枯竭等社会变化,企业必须用系统的、网络化的、合作的和可持续发展的思维方式来进行思考。关于合作竞争、利益相关者、柔性与创新等思想的出现正是反映了这种思考,并极大促进了网络组织的发展。

> 网络组织产生的经济背景

经济环境的变化对企业网络组织的发展起到了巨大的推动作用,其中比较突出的有这样几个方面:经济全球化、区域经济一体化、网络经济的发展、消费市场的变化等。

全球化的经济格局正在逐渐形成,世界经济一体化的趋势已经是我们每个人都可以亲身感受到的事实。在商店里我们可以购买到许多国家的产品。我们的许多企业也已经走出国门,即使没有走出国门的企业,也直接受到了来自国际竞争对手的挑战。企业经营的环境再也不是地区间的、单一性的,而是面向全球的。而这样一种外界环境,使得单个企业在制定战略时变得力不从心,因为不可控的因素实在太多了。因此许多企业采用结盟的形式,形成企业网络组织,共同面对环境的挑战。比如通用汽车公司与丰田汽车公司(Toyota)合资建立了新联合汽车制造公司。

企业网络组织是企业适应区域经济一体化的一个很好的途径。首先,区域经济一体化的发展要求企业的经营者能够迅速在区域内建立自己的优势。北美自由贸易区的形成就促进了美国的科宁公司和墨西哥的威特罗公司建立了联盟网络,它们计划同时在美国和墨西哥建立两家厨房用品公司,各自在自己当地的公司占有多数份额。威特罗公司因此迅速得到了美国的先进生产技术;科宁公司则很快在墨西哥建立起了生产企业和服务网络,很快占领了墨西哥市场并取得一定优势。其次,区域一体化后注重体内循环,必然形成对区域外公司的壁垒效应,使得区域外的这些公司难以进入该区域发展业务和开拓市场。而企业网络组织又恰恰能够解决这个难题。由于欧洲各国的区域贸易保护政策,许多跨国公司,特别是日本公司,很难进入欧洲市场,但是也有企业成功实现了这一点。日本的三菱集团和德国奔驰公司就建立了一种企业网络组织,形成了许多密切合作:在电子方面合作生产商用集成电路;在航空领域合作研究和开发大型民用喷气式飞机;合作领域还包括电子技术、新材料和信息通信等方面。合作的结果是三菱集团成功进入欧洲市场,作为回报,三菱集团帮助奔驰公司在日本建立了销售奔驰汽车产品的营销网络,奔驰公司也进入了日本市场。

网络经济是以信息产业为基础的经济,它以知识智慧为核心,以网络信息为依托,采用最直接的方式拉近服务提供者与服务目标的距离。网络经济是在信息网络化时代产生的一种崭新的经济现象,表现为经济活动中的生产、交换、分配、消费等经

第四章

济活动,以及生产者、消费者、金融机构和政府职能部门等主体行为,都同信息网络密切相关。在网络经济形态下,传统经济行为的网络化趋势日益明显,网络成为企业价值链上各环节的主要媒介和实现场所。

　　顾客地位的提高,使得企业开始和购买商、销售商乃至消费者结成新型的密切的伙伴关系,以便充分考虑他们的需求。这在一定程度上也便于企业了解多样化的需求变化趋势,而这样一种趋势往往是单个企业难以独自满足的,因此企业要联合其他相关企业,形成企业网络组织,开发生产出多样化的产品或服务,满足多样化的需求。而快速的市场变化,更是要求企业必须以企业网络组织的形式来进行产品的研发、生产和供应,否则根本跟不上这种变化。联合开发不但降低了成本和风险,而且由于整合了各方的知识和技术,大大缩短了研发周期。诸如戴尔公司那样的虚拟组织形式,无论在生产还是供应方面都非常迅速,满足了市场的快速变化。而对服务的重视,一方面要求企业提高服务的范围和质量,另一方面也要求企业必须拥有强大的服务网络。而这一点是需要时间和资金投入的,特别是营建跨地区、跨国家的大型营销服务网络,难度相当大。许多企业借助企业网络组织这种形式来解决这一问题,比如英国的罗弗集团就曾经和日本的本田公司结成网络联盟,如今像这样的企业网络组织是很多的。

> 网络组织产生的技术背景

　　20世纪中叶以来,人类社会的技术进步一日千里,科技、知识成为生产力的主要推动力量,科技进步在国民产值中的贡献日益提高,能源、新材料、信息、生物技术成为全世界的关注热点。信息技术或信息通信技术、网络技术更是发展迅猛,在造就了一个巨大的产业(信息产业)的同时,也使整体企业组织产生根本性的变革。随着信息通信技术对组织变革的影响,企业组织的扁平化、网络化及业务流程再造(Business Process Reengineering,BPR)、企业资源计划(Enterprise Resource Planning,ERP)等管理技术和组织技术应运而生,极大地推动了组织网络化的进程。

4.4.2 网络组织的内涵与特征

网络组织的含义

　　网络组织是一个介于传统组织形式与市场运作模式之间的组织形态,但并不是二者之间一个简单的中间状态,它具有传统企业明确的目标,又引入了市场的灵活机制,同时它十分强调网络组织要素协作、创新特征与多赢的目标,将其建立在新的社

会、经济、技术平台上。如下图所示:

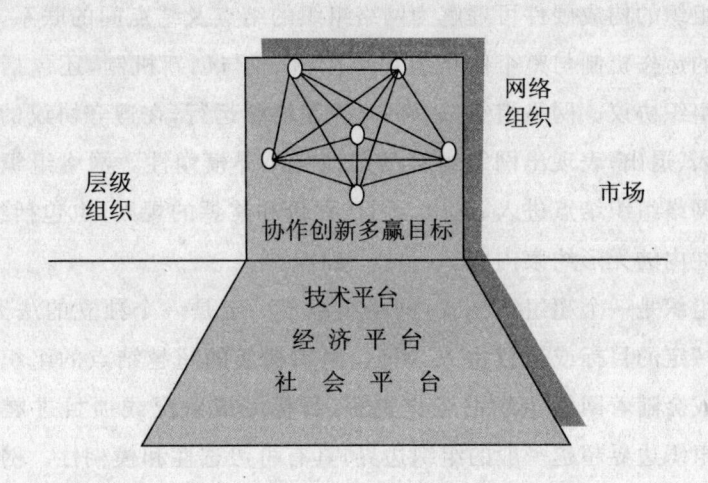

图 4-4 网络组织的目标与形成平台

关于网络组织的概念有多种说法,在工商实践中也有许多具体形式。我们认为网络组织应为一个概括性和前瞻性的概念,要从网络组织的具体形式中抽取其本质特征,将网络组织的含义描述为:

网络组织是一个由活性结点的网络联结构成的有机的组织系统。信息流驱动网络组织运作,网络组织协议保证网络组织的正常运转,网络组织通过重组去适应外部环境,通过网络组织成员协作创新实现网络组织的目标。

对网络组织的含义可以从以下几个方面理解:

➢ 网络组织是一个由活性结点(结点具有决策能力)及结点之间的立体联结方式与信息沟通方式构成的具有网络结构的整体系统。结点对流经它的信息具有处理能力,结点活性与决策能力是网络组织的必要特征,结点对信息的加工处理能力、对网络组织创新的贡献是决定结点在网络组织中地位与权威的重要依据。

➢ 网络组织追求在网络组织运行期间,围绕特定目标,实现信息共享与无障碍沟通。网络组织中可以在不同层次、不同职能的结点间具有无障碍的即时的信息沟通能力,信息流驱动组织运转。

➢ 网络组织不仅是对有形资源的整合,更加关注对网络组织核心能力的构造和培养,依托并充分利用信息通信技术等新技术,挖掘网络组织成员的潜力,激

第四章

发其创造力,推动网络组织的创新进程及目标的实现。
- 网络组织的构成硬件可理解为网络组织的结点及结点间的联系,软件为各结点内的运作机制与整个网络组织运作、管理与创新机制,还包括共同遵守的网络组织协议。网络组织依靠网络组织协议运行,在遵守协议的前提下可自愿进入、退出,表现出网络组织的柔性与边界模糊性。网络组织的协议包括有关网络组织结点进入、退出、运行、评价和奖惩的规则,也包括组织文化、礼仪等在内的无形约束内容。
- 网络组织是一个超组织模式,网络组织不一定是一个独立的法人实体,而是为了特定的目标或项目由人、团队、组织构成的超越结点的组织。组织结点的构成会随着网络组织的运作进程、目标完成状况或项目进展增减、调整。网络组织边界超越一般的组织边界,具有可渗透性和模糊性。网络组织根据组织目标选择构成结点,结点的核心能力、互补优势及整合程度决定网络组织具有在特定领域、围绕特定目标的超级功能。例如,强大的竞争对手通过合作方式开发新产品、共享研究成果,便构成了一个在此领域具有超级功能的开发型的网络组织。网络组织由于借助信息通信技术,使得网络组织运作可以超越结点边界、时间和空间限制。超越结点、超越时空、超级核心能力是网络组织作为超组织模式的特征和网络组织环境适应能力的保证。
- 网络组织作为一个组织系统,具有自适应、自组织、自学习与动态演进特征。

网络组织的特征

- 合作性

无论是穆尔关于"竞争衰亡"的论述,还是李维安关于合作宇宙观的观点,都揭示了一个问题——我们进入了一个合作竞争时代。企业要在合作宇宙观、世界观的思想指导下,通过有效的竞合战略,实现整个商业生态系统或网络组织的目标。协作、合作是实现 $1+1>2$ 的根本,是网络组织系统效能的产生之源。

- 创造性

网络组织是一种适应知识社会、信息经济,依靠活性结点的网络联结所形成的一种以创新为灵魂的组织模式。对复杂、不确定的环境,只有第一个认识新思想并付诸实施的组织才能成为赢家。组织如何营造持续创新的氛围成为组织变革的一个重要课题。创新是网络组织的灵魂,是网络组织产生、发展、成长的基础。从追求做得更好,到为所不能为,要靠创造性。同时网络组织又是一种有利于创新的组织模式,它的运作机制、支撑技术、柔性结构为组织创新提供了空间和保障。

➢ 复杂性

网络组织是一个复杂的动态自适应系统,网络组织体现了环境复杂性、结构复杂性、动态性、自组织、自学习的特征。

网络组织的分类

结合网络组织的特点可以发现,网络组织是一种无边界组织或边界模糊组织。跨功能组织是这样一种概念,即网络组织超越结点的边界。那么企业间网络组织则会跨越企业边界。所有企业网络组织可以分为企业内网络组织和企业间网络组织。同样,根据结点的层次和性质,又存在由人构成的网络组织,如攻关小组、项目小组;由部门构成的网络组织,如项目团队、企业内供应链、智能团队;以及企业间网络组织,如研发、销售网络组织,企业信息伙伴,战略联盟,外部供应链,企业和利益相关者等。

网络组织结点具有决策活性,可以由人、团队、部门或组织构成,而构成网络组织的结点可以是包括网络组织在内的某一种组织形式。结点按性质可划分为同质结点(具有相同或类似的功能)和异质结点,分别通过互相借鉴、扩大规模和互补赢得优势。同质结点也可以具有不同的信息处理方式与决策模式。

构成网络组织的结点可由指令、法律合同或商业信用联结,结点间的信息交流为双向、平等、高效的沟通方式。信息的沟通与共享是保证网络组织创新的基础。

由于网络组织结点性质与联结方式不同可有如下网络组织模式:

表 4-1 网络组织模式分类

结点及其性质	联结方式	网络组织	类型
同质、异质的企业	契约	联盟型网络组织	企业间网络组织
异质、企业部门、子公司	指令、契约	网络化运行全球公司	企业内网络组织
同质、异质的中小企业	契约、信用	小企业网络	企业间网络组织
异质企业 + 顾客	会员制章程	Web 公司型网络组织	企业与顾客间网络组织
虚拟结点	契约、信用	虚拟组织	企业间、部门间、个人间网络组织
企业(家)	章程	企业(家)协会	个体(企业)间网络组织
"网络组织人"	网络组织协议	合作团队	个体间网络组织

根据其他不同的分类标准可以将网络组织分为不同类型。根据网络组织结点的虚拟化程度,可以将网络组织分为虚拟网络组织和实体化网络组织;根据网络组织对于信息技术的依赖程度,可以分为信息技术依赖型网络组织(如 Web 公司、信息伙

第四章

伴)和信息技术支撑型网络组织以及信息技术独立型网络组织;根据网络组织持续的时间特征,可以分为稳定网络组织、动态网络组织、临时网络组织;根据网络组织结点间力量对比,可以分为对称式网络组织、非对称式网络组织、中心环绕式网络组织等。网络组织的分类为我们进一步研究网络组织的特征和网络组织的模式奠定了基础。

米鲁斯等人将网络组织划分为三类:内部网络组织、稳定的网络组织和动态的网络组织。下面我们对这三种典型的网络组织做详细的介绍。

➢ 内部网络组织

内部网络包括两个方面的含义:一是通过减少管理层级,使得信息在企业高层管理人员和普通员工之间更加快捷地流动;二是通过打破部门间的界限,使得信息和知识在水平方向上更快地传播。这样做的结果,就使企业成为一个扁平的、由多个界限不明显部门的员工组成的网状联合体,信息流动更快,部门间摩擦更少。在网络经济的市场环境下,生产已经不是企业面临的主要问题,如何对快速变化的市场需求做出及时的反应并让顾客充分满意才是企业兴衰成败的关键。与此相适应,企业的组织结构也应该由以生产为中心转变为以顾客为中心。在企业内部构建网络组织,有助于企业及时准确地识别顾客的需求特征,围绕特定顾客或顾客群配置资源,组建由设计、生产、营销、财务、服务等多方面专业人员组成的团队,为顾客提供全方位、定制化的服务,让顾客完全满意。

从传统组织到网络组织的另一个途径是内部市场化,即在企业网络化的基础上,组织内部的各个单元形成自己的利润中心,这些单元可以根据自己的情况和市场环境选择与组织内部或者外部的其他企业进行交易。如购买原材料、产品或服务以及对外部单位进行投资,以便更好地根据市场条件确定业务。这样,企业组织内部不存在垄断,利润中心有从组织内部和外部各单位购买产品或服务的自由,同时,这些利润中心也必须把它们的产品或服务以竞争性的方式销售给内部或外部的单位。但是,组织内部单元的这种市场化行为必须与组织的发展目标相适应。在这些内部市场组织形式中,各个单元都需要建立自己的财务报告,以便组织对各个单元的情况进行了解和协调。

在企业组织进行内部市场化过程中,往往会碰到的一个难题就是各个利润中心或各个单元难以确保互相提供产品或服务的价格。在这一点上,我们可以从海尔建立的内部价格体系来得到一些启示。海尔的内部市场化是伴随着流程再造建立的。海尔集团产品事业部与商流推进部之间的价格体系是根据整合前产品事业部的销售费用占销售额的比率作为基数(以后根据上年度的销售费用作为基数),以此为标准,双方通过协商确定新的折扣比例,核算出商流推进部从事业部的采购价,即采购价=产品市场价×(1-折扣比例)。产品事业部与物流推进部的价格体系是根据整合前产品事业部每批次采购物品所需的采购费用作为基数(以后根据上年度的采购费用作为基数),以此为标准,双方通过协商确定新的折扣比例,核算出事业部从物流推进部的采购价,即采购价=物流采购价×(1+折扣比例)。设备公司和产品事业部的内部价格体系是根据整合前产品事业部采购设备、维修设备所消耗的费用作为基数(以后根据上年度的采购、维修费用作为基数),然后双方协商确定一个比例和基数相乘得出的数额,作为设备公司应得的报酬。其他各部门之间的价格体系的建立与此类似。正是内部价格体系的确立,保证了海尔内部市场化的目标得以实现。

> 稳定的网络组织:联盟

稳定的网络组织是指一种以长期合作关系为基础的网络组织,其中每一个企业组织都是独立的,它们通过契约与核心企业相联结。其典型代表是企业战略联盟。

从传统的角度看,联盟是源于抵御风险、增强竞争实力、互借资源以及寻找新的市场或技术等动机的驱使。按琴柯塔(Czinkota,1992)的观点,联盟形成的动因可归结为八个方面:(1)填补市场的技术空白;(2)处理多余的生产能力;(3)降低风险和市场进入成本;(4)加速产品开发;(5)实现规模经济;(6)克服法律的贸易壁垒;(7)扩大现有业务范围;(8)降低退出行业的成本。威廉姆森(Williamson,1985)则把建立战略联盟的动机归于追求较低的交易成本,而这又与机会主义行为、信誉及家族式传统有关。信息经济学基于新古典厂商理论的竞争与垄断而过分夸大了交易中的机会主义成本,由此强调正式合作的重要性。所以,一般的联盟主要是追求规模经济,形成的组织模式也往往呈现两种态势:要么走向一体化;要么极度松散,只是集结而非联盟。

联盟型网络组织则突破了规模经济的思想,它实现过程的协同与整合却不主张一体化的管理,这一方面保证了成员的自主、灵活与创新,另一方面也增加了网络的柔性。

传统上的联盟实际上也是一种一体化的、特殊的网络组织,只是这种网络组织的结构较为紧密,刚性较强。一体化的联盟往往是成员规模或结构的放大,而较为松散的联盟中每个成员往往又具有资产的完备性而不是专用性。成员之间的组合既可达到资源的互补,同时又导致部分资源的冗余。联盟型网络组织则强调吸纳具有专有资产的合作者,特别是强调核心能力和技术的扩散与分享。

联盟型网络组织的思想部分源于传统的战略联盟观,只是在网络经济时代,这一

第四章

种网络组织更强调成员的独立性,强调网络整体的协同性与运作的同步性。它更为注重的是联盟内各成员企业间跨组织边界的合作与创新活动,同时还注重长期的合作与竞争。这是因为长期竞争朝向的组织和策略有着自身阻止机会主义的机制,其原因在于它受未来利益和机会的吸引,合作与不合作有着更大的未来收益。长期竞争朝向在组织和策略上倾向于企业之间建立较稳定的分工协作关系,这导致企业间贸易和知识的交流、专有资产投资的增加,最后形成长期导向的联盟型网络。

在联盟型网络中,网络成员共享资源或业务行为。这里的业务行为主要指通过共享可以实现规模效益的业务行为,包括研究开发、工程技术、采购、生产或营运、统一管理的销售队伍及分销渠道等。在网络中共享知识和技能,是因为如果企业超出它所熟悉的知识领域进行经营,将很难建立起真正的竞争能力,或者难以包容所有下属企业的公司文化。如果同时运作科技含量高的企业和科技含量低的企业,或者同时运作劳动密集型企业和资本密集型企业,则其面对的困难是可想而知的。有的企业擅长在高科技行业中开展业务;有的则活跃于重视市场营销技巧的行业里;而另外一些则有可能善于在劳动密集型行业中耕耘。如果企业有意识地专注于从事其所擅长的业务,它将具有一种与众不同的竞争能力,这种竞争能力可以使企业的业务单元在某一业务范围或知识领域内非常有效地开展工作。这样的企业如果进行资产及所有权的整合,或者是采取联合运作管理的战略联盟形式,都有可能失去原有企业的竞争优势,而结成网络组织后则可以发挥各自的优势并共享知识和技能。

同时,网络成员在网络中共同分担风险,这种风险包括投资风险,特别是研发(R&D)投资,它需要巨额的费用,而且还要承担较高的研发成本,只靠自身资源内部调配的方式往往难以保证成功。在这一点上大前研一的观点是有启示作用的:"在这个充满不确定因素和危险敌手的复杂世界上,最好不要单独行动。在广阔舞台上叱咤风云的大国,一贯与有共同利益的国家结盟,这并没有什么使人感到羞辱的。通过理解达成联盟是所有杰出战略家的保留节目。在如今这种竞争激烈的环境中,它对公司经理来说也是有效的。"因此,与其他相关的企业组成联盟型网络,实施风险均担策略应该是企业应对激烈竞争的一种重要的组织形式。例如,开发一种新型汽车需要耗费 60 亿美元,开发一种新型喷气式客机需要耗费 120 亿美元,而两者的寿命周期仅为五年左右,则一家企业往往不会单独贸然涉足,但通过技术交流,不仅可缩短开发周期,而且可共同分享技术成果,从而降低开发成本和投资风险。在营销领域也是如此,一个企业若想在世界重要市场建立自己的销售网络,不但需要仓储、后勤、运输等方面的投资建设费用,而且需要时间使自己的人员积累技能,发展同客户的良好关系。这无疑会阻碍市场进入速度,故一些大的跨国公司都较为注重发展营销方面的联盟型网络组织,还要在网络中实现组织成员之间的相互学习以及知识的共享和技术创新。而联盟型网络组织正是一种有利于促进成员间双回路学习的组织模式,它使组织的成员在其共享资源的体制内,通过跨组织边界获取创新过程所需的各种知识,使分布于不同组织的互补知识在创新的过程中得到整合,从而缩短创新周期,提高创新成功率。

> 动态的网络组织

动态的网络组织是许多企业的临时联盟,它们具有自己的关键技术,通常围绕某个领导企业或中间企业组织的关键技能联成临时网络组织,以达到共享技术、分摊费用以及满足市场需求的目的。这种动态联盟表现出短暂和临时的特点,某个目标一旦完成就会宣告解散,而为了新的机会又会重新组建新的联盟,其典型代表是虚拟企业。动态网络——也被称做模块或虚拟公司——由短期的成员排列组合构成,其中的成员能够依据变化的竞争环境组合起来或重新组合。网络中的成员由契约(市场机制)而不是层级和权力组织起来以保证预期结果。任务完成得不好的公司被剔除和更换。在虚拟企业中,不存在现代公司中的领导和权力,也不存在"下属"单位。虚拟企业的组织要素与实体组织不同,这和二者产生的技术基础、生活方式基础明显不同有关,具体表现为:从协调方式看,虚拟企业以任务为导向,并根据任务形成自组织团队,在任务团队中,人员采用多对象的双边沟通与互动,借助信息网络和其他直接交流渠道,形成网络状的沟通、协调方式,因此,虚拟企业的协调特性为"网络"。知识是虚拟企业的关键资源,资本退居次要地位,虚拟企业的资源特性为"知识"。由于摒弃了传统意义上的权力关系、领导机制,也没有部门和上下级之分,虚拟组织堪称最彻底的扁平化组织。

4.5 网络组织的建设

4.5.1 网络组织成功的关键

成功的网络组织潜在提供了柔性、创新性、对威胁和机会的快速反应能力以及降低的成本和风险。成功的网络组织在管理上一般有以下几个特点:(1)有一个果断、高效的决策机构;(2)有一套消除猜疑、促进真诚合作的得力措施;(3)建立了

第四章

一套检验联盟业绩的具体标准。

也就是说,网络成员公司必须准确选择专长领域,必须是市场需要的(产品或服务),而且要能比其他公司更好地提供这些(产品或服务)。公司必须选择好在它自己的领域表现出色并且能够提供互补优势的合作者。公司必须确信合作关系中所有的关联方都完全了解联盟的战略目标。即使生意蒸蒸日上、供不应求的时候,合作者都能够信任彼此提供的战略信息。

网络成员必须分析获取网络效益的关键因素:(1)价值链中的哪些环节最有可能在企业间形成规模效益;(2)每一个环节在价值链的成本结构中的重要性如何;(3)职能业务成本在企业间分摊的程度如何等等。生产和采购成本是与企业的产出水平紧密相关的变量。与此不同的是,研究开发和市场营销的成本相对固定,并随着企业产出水平的提高,其单位成本会迅速下降。因此,研究开发和市场营销成本(广告和销售)是最容易在企业间产生规模效益的。如果一个联盟型网络组织在市场营销和研究开发方面的成本在价值链中所占的比重较大,则其网络的扩展就可充分释放这种效益,即各成员无须进行资源的内化,就能使网络中的许多环节成为企业的关键价值源泉。

4.5.2 网络组织中的管理者

网络中管理者的角色从命令和控制转变为更多地像一个经纪人/管理者一样承担着帮助网络协调一体化的几项重要的边界职能。经纪人的主要职能有:

> 设计者角色。经纪人就好像是网络的建筑师,他将一些团体或公司联结起来,把组合起来的专长集中用于某个特定的产品或服务。

> 流程构建角色。经纪人作为网络的协调者,一开始就负责资源的流动和相互联系,它必须确保每个人都了解相同的目标、标准、回报等等。

> 教练角色。作为网络开发者的经纪人(像建立一个球队一样)训练和加强整个网络,以确保这种联系是健康的和相互惠互利的。

4.5.3 建立有效的联结纽带

网络化组织内不同成员之间存在着复杂的依赖与博弈关系。一方面,各网络成员为追求共同利益的最大化而通过网络组织的纽带结成利益共同体的协同关系；另一方面，各成员又为追求自身利益的最大化而在网络内外进行相互竞争，甚至在项目合作的过程中还可能出现"敲竹杠"或逃逸的行为。网络内的竞争结果一般表现为成员的不断优化组合，它产生的是一种激励效应。而网络外的竞争则表现为市场环境下独立个体间的利益之争。机会主义的行为动机可能驱使网络成员向外逃逸而危及网络组织本身的稳定关系。因此，网络化需要有效的联结纽带。

> 依靠忠诚与信用联结

忠诚和信用是缔结联盟型网络组织的基础，也是网络健康成长的行为路径。这就要求网络缔造者在挑选成员时就应对成员的资信信息进行充分了解，保证成员的属性与联盟的属性和要求相吻合。尽管联盟型网络中各成员运作的相对独立性决定了成员之间相互猜疑、窥探情报、试探行动等情况在所难免，但在共享网络聚合效应的过程中，各成员根据它在网络中通过共享信息、知识、技术等资源所获得的网络效益会逐渐增强其合作的信心并对其他网络成员日益信赖。为长期享受这种网络利益以及避免离散后又重新寻找新的结盟伙伴而在磨合期可能导致的损失，网络成员会珍视已有的信赖关系及共享的利益而不愿离开网络，且能自觉强化网络的向心力。

> 依靠共同的组织文化联结

共同的组织文化，不仅具有教育和激励功能，而且具有强大的凝聚效应。网络成员的社会背景和企业文化越接近，其思维和行为模式的一致性就越高，从而越易于形成具有明显特征并能兼顾各方利益的网络文化。这种共同的文化能减少组织成员间的矛盾和冲突，强化成员企业行为的连续性，保证相互间的信任受到最少的干扰和破坏，从而成为维护组织稳定性的基础。

> 依靠资源作为纽带联结

在联盟型网络中，资源（包括人力资本、技术诀窍等）是建立成员之间凝聚力和相互关系的基础。联盟型网络中的组织相互依赖，特别是对资源（包括人力资源、技术诀窍等）相互依赖。传统企业控制各种资源最直接的办法是通过购并或在企业内部培育，但许多理由说明，这种内化的方式并非任何情况下都是必要或可能的，它涉及内化的成本以及企业运作的灵活性。当企业为及时捕捉市场机遇而调整经营方向时，资源损失成本往往随调整频率的提高而上升。如果资源依赖是偶然和短期的，或通过信任可以取得，则结成某种相互关系能达到同样的效能收益，这通常成为推动各成员结成网络的驱动力。而他们之间相互提供的无形资产和专门技术又往往是关键的价值源泉。专业化联合的资产、共享的过程控制和共同的集体目的决定了联盟型

第四章

网络组织的主要性质,并把网络化组织与集中化组织、刚性层级组织、非正式联合、无序社会和批量市场等其他组织管理方式区别开来。即使网络中的各成员不可能期待最初的承诺有精确的、可衡量的回报,这种网络也给大家带来信念,即相信联合起来的力量大于各自为战。各方都相信自己能从网络中获取自己所缺的资源而愿意保持长期的合作。

4.5.4 企业网络的运作机制

企业网络组织是依靠契约(包括规则、协议、法律合同等)而不是传统的行政权力来指挥运作的。企业网络是在通过制度化的谈判达成的共识、互信的基础上建立起来的。组织成员既要相互依赖,又要独立运作。由于每个行为者都是一个利益单元,都有自己独特运作的逻辑,网络成员追求对本单元最有利的交易在客观上变得不可避免。这种组织制度安排本身就暗含了不确定性和机会主义的可能性。短期的利己竞争行为将会弱化相互合作的力量因子。这就需要合法的契约来阻止机会主义行为,即对不合作的行为或违约行为进行惩治,以使各网络成员清楚其行为预期,从而根除可能引致网络解体的投机心理。

这种契约不同于法律或经济学上所指的个体交易者的契约,这种契约除了具有前两者所具备的事前威慑和事后的裁定效力之外,它更强调对作为一个团队的组织的内在激励效应。这种契约设计的关键是要构建好自我履约的激励机制:依靠法院强制执行的明晰的契约条款通常只是对"自我履约范围"的一种补充。由于联盟型网络组织中各成员的自利行为,每个成员都可能将潜在的违背契约条款(或敲竹杠)带来的收益与违约而受惩罚的损失进行对比。

如果违约的潜在收益比受惩罚招致的损失小,那么,进行相互交易的网络成员将不会试图违约。因为违约产生的一次性收益比受到惩罚带来的损失要大。这样,相互交易的网络成员就不必担心会有其他网络成员违背契约条款的威胁。各成员会按组织的规则或契约确定的目标一致行动;然而,当交易者发现潜在的违约收益大于惩罚所造成的损失,即交易者实施违约行为对他自己来说是有利可图时,违约的情况就会发生。

一个典型事例有助于说明此种情况。通用汽车公司与费舍公司在1919年签订契约,由费舍公司为通用汽车公司提供汽车车身。为此,费舍公司不得不进行一大笔专用投资。这时,"敲竹杠"的风险就产生了。一方面,在费舍公司进行了专用投资后,通用汽车公司就有可能以减少需求甚至解除合约相要挟迫使费舍公司下调汽车车身的价格;为了阻止通用汽车公司从费舍公司那里寻求准租,于是在契约中使用了一种特别的条款,该条款要求通用汽车公司至少在10年时间里尽其可能从费舍公司那里购买其金属汽车车身。这种契约条款通过限制通用汽车要挟费舍公司的机会主义能力,鼓励了费舍公司进行专用投资。另一方面,实际情况则是,这个契约签订以后,市场情况发生了很大的变化。通用汽车公司在签约以前主要使用的是木制的车身,金属车身的比例很小,但1919年以后,对整体金属车身的需求迅速而绝对地增长,这使费舍公司反过来通过利用较多的劳动密集型技术,并趁机将17.6%的利润附加在其劳动和运输成本上,并拒绝将其汽车车身的生产工厂建立在通用汽车装配厂附近而敲诈了通用汽车公司。"敲竹杠"显然是由契约的不完备性引起的。然而,要在契约中写明所有偶发事件的真实性是困难的,即使可能其成本也是高昂的。这主要是因为环境的不确定性以及为更具体地明确契约的条款,其信息搜寻成本、计量成本以及再谈判成本增高所致。就相互交易的网络成员来说,要对许多潜在不确定的偶发事件提前做出反应,所引发的一些预期的和先期的契约谈判成本是一种浪费。因此,在整个签约过程中,不可能试图将所有可能发生的每一件事都预先写明。由于契约中所有随机事件的未来特性不可能得以详尽说明,交易者只有使用不完全契约而等待未来的情况出现后再更经济地决定他们该怎么做,而不是穷尽所有与不确定环境相联系的条款。这就说明网络组织中契约不完备性的客观存在,经营环境越是动荡,这种不完备性越是显著。

　　由于这种契约不可能准确地描述网络成员间的一切关系或不可能具备有关这种关系的明晰的契约条款的作用,企业网络中的契约应更注重激励结构的设计而不是以明确的条款等待法院强制执行违约事件。"我依靠的是一种不写明的、私人的可履行的不明晰的契约,在这种情况下,可强制执行履约的所有细节并没有在契约中写明。大多数现实世界的商业关系大部分是依赖这种私人的履约而不是法院的强制执行。"事实上,契约的设计也不能解决联盟型网络组织联结与运作机制的所有问题。费舍公司—通用汽车公司的例子说明,尽管写明的、具有约束力的契约条款是为了防止通用汽车公司敲诈费舍公司,然而,由于市场条件发生不可预期的变化,即随后的市场条件背离了最初的预期,反而使契约条款引发了费舍公司敲诈通用汽车公司,使成文的契约带来了敲竹杠的结果。

　　传统的解决违约行为的办法通常是依靠政府或其他外部机构实施明确的履约保证。然而,在联盟型网络组织中,即使诉诸法律,有着合作交易关系的网络成员仍会

第四章

利用法庭,只执行字面意义上的不完全契约条款而不能实现其事前的交易意图。

因此,网络组织联结与运作机制除以契约确立以外,还要靠声誉与信用来保证执行。声誉是形成契约的基础,但仅靠声誉和信用是脆弱的。只有在相互信任的基础上,依靠契约及共同遵守的行为规范才能使网络组织正常运作。对于中国的企业来讲,形成和维持企业网络最难的地方就是无法建立一个有保障的运行机制,对契约/信用的遵守并没有形成一致的行为规范,也没有在制度环境中得到强化和尊重。道德规范在转型期受到的冲击和挑战以及新道德规范尚未形成都使企业网络化的实践受到制约。

4.6 网络组织的管理

4.6.1 数字化与信息化是网络组织的基础管理手段

网络化企业的管理是一种数字化管理。网络化企业通过传感器、Internet上的信息收集以及其他信息资源产生了巨大的数据流。人们通过设计数据存储工具,对大量的数据进行捕捉和开发,然后,决策者可以使用数据分析工具,按有益的方式对复杂的数据进行分析,使用数据图像工具画出数据图表,以帮助其进行更好的决策。另外,MRP/ERP(决策支持系统)、ESS(专家支持系统)等系统的建立与应用,将促进网络化企业进入信息化管理时代。由于电子技术的应用,特别是企业软件、计算机网络和始终处于警觉状态的传感器的广泛使用,企业能够以极快的速度对发生的事件做出反应。因为网络化企业有变化快和自我调整能力强的特点,因而在市场竞争中,可以不断改进产品,发明新产品。网络化企业将独立的企业地址连接后,发生在一个地方的事件会使其他的企业都有一定的了解。企业的计算机会以电子方式对可能的供应商的价格进行扫描,并发出电子订单。无所不在的计算机网络使企业的一切活动都加快了节奏,从而使快速反应成为可能。同时,由于竞争也使快速反应成为必要,速度已成为竞争取胜的决定因素。企业必须加速识别新的产品需求,把产品推向市场,实施新服务,满足顾客需求,控制库存和分销等。特别重要的是,要最大限度地缩短从新产品、新服务概念的产生到通过销售形成现金流的时间。一切都在"十倍速变化"之中,网络化企业要想在激烈的竞争环境中取胜,就要依靠迅速反应和较强的自适应、自调整能力。

4.6.2 网络组织的知识管理

网络组织的管理,其核心在于知识管理。知识管理是使知识资源变为知识能力,进而形成竞争优势的动态转化过程。梯斯曾经说过,"高级技术(知识)本身并不足以建立竞争优势,胜利者是那些能够确认新游戏的出现并迅速把握住它的企业,而这需要一种动态能力。动态能力更容易出现在那些具有企业家精神、扁平化组织、清晰的愿景、强化的激励机制和高度自治的企业中。"

由于网络组织中的知识管理总是在战略和操作两个层面上展开的,所以知识管理又可以区分为知识的战略管理和知识的操作管理两个方面。

➢ 知识的战略管理

考虑到组织中的知识是以两种形态存在着,即存量型知识和过程型知识,本文进一步把网络组织中知识的战略管理分为两种类型:知识存量的战略管理和认知过程的战略管理。

• 知识存量的战略管理。其主要任务是确认企业具有战略价值的核心知识,并建立起核心知识的存储、共享和保护机制。一般来说,核心知识具有四方面特性,即高价值、高稀缺性、难以模仿、难以替代。

具有这四个特性的核心知识既可能是技术性的(核心技术),也可能是内部组织性的(组织惯例),还可能是外部关系性的(分销网络)等等,但更多的情况是几方面知识的综合。核心知识越是具有综合性,就越难以模仿和替代,也就越有价值。由于核心知识的意会性普遍较高,共享难度很大,通常需要借助关键人才的内部交流机制来实现共享。而保护机制不仅能使企业享有由核心知识所带来的持续的经济租,而且有效保护机制本身也是一种难以模仿的能给企业带来经济租的重要资源。

• 认知过程的战略管理。其关键环节是核心知识的吸收、转换、创造以及其向核心能力的转化。核心知识赖以创造的前提是学习。企业向外部学习的能力被称为吸收能力(absorptive capacity),强调运用已有的差异化知识背景将外部知识最大限度地与组织知识存量联系起来,创造和丰富内外部知识的联结模式。内部学习能力被称为转换能力(transformative capacity),是一种基于企业内部创造的知识机会而持续地重新界定产品组合的能力,它强调内部知识的获取、存储、激活和合成。吸收能力和转换能力为核心知识的创造构筑了基础,其培育过程是认知过程战略管理的重要任务。根据诺那卡和蒂库奇的观点,知识创造由五个阶段构成:各类意会性

第四章

高的知识的共享、基于共享知识的新概念的创造、新概念的广泛检验、产品或服务原型的建立、在整个企业全面应用新知识以实现知识的广泛交叉。要使这五个阶段有机联系起来以实现核心知识的成功创造，关键在于建立"实践共同体"或"知识创造团队"，只有在互动的学习型团队中意会性高的知识才能得以产生。

> 知识的操作管理

知识的操作管理同样也可以区分为知识存量的操作管理和认知过程的操作管理两种类型。

• 知识存量的操作管理。从日常管理的角度看，与企业核心知识相对应的是大量互补性知识。没有或缺少互补性知识，核心知识难以发挥作用，而且核心知识和核心能力难以模仿的重要原因之一就是大量复杂的难以模仿的互补性知识的存在。梯斯认为，难以复制的互补性知识资产构成了防止模仿和提高竞争优势的第二道防线。

所谓知识存量的操作管理，也就是集中于企业互补性知识的确认、共享和保护的管理。对于互补性知识存量的管理来说，首先需要明确的是哪些互补性知识是可以在市场上或外部关系网络中获得的，哪些是必须自己创造并保有的。在确认了企业内部互补性知识的性质之后，大量管理工作将集中于互补性知识的结构化。在互补性知识结构化的同时还应设立隔离性保护机制，以使内生型互补知识和外购型互补知识有所区别，防止关键性互补知识外溢。

• 认知过程的操作管理。内生型互补知识的创造、互补知识与核心知识的整合以及由互补知识所形成的互补性能力与核心能力的整合是认知过程操作管理的主要内容。其中内生型互补知识的创造主要集中于开发过程、生产过程、营销过程、售后服务过程和一般管理过程等企业日常运作活动之中，尤其是各类过程的交叉和界面活动更是产生互补知识的富集区域，合作的"干中学"是创造互补知识的关键。认知过程操作管理的核心任务是建立整合机制。

这里需要强调的是，知识的战略管理和知识的操作管理之间的上述划分并不具有绝对意义。从本质上说，战略是涌现（emerge）出来的而非设计出来的，但成功战略得以涌现是有条件的，这些条件就根植于企业日常操作管理之中。人们虽然不能设计出成功的战略，但却可以通过创造一系列恰当的边界条件刺激并激发成功战略的涌现过程。

海默曾编织出成功战略得以涌现的五个边界条件：

（a）新声音，不一定来自高层管理者和组织核心，却经常来自年轻人、新来者和那些处于组织边缘的人；

(b) 新对话,跨边界、不同知识背景的人的对话;

(c) 新热情,激发起难以遏制的创造激情和冲动;

(d) 新视野,要不断寻求重新认识自己、客户、竞争者和外部机会的新视野;

(e) 新试验,鼓励实验,允许失败。从中不难发现,真正能够实现知识的收益递增、创造经济租的恰是战略行为背后"以人为中心"的知识操作管理。

4.6.3 网络组织的风险管理

企业网络组织在带来网络组织利益的同时也会产生风险,加强网络组织风险管理是至关重要的。

企业网络组织风险

企业网络组织虽然能够带来单个企业无法生成的网络利益,并通过利益分享使网络成员实现共同成长,但网络组织也是一种极难管理的"中间组织"形式,因而存在并非所有网络组织都能取得辉煌业绩的可能性,存在着网络组织风险。

- 组织管理风险。网络组织是一种网络式的松散组织,其内部存在市场与行政的双重机制,因此相对于单一企业来说,其管理难度更大。由于各方的利益与冲突不能以行政命令来解决,客观上要求合作各方既要保持相对的独立性,又必须建立并运行一个科学的管理系统来维持组织的正常运作,发挥网络组织的功效,然而,做到这一点并不易。

- 文化和战略融合风险。每个企业都有各自的历史、经历、观点与信仰,独特的行政系统和经营管理风格。所以,即便成为网络组织中的一员,由于路径依赖的作用,组织文化必然会存在一些矛盾与分歧,战略兼容相当困难。尤其是在跨国网络组织中,成员企业文化的管理与整合,员工之间的心理磨合,经营战略因地制宜的调整,都显得尤为重要,否则网络组织正常运行风险将不可避免。

- 相互信任风险。合作各方参与合作过程中,由于担心网络组织会将企业机密暴露给对方,导致自身在未来市场竞争中失去优势,因而为了保守各自的商业机密,避免不应转换的技术发生泄漏,会采取一些保护和防范措施。而与此同时,它们又希望对方能毫无保留地进行合作,以使自己在合作中获得最大效益。这就造成企业最终从自身利益出发,有保留地进行合作,导致合作企业间的信任与亲密程度降低,使网络组织的效果受到极大的抑制。

➢ 关系风险。关系风险是指网络组织中一些合作伙伴发生不完全合作行为,即各种机会主义行为时对网络组织产生危害或风险的可能性。它的存在会影响合作活动的有效性,说明合作伙伴有可能对网络组织活动不完全忠诚,或者对相互之间的共同利益不完全关心,说明在活动中总会存在以牺牲合作伙伴利益为代价来追求自身利益最大化的机会主义倾向。

➢ 绩效风险。绩效风险是指即便在网络组织中合作各方都已经精诚合作的情况下仍存在的合作结果的不确定性。绩效风险的存在说明在企业间合作中存在着不依赖于企业行为的因素。如研发活动中的风险,国际经营中的风险,政治的、法律的和市场的风险,等等。

企业网络组织风险管理

企业网络组织风险无疑会危及各合作企业的共同利益,必须采取有效措施实施风险管理:

➢ 全面分析建立企业网络组织的基本条件。

成功的企业网络组织一般具备以下两个条件:

• 成员企业有共同的利益驱动且各方的核心能力互补性强。企业网络组织的宗旨,实际上就是取人之长,补己之短,发挥整合效应,通过优势互补,发挥核心能力综合效用,获得网络强大的竞争力,才能使得合作各方取得最佳效果。

• 成员企业能结合自身情况确定理想的合作模式。企业网络组织的基本模式包括横向合作、纵向合作。企业必须根据自己在行业中的位置、合作动机等因素来选择适宜的模式。横向合作有利于形成规模经济,纵向合作有利于提高专业化协作水平。

➢ 进行全面的资讯调查,评估甄选网络合作伙伴。

对于初次进入网络、建立风险较大的动态型网络以及网络扩充来说,这都是十分重要的。通过全面的资讯调查,建立缜密科学的评估指标体系,对合作伙伴的资源、能力与信誉度等方面进行综合评估,找出合作的基础与切入点,并以此为依据选择合适的网络合作伙伴。合适的网络合作伙伴应是具有必需的合作资源、可靠的合作能力与良好信誉度的企业。

➢ 倡导基于竞争、合作与信任关系的网络文化。

随着企业网络组织的不断扩大和国际经营环境的日益复杂化,网络组织的内部和外部环境随时会发生许多意想不到的变化。成员企业如何适应这种变化的环境往往决定着企业网络组织的沉浮兴衰,没有一个网络组织能够事先预测和计划所有可能的未知变量。因此,在既有竞争又有合作关系的网络组织中,各成员企业要想灵活地适应环境,就必须在相互依赖与各自的独立之间找到平衡。彼此的依赖要求成员企业相互信任、彼此忠诚、信守承诺,从而为网络组织的长久生存和成员企业的共同发展打下坚实的基础。

➢ 建立网络组织风险防范机制。

首先建立并完善合作企业的自身监控机制。企业间的合作除了需要一个界定严格、目标明确、兼顾各方利益的协议以外,还要制定一个明确的方案使合作各方能随时监测合作的进度与发展,使合作沿着既定的线路得以运行并发挥持久、稳定的功效。因此,合作企业应首先针对网络组织的运行设立监督机制,以便随时了解网络组织系统内部生产要素的生产运转和转移,保证其发展目标系统与经营目标系统的功能得以实现。其次,在合作规划中制定明确的阶段目标。分期设定目标是一项有效的战略保护措施,有了这项措施,提供关键资源的一方只有当预先设定的阶段目标得到实现时,才会进一步提供资源。

➢ 建立新型的组织关系。

科学合理的组织关系是确保网络组织高效运作的必要保证。

• 建立完整的信息沟通网络。网络企业间必须通过积极有效的沟通,尽可能保持本企业发展目标与合作目标的高度一致,使企业网络组织能够对瞬息万变的市场环境做出迅速反应,充分把握市场机会,实施合作任务。

• 形成亲密的伙伴关系。在传统交易中,通常是通过单点接触营造出组织之间的交易。而网络组织伙伴关系则全然是另一种思维逻辑:组织间接触的广度成为合作的关键。因为伙伴关系并不能只停留在买卖交易上,更不是一种简单的金钱交换关系,还要牵涉到组织内技术与能力的交流。成功的组织体系将大部分的努力都放在伙伴间非交易性的、事业导向层面的关系上,这是一种亲密接触的表现。通过上述努力,企业网络组织风险将会在很大程度上得到控制,基于网络组织的企业间合作产生的网络利益才能为全体成员企业所分享。

第 5 章 网络内容管理

随着 Internet 的快速发展,内容管理已经成为所有 Web 应用的基础。从电子政府、企业信息化、综合性网站,到垂直门户、所有的电子商务应用,内容是用户核心的需求。围绕内容的采集、数字图书馆创建、存储,远程教育、远程医疗,乃至管理、发布、检索和服务都能提高内容管理的效率和质量,可以带来多方面的收益:如用户能够方便地搭建网站、增加栏目、修改栏目的属性或者决定发布的内容,以及方便的管理系统的信息;市场部门可以即时地在线开展市场活动,以应对企业快速推出的新产品或新版本等等。

而使用内容管理系统可以使得内容制作人员高效地从他们熟悉的 Windows 桌面环境转向网站创建和内容发布。网站结构管理和模板技术,可以提高效率,通过降低长期维护成本降低投资总成本,对不断变化的客户需求和竞争威胁做出反应。

本章首先介绍了网络内容的规划与设计、编辑与发布,接着对网络内容管理的相关概念进行了探讨,指出了网络内容管理的三大原则:内容与表现分离、内容重用、多渠道出版。然后重点论述了网络内容管理系统的功能、局限、分类、系统模型和各个子系统的具体功能,并对部分中文内容管理系统进行了评价。最后结合 cctv.com、中华人民共和国外交部内部信息网络等案例具体分析了 TurboCMS 4.6 内容管理系统的特性和功能结构。

5.1 网站内容规划与设计

5.1.1 网站建设目标与内容设计

所谓内容设计,就是分析网站所面向的客户群的需求,确定网站要达到的目标,进而确定为达目的而需要提供的信息和服务。显然,这是实现网站建设目标的关键环节,因而是网站建设的根本任务。

网站建设是以用户为中心的,用户直接接受信息服务并对此做出反馈,所以用户群大小将直接反映一个网站利用率的高低。不同的网站建设目标要面向不同的用户,如何让用户对网站产生兴趣、如何方便用户、如何让用户在网站中得到满意的信息或满意的服务,这是网站建设的最终目的,也是内容设计中应该注意的问题。举例来说,可以通过分析用户的不同需求来对网站的内容进行设计以达到网站建设的目标。比如专门的房地产网站面向对象大多为房地产商、购房用户等,在内容设计上要紧扣房地产主题,用丰富完整的房地产信息和方便灵活的查询功能来提升服务质量、开拓房地产业务;教育类网站面向对象主要是教育者、学生及其父母和关心教育的用户,在内容设计上要把握教育的主题,例如要提供他们所关注的比较热门的有关高考、考研、出国、培训等信息。

5.1.2 网站内容设计的特性

内容设计是网站开发的一项根本任务,是实现网站建设目标的基本保障,这同时也是内容设计的一个根本特性。这一根本特性要求内容设计具有以下几个具体特性。

➤ 针对性

网站所提供的信息要准确、立场要鲜明,或利用它查找相关信息最容易,总之要对目标用户有用。缺乏针对性或者针对性不强,就不能满足用户的信息需求。

➤ 真实性

真实性一方面是指要真实地传达本网站所掌握的客观情况,言不背实;另一方面是指真实地表达网站管理员个人的主观想法,口不违心,总而言之就是遵循诚信原则不加隐瞒。由传达信息的真实性必然派生出两个要求,即充分和及时。充分,并不是说一定要倾其所有、毫无保留,而是传达的信息要达到一定的量,足够供用户得出一个基本正确的判断。及时,就是要在对用户有效用的时限内传达信息,而不因信息传达的滞后导致用户无法决策或做出错误决策。超出对用户有效用的时限,就已失去了意义;而如果有意不在规定的期限内披露信息,实质上也是一种欺瞒和作假。综上所述,按照诚信原则,传递信息必须做到充分、及时,体现真实性。

➤ 广泛性

网站面向社会全体成员,用户具有极大的广泛性;用户的需求信息项目众多,形式多样,同样具有广泛性的特征。要让不同年龄、不同性别、不同爱好、不同职业的用户,都可以在其中找到自己所需的信息,就要求网站的内容设计具有广泛性。广泛性与针对性是一对矛盾,要根据网站的目的及对目标用户的分析综合考虑。

➤ 高精细度

网站内容设计,首先应该把内容按照层次逐步展开,在每一层都保持相应的精细度。这种方法不仅反映内容来源及对事物认识的过程,而且使用户易于理解。在内容设计的最底层,要保证较高的精细度,以使内容设计满足更高的要求。

➤ 可追踪性

在网站内容设计过程中,要在数据结构设计方面,充分考虑数据的可回溯性,即对于任一信息流,不仅要记载该信息流的目的地,还要记录该信息的来源。这样,数据信息可以来回追踪,不仅可最大限度地挖掘这些信息的价值,而且有利于划清责任。

➤ 新鲜并可理解

新鲜指最近、新鲜的信息,越是最新发生的事情,就越有新闻价值。此外,对于任何信息都要具有可理解性,要避免可能导致歧义、矛盾、模糊的内容出现。

网站内容是网站的重要组成部分,其设计应该根据网站的性质来定,即网站的内容要服从于网站所要达到的目的。只有这样,才能为用户提供他们急需的网络内容,满足他们的需求。

5.1.3 企业网站内容构成

企业网站通常由两类页面组成:主页(Home Page)和普通页面(Page),企业的商业信息、商品目录及广告内容、产品资料可以放在网页上,随时更新,为企业经营发展服务。

主页

主页是建立在企业网站上的首页。主页也称企业的形象页面,是企业在网站上的门面,将给浏览者留下对企业的第一印象,所以主页设计对整个企业网站来说非常重要。主页应包括企业名称、标志、对网站内容进行简单有效导航的菜单或图标、企业联系地址等。主页制作应遵循快速、简捷、吸引人、信息概括性强、易于导航等原则。主页上的导航菜单和图标应能链接到企业网站的其他页面。

普通页面

企业网站的普通页面包括新闻稿档案页面、参考页面、产品或服务页面、雇员页面、用户支持页面、市场调研页面、企业信息页面等。

> 新闻稿档案

一个企业无论是大是小，网站都应有新闻稿档案页面。新闻稿档案有双重目的，既可以发布有关新产品或新开发项目的情况，又是活的企业年表。企业能够在网站新闻稿档案页面迅速且以最低的成本发布新闻稿。

> 参考页面

创建参考页面并链接到与页面相关的特定主题的网络论坛或其他网络资源，是企业网站除了提供企业信息之外，为用户提供更有用的工具以增加页面访问率的简单办法。通过寻找使用户感兴趣的信息点，可以很快使企业网站的参考页面变成该主题的权威指南。

> 产品或服务页面

产品页面采用信息分层、逐层细化的方法展示企业产品或服务。产品页面的主要内容应包括产品或服务清单及单个的产品或服务页面，建立产品或服务名称到产品或服务页面的链接。当然也可以利用高级的技术表现手法给产品或服务页面增加新的风格和生动的图像。

> 雇员页面

雇员是企业的资源和财富，每个企业通过创建雇员页面可以吸引潜在用户，同时也是使虚拟企业人格化的有效手段。客户希望把电子邮件发给一个有名字的真正的人，而不是 Webmaster@   .com。雇员页面对于拉近企业和顾客的关系可以发挥更好的作用，比如有些股票报价功能一般放在雇员页面，顾客可以通过雇员页面了解信息，也可以用雇员页面留下的联系方式进行沟通和交流。

> 用户支持页面

许多用户上网并不是要购买，而是要寻求帮助，企业应尽力为用户提供服务和技术支持。由于满意的用户服务能更好地满足用户需求，这种投资必将会获得回报。在设计用户支持页面时，要尽可能站在用户的角度，向用户提供有用信息，使他们对企业的产品产生亲切感。

> 市场调研页面

互联网及时互动的特性决定了它是一种有力的市场调研工具。很多上网企业可以通过制作市场调研页面，收集用户对企业、产品、服务的评价与建议等信息，据此可建立起市场信息的数据库，作为营销决策的参考。

> 企业信息页面

企业网站的特点之一是资信不易确定,这是通过网络来购买的用户不轻易下订单的主要原因之一。因此企业应尽量提高企业资信的透明度,让访问者了解企业的运营状况。企业信息页面可以达到此目的。这种页面主要包括企业有关的财务报表、投资者关系等信息。

5.1.4 内容设计应注意的问题

内容设计是网站建设目标的根本保证,要注意以下问题。

- 注意从观念上重视内容设计,以务实的态度搞好内容设计,不要使内容设计淹没在技术中。在创意设计与内容设计发生矛盾时,要服从内容设计。内容设计要服从网站建设目标。

- 注意换位思考,从用户角度看是否有用,应用是否方便等。比如网站应能提供简便搜寻的功能,使用户能利用关键字迅速找到需要的信息;电子商务网站中实现购物等交换流程的程序要快捷畅通,使购物能够方便地实现;内容要时常更新,这样既可以给用户全新的感受,吸引他们,还可以使他们了解到不断更新和变化的信息。

- 要注意更新时的工作量,这是从网站设计者的角度考虑的。比如,一些滚动新闻要时刻更新或短时间就更新,这需要的工作量是很大的,这点不容忽视。

- 要考虑用户的参与性。用户是网站的使用者,要充分考虑用户的能动性和积极性,在内容设计中要注意贴近用户生活,设计用户感兴趣的主题,论坛、社区等就是很好的例证。

- 要注意网站的定位,根据网站的目标定位,在针对性与广泛性之间综合考虑,即网站内容要尽可能全面详细,但不能面面俱到,对于内容设计中详尽与粗略的考虑,要依据网站目标定位及信息的实用性、娱乐性等分别确定。

尽管网站设计的主要目的是提供信息服务,但也不能忽略网站设计所应用的技术。因为内容设计除了直接与网页的版面和图像设计有关之外,还与网站的技术结构设计相联系。要采用一些能够吸引用户和扩大影响力的方法和技巧,这可以增强用户的想象力。

5.1.5 网站内容创意的目的

创意在网站的设计中是极其重要的。好的创意可以将网站希望用户体会和记住的信息、重点和特色潜移默化地传递给用户,引导用户做出选择,从而将访问者转变为用户,亲身体验、眼见为实。企业网站是现代网站发展的一个主要群体,其内容设计与创意设计的目的主要有以下几个方面:

- 树立企业形象。企业形象是企业的重要组成部分,企业网站是展示企业形象的窗口,是进行企业宣传的前沿阵地。合理的内容设计及美观大方、富于创意的网站必将吸引大量的访问者,使更多的人认识、了解进而喜爱企业,提升企业形象。
- 销售产品和提供服务。这有助于企业在网上展开网络营销,进而提高企业竞争力,扩大营销市场。
- 了解市场信息和社会信息等外部信息,为企业的进一步发展提供决策依据。通过分析和评价反馈信息,了解用户的需求,企业得以找到依据来配置资源、组织生产、重塑企业形象和发展企业。
- 加强内部协调交流或外部供应链管理,使网站成为实现企业信息管理的枢纽与窗口。
- 企业内部的各部门通过网站提供的功能协调交流,企业的合作伙伴通过网站进行合作与调控,此时网站已成为企业信息化的重要基地。

为达到以上目的,需注意以下几点。

- 要树立良好的企业形象。由于企业的网站架构应该是由以企业为核心的主题层次、内容分类、页面顺序等组成,加之每一个浏览者都可能成为企业的用户,所以在内容设计和创意设计时要使网站的主题突出,对企业可以提供给用户的利益性产品或服务给予详尽说明和合理设计,而企业规模、实力等方面的描述则只是对主题的烘托,即内容分类应加大对主题内容的渲染,页面顺序应优先考虑对主题内容的排列。另外,企业网站应体现企业精神、理念以及企业文化,这些是企业 CIS(Corporate Identity System)中的组成部分,在网站的内容建设中应该得到延伸和渗透。

> 要做到销售产品、提供服务、扩大营销。网站的内容设计务必达到精练、准确,以保证浏览者能够在较短的时间内了解网站的核心内容。同时还要注意对网站内容的及时更新和延伸扩展,特别是有关最新动态、企业重大活动、用户服务举措、新优惠、新调整等信息。通过让用户参与及用户信息反馈等方式了解外部信息,要通过良好的内容设计与创意设计让用户愿意参与,愿意说出自己的真实感受。通过对用户信息的分析处理,得到企业生产组织、资源调配、产品方向等方面的决策依据,这可能是企业的成功之本。

> 要实现信息化管理,就要注意到企业对信息化的需求日益迫切,对能够增强企业运作效率的 ERP(企业资源计划)、CRM(Customer Relation Management,客户关系管理)的应用需求也越来越强烈。良好的内容设计和创意设计加上内部信息交流与沟通,能够帮助企业及企业决策者深入了解信息化建设战略,加深对信息化管理系统的理解和认识,帮助企业寻找有效的、适当的信息化系统建设方案,帮助企业降低信息化建设中的风险,提高企业信息管理水平。

> 网站的内容设计和创意设计直接关系到网站建设的成败及日后工作量的大小。良好的内容设计和创意设计会给日后网站的建设和开发提供一些宝贵的经验和设计技巧,应具有前瞻性和可扩展性,能够更好地满足用户的需求。

5.1.6 网站内容创意的方法和经验

企业网站的内容与创意设计要围绕企业网站的主题与目标考虑,根据不同浏览者的需求特性,合理组织安排网站内容。一般来说,以下经验可供借鉴。

> 主页上应有企业的标志物,普通页面也应该包括一个小的企业标志,能让浏览者一眼就知道是哪个企业的主页。应注意标志不宜过大,否则如果下载时间太长,不耐烦的浏览者就会停止浏览。

> 对设计好的页面通过调制解调器检测下载时间,勿使其超过浏览者等待下载的忍耐时间。企业网站应尽可能提高自身的硬件配置,勿使其成为访问瓶颈。如果本身的配置低,用户的配置再高,下载时间还是很长。

> 应使企业网站页面成为外界获取企业信息的便利渠道。这就是说,只要浏览

第五章

者愿意,可直接从网站以磁盘储存、网络打印等不同形式获取信息,而不需要通过其他环节。设计渐进显示的页面,每个图表应配有文字说明,显示时图标的文字先显示,图标随后显示,可减少用户等待时间。

➢ 易于导航。可采用多种方法使网站便于导航:一是层次清晰,即实现从概貌到每个信息细节的快速搜索;二是交叉链接,无键跳转,即不管是网站内两条信息间的跳转,还是网站间信息的跳转都直接实现。如果网站很庞大,应设计网站内的"交通图",此图应包含网站内的链接关系和各链接的内容摘要,便于用户浏览网页。要设想每一个用户都是第一次访问网站,需要一些简单的指南,同搜索机制和网站地图相链接。对那些想要浏览的用户要保证在每个网页都有导航条目。还要表明各种产品类型,这样,用户可以随时在不同类型的产品之间轻松地进行选择。在所有导航栏目中,最重要的是用户购物按钮。

➢ 忌过长的页面。互联网的一大技术进步就是支持超链接,使网页与网页之间可以用标题、关键字、图案等轻易链接。但是仍有不少网站将许多资料放在单一页面上,使用户多次访问才能看到全部内容。这使网页内容主次难辨,增加了阅读上的不便。

➢ 图像的应用。网络浏览者最注重的是速度。但是许多网页设计者往往忽视了这一点,为了视觉上的美观在网页中加插了一些大而无意义的图案、背景,使网页的显示速度降低,结果可能在网页的文字内容没有显示前,浏览者等得不耐烦便离开了。为此,网页中至多应使用一到两个主要的较大图像,并辅以一些较小的图标。

➢ 每个页面都有网站的 E-mail 地址或回复按钮,便于浏览网站者马上反馈信息。尽量少让用户填表。不管为网站选择了什么样的购物软件,都要保证绝不要求用户为了购买商品而填写表格。有的网络打折商店要求用户填写冗长的表格,并要求建立账户,这样做仅仅是为了了解访问者对各种商品的购买概率,结果用户越来越少。用户想要购物,却要在没有决定购买哪种商品之前就填表,这样做很可能会让一些用户望而却步。

➢ 在网站主页的文字内容中揭示网站互动性内容,如游戏、竞赛、搜索、数据库查询、浏览者可控制的三维虚拟画面、讨论、下载免费软件等,以便吸引浏览者进一步浏览。避免有断线的链接和无法显示的图案,无论网页设计得多好,如果其中有链接失效,或者无法显示的图案,浏览者对网页的印象会大打折扣。
- 注意互联网的全球性特征。中国企业的网站至少要保证中英文两个版本,如果企业的业务主要针对某个国家,还应有这个国家语言的版本。如果网页仍在建设中,则不宜在网络上公开。否则,让人觉得网站一定还有问题,或令人感到网站维护并不认真。
- 设计要易变。网页设计要有足够的弹性,要能够对原来制作的网页进行轻松修改。比如,要尽量使用文本题目和标题,以及类似的设计,尽可能避免使用图片,这样网站管理员能够轻松地对网页进行应急性修改。

此外,在页面设计中还要考虑页面背景及前景颜色、链接文本颜色、标题及内容的排列顺序、内容之间清晰的分隔标志等许多细节。类似的经验和问题很多,还需要在实践中不断地摸索和总结。

5.2 网站内容的编辑与发布

5.2.1 网络编辑的特点

如今网络作为第四媒体的地位已经确立。既然是一种媒体,那么与以往纸质媒体和广播电视相比,网络编辑工作的编辑特点又有哪些呢?
- 网络编辑具有超链接式编辑特点

网络编辑工作的编辑特点几乎都可归功于 Internet 中的超文本技术。超文本是由相对独立的节点信息和表达它们之间关系的链所组成的信息网络。超链接的编辑方式具有跳跃性的特点。从某种意义来说,读者用网络阅读新闻实际上是在时间与空间的两维中搜寻他们需要的信息。时间和空间的变化会导致人们的阅读心理发生一些变化,同时,对新语境的陌生感导致读者与超链接的内容隔膜,文本与读者之间的互不认同感也由此产生。作为网络编辑,就应该降低这种"隔膜"所产生的负面效应,比如可以发挥网络编辑元素的多元化这个优势,在正文中较多地嵌入一些直观的图像或音频、视频等吸引读者的注意力,更好地弥补电子阅读中的缺陷。
- 网络编辑具有全时化编辑特点

网络的出现使新闻的时效性大大增强,在网络上可以第一时间发布新闻信息,也

第五章

可以在第一时间更新、修改、删除已发布的信息,有的网站还可以在线直播。但全时化发布新闻也有其显著的缺陷:不易于新闻的过滤,而且更新的速度快也易于淹没一些有价值的新闻信息,造成信息泡沫。

> 网络编辑具有数据库化编辑特点

一般大型网站都建有自己的数据库管理系统。网络资料的数据库化是受众本位的体现,读者通过过刊查询和资料检索等,能迅速地找到自己所需要的资料。大型门户网站都有自己的搜索引擎,很多新闻网站也有自己的内部新闻检索。网络编辑要着眼于建造网络资料库的特色,努力满足网民对各种信息的需求。

> 网络编辑具有交互性编辑特点

随着网络技术的发展,网络传播甚至已经有点类似于人际传播了,网络传播的一对一、一对多、多对一、多对多的传播方式模糊了传者和受者的身份,传者和受者可以互为主体,这在 BBS 中尤为突出。交互主体性的实现有利于交流双方在信息共享中达到相互认同、相互沟通。网络上的在线聊天、OICQ 聊天等都是这种交互主体性的突出表现。作为网络编辑要充分尊重受众的主体精神和传播权利,为他们及时提供交流与沟通的平台。

5.2.2 网络编辑的工作内容

国家劳动和社会保障部对网络编辑员的工作内容概括为:"采集素材,进行分类和加工;对稿件内容进行编辑加工、审核及监控;撰写稿件;运用信息发布系统或相关软件进行网页制作;组织网上调查及论坛管理;进行网站专题、栏目、频道的策划及实施。"

内容是一个网站的灵魂,它直接反映着网站的水平,也决定着网站的生存与发展。内容同时还是网站与网民进行沟通、交流和互动的平台。通过这个平台,网站不断把握网民的脉搏,满足网民的需求;而网民则通过这个平台,表达着自己的愿望、意见与态度。而网络编辑人员,正是网站内容的设计师和建设者。网络编辑人员通过网络对信息进行采集、分类、编辑,通过网络向世界范围的网民进行发布,并且从网民那里接收反馈信息,产生互动。

目前的编辑工作主要环节:稿件审核,包括作品的审核发布,优秀作品、优秀作者推介,潜质作品、作者的挖潜提升,作品的加工完善,撰写编辑评论和退稿理由等,这也是目前大部分编辑的主要工作;与作者、读者的交互活动,包括系统消息、电子邮件、QQ交谈等就作品本身及文学方面的各种探讨、沟通与交流,以及读编论坛、社区、原创区的各种质疑、提问的回复与交流;编辑之间、编辑与编辑部之间的交流活动;专题的制作与征文;作品后期修正。

对网站编辑的素质要求区别于传统编辑。传统媒体技术性要求不强。一份报纸的出版,可能只要经历采集、撰写、排版、校对这个简单的过程就可以,对传统媒体的记者要求更多的是新闻敏感性和分析评论的能力。

5.2.3 网络内容的发布

网络内容的发布是将内容从数据库中快速且自动地按照所建立的发布模板送至各种出版媒体上,如Web、电子出版品、PDA、WAP、印刷品、XML数据交换等等。

现在网站内容的发布靠的内容发布平台。发布平台完成对页面的创建和编辑,实现各种数据、信息、文档和程序的获取,提供创造内容的写作工具,如文档和网页的制作工具、数据转换工具。它主要包括页面管理、页面发布、模板管理三个功能。

模板管理实现对模板进行创建、存储、修改、删除等管理功能。每一个模板属于一个模板组,而每一个模板组对应着一套显示风格,它与页面管理的功能紧密关联。

页面管理就是提供对页面的添加、修改、删除等管理功能。每一个页面都属于某一个目录,而这个目录下的页面所能选用的模板,则由该目录设定的模板组决定。页面也是作为一种内容来管理,但有它自己的扩展。

页面发布提供页面设计的编辑工具、模板设计的编辑工具,以及发布到用户的转换支持。进行页面设计时,应选使用的模板,设定显示的内容和提交时的处理。若显示的内容是静态的,则应提供预览。提供一定的编辑工具来生成或者编辑模板,或让用户上传已编辑好的模板。可以对模板进行预览。还有一个功能就是提供转换的支持,使得生成的页面与模板可以以多种形式发布。

内容发布平台中页面发布和模板管理具有相似的流程。用户通过用户验证登录后,若拥有页面设计或模块设计的权限,则分别使用页面设计或模板设计管理的功能。完成对页面或模板的增、删、改操作后,就等待编审模块的编审结果,若通过,则模板被保存,页面就会被发布,页面发布时若有个性化设定,还要进行个性化的发布。

5.3 网络内容管理的含义

在互联网高速发展的今天,人们经常听到"信息爆炸"这样的说法,这充分体现了网络上的信息越来越多,对网站而言,信息越来越难于管理。那么什么是内容呢?在信息爆炸时代很难给出一个十分确切的定义,只能通过比较给出一个大致的概念。

内容是比数据、文档和信息更广的概念,数据通常是结构化数据,采用关系型数据库管理系统进行管理,如 Oracle、DB2、SQL Server 2000 等系统是管理关系型数据的有力工具。文档和信息是指大量的非结构化数据,而且非结构数据的量要远远大于结构化数据,非结构化数据包括文档资料、文字、流媒体、多媒体、Web 网页、XML、广告、程序、软件等多种信息。

内容管理是出现在互联网时代的新宠,最初起源于许多 ICP 公司用于管理它们的复杂的网站内容。一个大型的政府网站或者企业网站每天可能会发布上千、上万条甚至更多的文章。如何使用先进的技术,节省人力和物力,是这些大型企业不断思考的问题。随着企业规模的不断扩大,新的内容不断扩充,使用 FrontPage 和 Dreamweaver 这样的工具制作页面并发布文章已经不能满足需要。大家在思考着同一个问题,如何在增加内容服务的同时,尽量减少编辑人员。该需求引出了内容管理的概念,许多软件开发公司进行相应的软件开发,例如在美国出现了 InterVewin 和 Veneter 等内容管理软件供应商,并且在市场取得了极大的成功。

随着我国网络事业的发展、政府信息化改革以及政府上网工程的进程,政府的各部门、各级机构纷纷建立自己的网站,将国家的政策、方针、法规以及政务信息在网上公布,将互联网作为政府对外宣传的窗口。由此而来的对信息、内容管理软件的要求呼之欲出。

5.3.1 内容及其格式和结构

内容一词来源于出版传媒业。通常将图书、报纸、杂志、唱片、影片里的创作叫做内容。随着信息流通速度的加快、网络的普遍使用,内容的含义也发生了变化。有的观点认为内容是结构化数据的统称,也有的观点认为内容是非结构化数据的统称。

其实没有必要将内容的范围界定得那么狭窄,内容既包括结构化数据,又包括非结构化数据,甚至是半结构数据。内容可以是文本、图形、图像、网页、文档、数据库甚至是网络上的交互操作。

内容具有格式和结构。为了能够通过计算机进行交换,首先必须对内容进行编码。编码也叫做格式。在计算机中,格式包括两个相关概念:二进制格式和表现格式。二进制格式负责储存。表现格式就是内容的显示方式。结构是将内容组合在一起的方式。它包括内容的部分和片段以及它们之间的相互关系。为了使内容能够在多个地方使用,内容管理者希望格式最好能够和内容分离;但是对于内容的消费者来说,这二者不可分,比如读者拿到一本杂志,杂志正文之外的页面布局和字体都会带给读者一些信息。

内容的结构和内容的格式是两个容易混淆的概念。以网页的结构和格式为例:网页的结构就像蜘蛛网,它包括网页内部的结构安排,如等级结构、顺序结构,还有网页之间通过链接建立起来的结构。网页的格式包括网页的字体、颜色等。

5.3.2 网络内容及其组织

Web 刚出现时,其组成都是基于 ASCII 码的文本文件。随着 Web 应用的增加,开始有图形嵌在文档中,而到现在,包括音频\视频在内的多种媒体出现在 Web 页面中,形成了丰富多彩的 Web 世界,也因此促成了 Web 应用的发展。

Web 文档使用 html 语言组织文档结构。html 是超文本标记语言,它是从标准通用标记语言(SGML)派生而来的,具有对平台的独立性。html 允许用户使用超文本链接创建 Web 文档。html 不是程序设计语言,但它拥有一套规范 Web 文档的规则说明。html 中的标记是可读的文本标识符,用来控制内容的组织。

事实上,通过 http 可以访问 Web 服务器上的多种类型的文件,服务器在传送这些文件前要把描述其类型的信息加载到 MIME 里头。MIME 是多功能邮件拓展的意思,是专门描述用 Internet 邮件标准传输多媒体数据的技术资料。浏览器可根据这一标准识别出收到的文档或者数据的类型。

Web 文档中包含的信息除了静态的文本内容和文件外,还包括可执行的脚本代码,及应用小程序 Java Applet。脚本代码是一种解释性语言,支持它们的浏览器软件能解释和执行这些代码。由于它们嵌在 Web 文档中,因而称为脚本。Applet 是小的 Java 虚拟机代码,它们可以从 Web 服务器端下载到客户端,并在客户端的 Java 虚拟机支持下运行。这些可执行的代码使得 Web 页面活动起来,例如显示动画、发出声响或者音乐,也可以进行诸如显示库存信息、生成客户订单这样的 MIS 应用。

近年来,针对 Internet 的有限带宽和不断增长的 Web 应用的矛盾,为了提高 Web 的效率,很多 Web 软件厂商提出了使用插件技术(plug-in),将大量的 Web 计算放到客户端进行,而在 Web 服务器和浏览器之间只需要传递体积很小的与插件,特别是多媒体插件有关的描述性质的代码,就可以在浏览器上产生丰富多彩的效果。例如,如今广泛流行的 Flash 插件等。这些插件提高了 Web 的效率,但也使得 Web 上传输的内容增加了对第三方的不可知性。因为,只要这些插件的提供厂商不公布插件代码的特征及规格说明,用户是很难知道到达其客户机上的数据的实际内容是什么的。

总之,Web 上存在很多内容类型,并且随着其发展也会有更多类型的内容出现。下表总结了主要的 Web 上的内容类型及其实例。

表 5-1　Web 上主要内容类型

类型	实例
文本	纯 ASCII 文本,RIF,html 文本等
图像	GIF,JPEG,IEF,TIFF,
音频	BASIC,32Kadpcm
视频	Mpeg,QuickTime
应用程序文档	PostScript,WordPerfect5.1,MSWord
脚本	VBScript,JavaScript
小程序	Java Applet
控件	ActiveX
插件	Flash

5.3.3　内容管理的定义

与早期的内容概念一样,早期的内容管理偏向出版物的管理,以储存、工作流程、元数据为核心元素。储存以关系数据库方式为主,有时候也以一般数据文件方式储存,或者根据需要二者兼而有之。内容从制作、编辑到成品储存,都需经过或多或少的加工过程。各种工作流程相差很远,有的是简单的单线流程,有的是分叉多线的并行操作。元数据是对内容的描述,如作者、日期、关键词、媒体种类、版权等,目的是进行跨媒体出版和个性化出版。随着内容范围的扩大,内容管理的含义也在扩展。网络的发展给内容管理打上了深深的印记,现在内容管理几乎成了网络内容管理的同义词。

　　内容管理现在还没有统一的定义,不同的机构有不同的理解。多以其涵盖的范围、过程及功能等来定义内容管理。以下对各家所定义的内容管理做一介绍,在此基础上提出综合性的定义。

➢以内容管理的范围和形式定义

　　Gartner Group 认为内容管理从内涵上应该包括企业内部内容管理、网络内容管理、电子商务交易内容管理和企业外部网信息共享内容管理(如客户关系管理和供应链管理等)。网络内容管理是当前的重点,电子商务和可扩展标记语言(XML)是推动内容管理发展的源动力。

➢以内容管理的功能定义

　　Doculabs 公司认为内容管理是组织混乱内容的一种方式。内容管理系统允许组织一次性创作和中央化存储内容,使得它能够被需要它的人获得,能够以对用户最有意义的方式去打包和分发内容。

➢以内容管理的过程定义

　　ZiaContent 将内容管理定义为:"内容管理是在一个协作的环境下支持创建、储存、获取和出版内容的基础结构。"他们还提出了下面的模型:

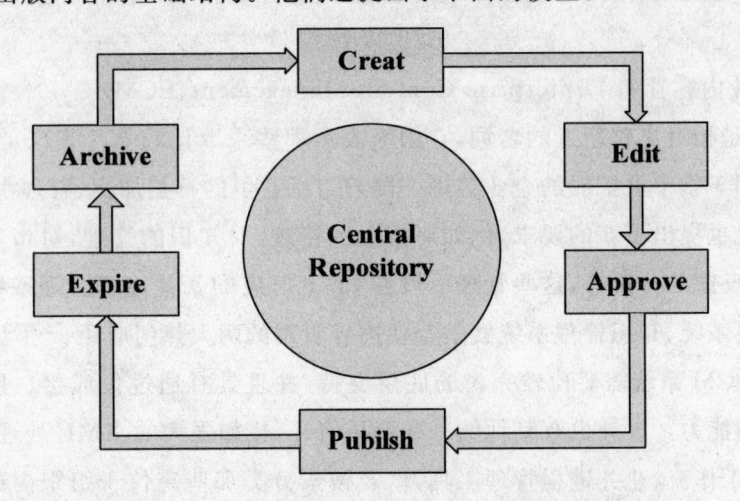

图 5-1　ZiaContent 提出的内容管理模型

　　Merrill Lynch 的分析师认为内容管理是侧重于企业员工、企业用户、合作伙伴和供应商方便获得非结构化信息的处理过程。内容管理的目的是把非结构化信息出版到内联网、外联网和因特网贸易交换(Internet Trading Exchanges),从而使用户可以对这些信息加以检索、使用、分析和共享。

博伊寇认为,内容管理实际上是一个收集、管理和出版内容到多个渠道(网站、光盘等)的整体过程。

台湾资讯工业策进会电子商务应用推广中心专案经理魏志强的定义为:"内容管理具体而言,是强化与效率化提供给顾客浏览页面的所有管理过程,这包括了书面和程序的设计、撰写、编辑、预览、核准、转换、储存、测试、上线以及维护等所有的过程。"

以上定义大多数都以管理为重点。但实际上内容管理不只是管理的过程,管理的对象也应该是重点。所以,我们给出的定义是:Web 内容管理的任务是高效、便捷地创建和出版数字化内容。这些内容的受众包括通过外联网、因特网、内联网、无线设备、只读光盘、纸张等渠道获得 Web 内容的用户、合作伙伴、供应商和组织成员。

5.3.4 内容管理的分类

内容管理系统是一个整合的系统,也是一个广义的概念,它并不单独存在。从发展的过程看,内容管理系统是各种管理系统的交汇融合。作为企业信息管理的中心,它们都有着重叠的部分,这些构成了信息管理的"生态系统"。下面是各个内容管理领域中的核心部分。

➢ 企业内容管理(Enterprise Content Management,ECM)

ECM 是相对比较新近的名词,它用来表示那些采取比较宽泛定义的系统,说明其角色适用于整个可扩展的企业范围。随着市场竞争的日益加剧、管理水平的提升,对管理手段也提出了新的要求,例如对报告的管理、对知识的管理、对市场竞争的分析、对市场反馈的分析等,这些管理手段在 IT 上对应的就是内容管理系统。目前企业竞争情报系统、知识管理系统就是企业内容管理的两大热门应用。

一个 ECM 系统需要比较完善的底层支持,并且具有通过集成接口层访问多种内容来源的能力。另外也有其他的一些通用特征,比如强大的 XML 处理能力,对门户的支持,工作流、业务进程管理工具,以及搜索分类那些定位于组织内部任何地点的内容的能力。

➢ 文档管理(Document Management,DM)

DM 是处理纸质文档和计算机接口之间的系统,现在也已经扩展到了管理电子文档的领域,这些都作为商业进程的完整组成部分。DM 包括文档存储、索引、检索、强大的工作流处理能力、文档版本控制、导入导出和收集、发布等功能。

这些应用都体现了对于文档和商务进程之间关系的出色理解,并且能够管理整个文档的生命周期。生命周期问题非常关键,因为 DM 的许多方面都需要将文档作为内容的"容器"对待,特别是在像政府部门这样比较敏感的地区和高度受控的行业如医疗护理等方面,还有像产品设计和工程控制的专门行业也是如此。

对于像审计、安全、授权这些领域,文档备份等特征如同文档内容本身一样,都非常关键。

➢ 互联网内容管理(Web Content Management,WCM)

具体而言网络内容管理的对象可以分为:

- Web 页面和页面中的文本、图形、图像、视频、音频等信息;
- 可以下载或者在线阅读的各种类型的文件(如 do 文件、PDF 文件等);
- Web 数据库信息(如用户信息、交易数据、日志等);
- 来自其他网站的信息;
- Web 中的各种交互操作。

网络内容管理的任务是高效、便捷地创建和出版数字化内容。这些内容的受众包括通过外联网、因特网、内联网、无线设备、只读光盘、纸张等渠道获得 Web 内容的用户、合作伙伴、供应商和组织成员。

WCM 的基础是分享内容和表现的能力。使用模板可以简化内容创建的过程,而且不需要技术员工的支持,可将内容直接发布到相关站点上去。高级别的 WCM 系统还需要能管理综合站点的复杂工作流及管理工具。还有一些也会在 B2C 和 B2B 中支持适用于大规模电子商务的个性化网页内容。

➢ 数字资产管理和数字权限管理

数字资产管理(DAM),原是为了影像的储存与管理设计的,以后领域渐广,涉及别的管理系统,所以其自身的界线也渐模糊。目前这一概念包含的内容有:企业智能资产管理,像企业的商标、自制的影像与字体;版权所有权查询,以便于再次使用;商品目录价格的管理,便于销售人员的实时查询。

至于数字版权管理(DRM),则强调的是内容的使用权限,而非内容制作,其核心技术是加密,在流程上是最后传送阶段。DRM 起初是为了保护版权、防止非法的内容传递,后来才发展出新的内容格式和更安全的传递技术,从而把内容与传递绑在了一起。

➢ 企业信息门户(Enterprise Information Portal,EIP)

门户方面是近几年来最活跃的部分。门户的力量在于它将信息和应用连接起来

第五章

的能力,不论是内部网还是外部网,它对整个组织都是有用的,而且它还能表现出个性化的视图,使得员工在日常的工作中对信息进行增值。

门户扮演着一个统一层次的角色。它从应用底层,以及复杂的各数据源中抽象出相关用户。门户简化了信息发展的过程,经常被用做知识网络创新的基础,它使得大范围的项目协作成为可能。门户的这些优势,无论如何,都依赖于"内容"的实现。在这两者之间,已经有了越来越多的相互依存的联系。

➢ 知识管理与协作(Knowledge Management,KM & Collaboration)

KM 工具涵盖了比较广泛的范围,不过它主要用于协助组织从其智能或知识资产中获得价值的最大化。

这里的一些应用提供捕获、组织、发布机构知识的平台,另外一些则更多地关注比较专门的领域,比如搜索、索引、电子教学、数据挖掘、部分协作等等。协作被看做知识管理领域的一部分,因为在员工之间、外部合作伙伴之间建立方便有效的协作关系,对于信息捕获和发掘知识都非常重要。协作技术包括及时消息、交互讨论、在线会议、对等知识交换、基于项目的团队工作管理等等。

5.4 网络内容管理的原则

网络内容管理的原则可归纳为内容和表现分离、内容重用、多渠道出版。这三项原则相互关联。通过内容和表现分离,降低内容制作的难度,同时也可以方便内容重用;内容重用的表现形式之一就是多渠道出版;内容重用和多渠道出版都是为了充分实现内容的价值。大多数网络内容管理系统都已经实现内容和表现分离,但是只有少数几个网络内容管理系统支持内容重用和多渠道出版。

5.4.1 内容与表现分离

内容与表现分离就是将内容本身与其表现格式分离。用 Html 语言编写的静态网页的内容本身与其表现格式就紧密结合在一起。内容本身与其表现格式结合在一起会带来诸多问题:

(a)管理不便。同一内容通常会有多种表现格式,如果内容和表现紧密结合,就意味着有同一内容的多个不同版本重复出现在系统中。这就给内容的更新、内容的一致性维护等带来很多潜在的麻烦和问题。

（b）检索不便。不同表现格式的描述机制不同,这给内容的检索带来一定的困难。检索程序必须处理各种表现格式的描述语法,才能检索出正确的内容。

动态网站技术可以将内容本身保存在关系数据库里面,当用户浏览时再从数据库中取出相应内容,使用程序生成 Html 传递给用户。但是动态网页的技术要求较高,有时候会因为技术的限制而忽略内容的表现。

网络内容管理系统通过模板技术来解决这个矛盾。内容的存储使用关系数据库或者其他形式的数据库,使用模板来合成最终的页面。模板可以由设计师或者懂得相关技术的人设计。

内容本身与表现的分离使得普通的人员也能够参与到网站内容的制作之中。对于不懂网页制作技术的人员来说,他们只知道"内容"或者说是"文档"的概念。在他们看来,他们拥有的只是一篇一篇的文档,里面有表格、数据等,他们只需要提供这些原始的资料,至于如何在网站上呈现,他们并不需要明白,也不用理会。网络内容管理系统提供工具将这些原始的资料进行转换和加工,以适当的形式将内容展现出来,加快网站内容的制作和更新,更好地发挥网站的作用。

5.4.2 内容重用

> 内容重用的概念

内容重用是指使用已经存在的内容去创建新文档的过程。其实,大多数人都已经在无意识中进行过内容重用,如在字处理程序如微软的 Word 中进行复制和粘贴的活动。但是,复制和粘贴存在很多缺点,最主要的问题是复制和粘贴的内容不会在源文件变化的时候同步改变,而是必须手工进行修改。这个过程不仅花费时间,而且在操作过程中有时候会丢失信息,导致内容的不一致性和不准确性。随着时间的积累,不一致的地方可能会越来越多,最后就会发现复制和粘贴的内容与源内容完全不同。内容的重用超越了复制和粘贴,使得重用的内容"链接"到可重用内容单元,这样在更新的时候,重用的部分就随着源内容的变化而自动更新。

重用的内容在重用的地方显示,但是只在系统的一个地方保存。任何内容都可以被重用,如图形、表格、多媒体等。基于文本的材料最容易重用,其中的某个词、某个句子、某段话甚至某个章节都可以被重用。

> 内容重用存在的地方

第五章

- 组织的多个内容创建者之间例如企业的市场营销部门和售后服务部门的内容制作者需要重复使用有关产品介绍方面的内容。
- 组织不同的信息产品之间例如企业的宣传册、说明书、新闻发布会材料、年度报告中可能会存在内容的重用。在企业网站的常见问题解答（FAQ）和客户支持材料中也可能存在内容的重用。
- 信息产品的多个媒体形态之间例如在企业的纸质出版物、网站和无线设备（如手机）之间可能存在内容的重用。
- 内容的多个用户之间例如通过内部网、外联网和因特网访问网站的职员、合作伙伴和用户之间存在内容的重用。

➢ 内容重用的优点

• 提高内容的一致性

当内容是写一次而重用多次的时候，可以确保在它重用的地方一致。这样就保证了内容的高质量。能够重用的内容是结构化的内容，相似种类的内容结构也相似，这样就能保证重用内容之间的风格一致。

• 降低内容的创建和维护费用

内容的重用使得所需创建内容的总体数量得以降低。内容的重用使得不需要浪费时间去寻找和复制要重用的内容，通过加入元数据可以使制作者迅速得到或者自动得到需要重用的内容，内容在此过程中得到更好的组织，整个过程更有效率，从而进一步降低了内容创建的费用。

当内容更新的时候，不用寻找重用的内容在哪些地方存在，而只需通过网络内容管理系统的追踪，就可以使内容在所有重用的地方自动更新，这样就降低了内容维护的费用。

• 加快内容的重新配置

重用的内容都是模块化、结构化的内容。重用的内容能够通过重新配置去满足用户不断变化的需求。改变模块的顺序、引入新模块、删除现存的模块等方式都可以用来构建全新的信息产品去满足用户的新需求。

➢ 内容重用的方式和类型

内容重用主要有两种方式：偶然性重用和系统性重用。偶然性重用是指制作者有意识地寻找内容单元然后重用。偶然性重用要求制作者意识到存在可重用的机会，寻找和发现可重用的内容。偶然性的重用是内容重用最通常的形式。它不依赖具体的技术，在没有网络内容管理系统的情况下也能进行。

与偶然性重用相对照的是系统性的重用。系统性的重用是有计划的重用。识别出特定的内容，然后在特定的地方重用。系统性的重用必须在内容管理系统的帮助下才能够实现。内容管理系统自动地在文档的适当位置插入可重用的内容。制作者不用去寻找可重用的内容。系统性的重用将制作者从意识到可重用的内容存在、找到可重用的内容和插入到适当地方的负担中解放出来。系统性的重用需要事先做好计划，在网络内容管理系统的配置中决定好什么样的内容要重用、怎么样重用等问题。

在偶然性重用和系统性的重用中，存在三种类型的重用：锁定性的重用、派生性的重用和封装性的重用。

锁定性的重用是指重用的内容单元在重用的时候保持不变，只有拥有适当权限的人才能够改变锁定的内容。要保持重用的内容原封不动，就可以采用锁定性的重用。当制作者对重用的内容进行编辑后就变成原来内容的派生内容，也就成为派生性的重用。派生性的重用很常见，在派生性的重用中可能是保留关键内容，但是对内容的形式进行了一些调整，如语态的变化（从主动语态变成被动语态）、拼写的变化（由美式英语变成英式英语）、强调部分的变化等。当一系列重用的内容单元包含在一个大的内容单元的时候就成了封装性的重用。所有的内容单元之和创建了一个新的内容单元，内容单元内的子单元能够在不同的信息产品中使用。封装性的重用使得内容的制作者可以为所有的输出同时创建内容，加速了内容的创建过程。封装性的重用可以在网站同时需要某种产品的详细内容和简略内容的时候使用。

5.4.3 多渠道出版

网络内容管理强调内容重用，内容重用的表现形式之一就是多渠道出版。但网络内容管理更看重内容本身，也就是"内容为王"。诚然内容本身是基础，但是渠道的力量也不容小觑。2004年2月，美国头号有线电视运营商康姆卡斯特提出准备以660亿美元收购迪斯尼公司，虽然最后遭到了迪斯尼公司的拒绝，但是此事还是造成了很大的震动。康姆卡斯特的优势在渠道，迪斯尼的优势在内容。优秀的内容也要以方便用户的渠道传播出去才能使内容的价值得以充分实现。"内容为王"应该改为"内容和渠道为王"，二者并重。网络内容管理系统在设计时就要为多渠道出版做好准备，宁可备而不用，不能用而不备。

5.5 网络内容管理和信息构建

1975年美国人沃门（Wurman）合成信息构建一词，并在第二年召开的美国建筑师协会全国会议上公之于众。沃门将信息构建师的工作任务界定为：(1) 组织数据中的固有模式，化复杂为明晰；(2) 创建信息结构或地图，令他人找到其通向知识的个人路径；信息建构师是即将到来的21世纪的专业化职业，代表着该时代对清晰、人性化理解、信息组织科学的集中需求。

随着信息技术的发展，网络成为信息构建应用的重要领域。荣毅虹、梁战平认为网站信息构建主要指借助图形设计、可用性工程、用户经验、人机交互、图书馆学信息科学（LIS）等的理论方法，在用户需求分析的基础上，组织网站信息，设计导航系统、标签系统、索引和检索系统，以及负责内容布局，帮助用户更加成功地查找和管理信息。

罗伯逊（Robertson）指出，信息构建在网络内容管理系统的评估、选择和实施中扮演着重要的角色，主要表现在：

网站的结构基于信息构建。网络内容管理关注的焦点不是网站的结构，网络内容管理系统管理网站结构的能力不尽相同，因此网站的信息构建就变成决定网站结构的关键因素。

网络内容管理给网站的信息构建提供有效帮助。网络内容管理系统提供支持网站信息构建的一系列工具，如整个网站索引的视图、检查索引的一致性、网站索引的全局更改。网络内容管理也可以协助信息构建提高网站元数据的质量，从而改进网站的检索功能。

罗森菲尔德（Rosenfeld）和莫里（Morrille）也讨论过网络内容管理和信息构建的关系，他们的观点是：网络内容管理和信息构建是一枚硬币的两面。信息构建产生信息系统的一个"投影"或者空间视角；网络内容管理通常显示信息怎么样围绕同一信息系统流动或者是流出系统。网络内容管理者管理有关内容所有者的问题，集成政策、过程和技术去支持动态的出版环境。

概括而言，网络内容管理和信息构建二者在目标、手段上有很多共同之处，都是为了提高Web站点的可用性，最大限度地发挥Web站点的功能，都应用元数据来提高Web站点的检索性能。网络内容管理和信息构建各有侧重，网络内容管理侧重于内容本身，信息构建侧重于内容结构，二者可以相互协作、相互促进。

5.6 网络内容管理和 XML

XML 的特点决定它在网络内容管理领域有自己的一席之地。现在几乎所有的网络内容管理系统都宣称支持 XML。XML 具有以下特点：

> XML 是一个基于通用语法但是语义丰富并且完全开放的标准。XML 是标准通用标记语言(Standard Generalized Markup Language)的子集。它的整个规范简单明了。每个使用 XML 的人都只需要遵守基本的规则，不用把应用捆绑到一个预先定义好的数据模型上。这样使得每个人的内容都可以有自己独特的结构。

> XML 支持统一的数据交换。完全不同的系统可以通过 XML 共享内容而不用知道各系统内容的数据模型或者进行复杂的系统整合。这一点对于多渠道的内容出版来说具有非常重要的价值。如果内容只需要以一种形式出版(例如只是在网站)，XML 能够带来的增值作用很少或者说是没有，在 XML 上投资的意义也不是很大。

> XML 的扩展性使得使用者能够在更细微的层次上对内容进行控制和改变。网络内容管理的原则之一就是将内容和它的表现分开。这样就能够对内容进行增值利用以及部署同样的内容到多个地点、设备和外观中去。

> 对于检索而言，XML 可扩展的标签更有意义。使用 XML 能够创造出比简单的关键词搜索更好的检索效果，搜索到特定的内容节点。

> XML 是整合完全不同内容元素的通用语言。使用 XML 的 Web 管理者能够很容易地组织一个站点上不同格式、不同层次的内容。这样就能够把输入到内容管理系统中来源不同的内容整合在一个统一的环境中。在内容的输出方面，XML 能够提供单一来源去创建不同的可以转化的格式，例如 html、PDF、WML，甚至印刷格式。

5.7 网络内容管理系统

网络内容管理系统可以看做是提供给组织中懂得技术的成员和不懂得技术的成

第五章

员创建、编辑、管理和出版内容的工具,在此过程中还要受到一套规则、过程和工作流的限制,以确保一致和有效的网站外观。本节着重探讨网络内容管理系统的功能和局限、网络内容管理系统的模型,根据网络内容管理系统的模型剖析网络内容管理系统的组成,并对部分中文网络内容管理系统进行评价。

5.7.1 网络内容管理系统的功能和局限

网络内容管理系统主要用于 Web 内容,其中自然包括网站内容的管理。网站的发展经历了从静态网站到动态网站的过程。静态网站和动态网站的原理示意图见图 5-2 和图 5-3(静态网页和动态网页的具体生成过程将在后面的出版子系统中详述)。

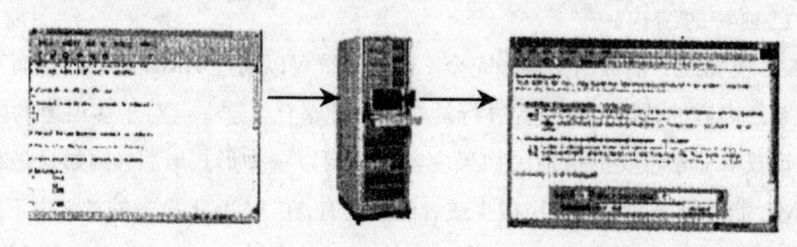

图 5-2 静态网站的原理示意图

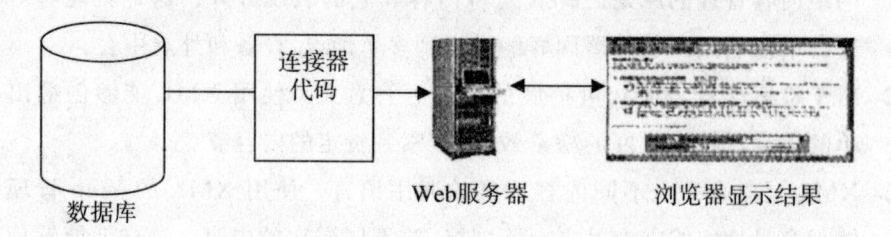

图 5-3 动态网站的原理示意图

使用网络内容管理系统后,制作的内容有些存储在网络内容管理系统数据库中,有些只是存储在普通的数据库中。当用户访问的时候,根据用户的请求,调用相应的静态 html 文件或者生成动态网页。

网络内容管理系统的功能

➢ 通过内容重用实现内容的价值

网络内容管理系统可以使内容在多个网站或者同一网站的多个网页重用,还可

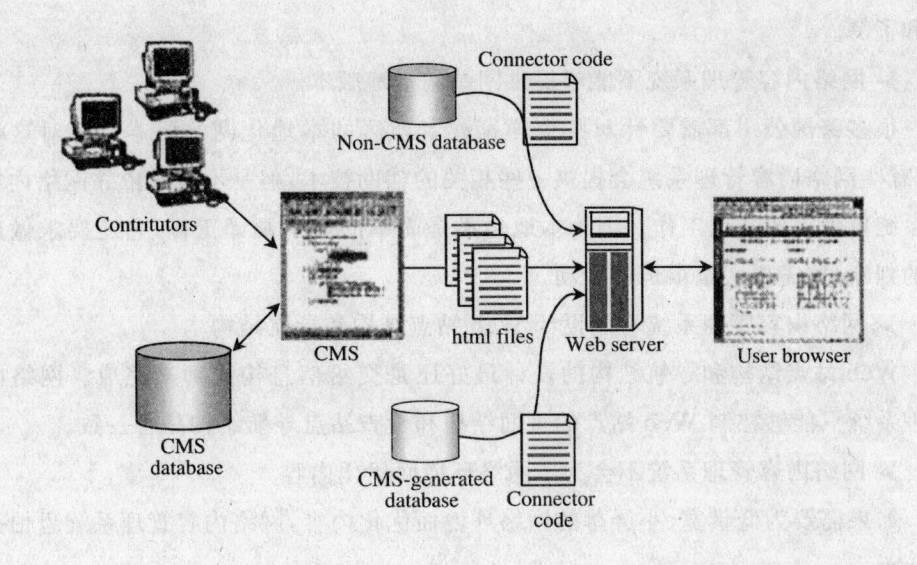

图 5-4 使用了网络内容管理系统的网站原理示意图

以使内容在多种媒体重用,如无线设备、纸质出版物等,从而充分实现内容的价值。

> 通过分布式内容创作和集中式工作流突破网站管理员瓶颈

网站的内容通常可由非 IT 专业人员制作,但是网站的更新还是由网站管理员完成,也就是非 IT 专业人员创作的内容首先必须传递给网站管理员,由他们发布。按照这种模式进行运作,容易出现发布的信息存在错误或是内容更新不及时等问题,形成网站管理员瓶颈(Webmaster bottleneck)。网络内容管理系统通过分布式内容创作使得内容的创造者拥有自己创作的内容,并且对它们负责。通过集中式的工作流提供高效的审批机制,加快内容的发布过程。网络内容管理系统将网站的内容和表现分开,使得网站管理员把精力集中在网站的技术和功能领域。

网络内容管理系统的局限

指望网络内容管理系统解决所有的网络内容管理问题是不切实际的想法。网络内容管理系统也有自己的局限。

> 网络内容管理系统不能提高内容的内在质量

网络内容管理系统的作用更多的是锦上添花,而不是雪中送炭。将网络内容管理系统部署在内容质量低下的网站不会有多大效果。当然,很好的内容如果没有网络内容管理系统对其进行适当的组织、审查、索引和储存,也不能被它的潜在用户看到和了解。

> 网络内容管理系统不能够提供网站的本地版本

很多跨国公司都需要针对某个国家或者地区的本地化网站版本。针对这种情况,有些网络内容管理系统会提供一些相关的辅助技术,但是不能够依靠网络内容管理系统单独完成这项工作。因为本地化不是简单的文本翻译工作,它还要求做出大量的判断,这需要大量艰苦的劳动。

> 网络内容管理系统不能设计 Web 站点结构和导航结构

Web 站点结构和导航结构的设计最好还是交给信息构建师来完成。网络内容管理系统只能够控制 Web 站点的页面结构和检查站点导航结构是否一致。

> 网络内容管理系统不会为了网络环境而优化内容

如果需要为低带宽、小屏幕的网络环境而优化内容,网络内容管理系统恐怕是无能为力。

5.7.2 网络内容管理系统的分类

> 根据原理

根据网络内容管理系统基于的原理可将网络内容管理系统分为:网络内容管理框架、基于页面的系统、基于模块的系统、基于内容单元的系统。

网络内容管理框架提供诸如工作流、模板和个性化等基本功能。其他功能可能根据组织的需求定制。这些系统面向的对象是大型企业,费用比较昂贵,如 Vignete、Documentum 等。基于页面的系统使用与传统网站开发工具类似的文件夹和文件的概念去创建网站的页面和目录。区别只是内容存储在数据库中,允许将内容和表现分离。这种系统的优点是用户对文件和文件夹这种模式比较熟悉,但是功能有限,plone、Red dot 等就属于这种系统。基于模块的系统着眼于功能。这种系统一般包括新闻、事件列表和论坛等模块。基于模块的系统的优势是可以很容易地建立标准的门户站点,运行速度也较快。但是如果要增加和删除功能,就必须改变源代码。Xplus 网络内容管理系统就属于这种类型。基于内容单元的系统围绕着内容单元而设计。内容单元是能够在网站中重用的信息。基于内容单元的系统很容易实现内容的重复使用和增值利用。基于内容单元的系统功能强大,代表着网络内容管理系统的发展方向。基于内容单元的系统有 ActionApps、Rhythmyx 和微软内容管理服务器等。

➢ 根据起源

根据网络内容管理系统的起源可以将网络内容管理系统分为：

- 纯粹的网络内容管理系统

这些网络内容管理系统大多是由新公司开发。纯粹的网络内容管理系统现居于网络内容管理市场中的主导地位。

- 企业信息门户

企业信息门户起源的网络内容管理系统重点在帮助企业建立门户网站。在个性化信息服务的实现、与其他信息系统的集成方面这些系统有独到之处。

- 文档管理

最近几年，传统的文档管理系统供应商纷纷进入网络内容管理领域，将自己重新定位为网络内容管理系统供应商。它们在大型文档和复杂出版过程的处理方面经验成熟。

➢ 根据目标用户

根据网络内容管理系统的目标用户可以将网络内容管理系统分为：

- 企业级网络内容管理系统

这类系统主要针对高端客户的需要而设计和开发，功能强大，能够完成企业的网络内容管理，并可与企业其他信息系统集成，实施企业级网络内容管理系统自然也价格不菲。

- 部门级网络内容管理系统

主要面向中端客户。除最基本的功能外，用户还可以订制某些功能，价格适中。

- 普通级网络内容管理系统

主要目标是低端用户。功能比较简单，可以满足用户最基本的需求，价格比较便宜。

5.7.3 网络内容管理系统模型

网络内容管理系统是可以协助进行网络内容管理的一种工具或者一套工具的组合。Web 内容有一个从创作到销毁的生命周期，网络内容管理系统也应具备特殊的功能或者是组件来完成网络内容管理的任务。以下列出一些学者或者研究机构提出的系统模型。

➢ 布朗宁（Paul Browning）和朗兹（Mike Lowndes）提出的模型

布朗宁和朗兹将网络内容管理系统的功能分为四类：创作、工作流、储存和出版。网络内容管理系统使用工作流来管理内容从创作到出版的整个过程，同时提供内容存储和集成功能（图 5-5）。

创作是用户在一个良好管理和授权的环境中进行 Web 内容创建的过程。工作流是管理创作和出版之间的内容所采取的步骤。存储是将创作好的内容放入到知识库中。出版是分发存储内容的过程。

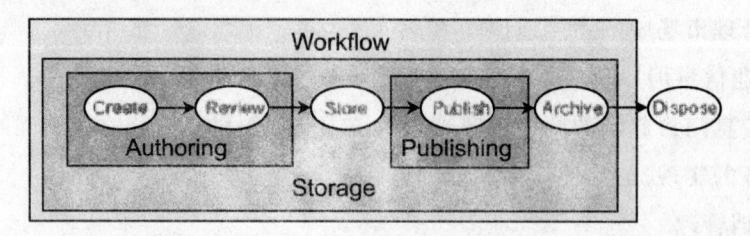

图 5-5 布朗宁（Paul Browning）和朗兹（Mike Lowndes）模型

> 伍兹（Eric Woods）提出的网络内容管理系统模型

伍兹认为，网络内容管理系统模型应该具备九个关键功能：存储控制、国际化、应用开发、网络出版、知识管理、与其他系统集成、工作流支持、网页创作和设计、文档管理。伍兹模型的比较特别之处就是将文档管理、知识管理包括在内，更强调网络内容管理的广度和深度。

> 博伊寇提出的网络内容管理系统模型

博伊寇提出的网络内容管理系统模型比伍兹的清晰易懂，比布朗宁和朗兹的完整。博伊寇认为网络内容管理系统包含四个部分：收集系统（Collection System）、管理系统（Management System）、出版系统（Publishing System）和工作流系统（Workflow System）。其中管理系统是内容的核心，收集系统、出版系统围绕内容而运行，工作流系统则是整体控制部分。

以上模型不尽相同，但是也有很多共同之处。可以将完整的网络内容管理系统分为三个子系统：收集子系统、管理子系统、出版子系统。工作流没有必要作为单独的子系统，工作流的功能可以归入管理子系统。下面将深入分析这三个子系统的功能。

5.7.4 网络内容管理系统的组成

网络内容管理系统之收集子系统

收集子系统的主要作用是将原始的信息转换成组织良好的内容单元，具体功能有：

➢ 创作

创作是从零开始创建内容。创作本质上是手工过程。因此,创作比较缓慢和花费时间。创作本身包括创建和修改内容,创造者首先创建内容然后不断修改以符合使用的需要。创造者可以在网络内容管理系统之外创作内容,然后再将其导入到网络内容管理系统之中,充分利用网络内容管理系统的管理功能(如状态追踪、版本控制等)来提高内容的质量。

网络内容管理系统通过以下方法来提高创作内容工作的效率和效益:

- 提供内容创作工具

内容的创作离不开创作工具。创作工具可以分为两大类:传统的字处理工具和排版工具,结构化的编辑器。传统的字处理工具主要关注便捷输入、编辑文本以及对文本进行格式化的问题。排版工具主要关注页面外观,为了保证一定的输出格式而进行了大量控制。结构化的编辑器包括全功能编辑器、简单的 XML 编辑器、基于表单的编辑器等。全功能的编辑器使用 XML 作为数据格式,提供类似于 Word 的功能,包括拼写检查、表格制作等。简单的 XML 编辑器提供基本的文本输入功能和 XML 标记。基于表单的创作系统使用表单作为文本输入工具,非常适于地理位置分散的内容创建。

网络内容管理系统提供的创作工具通常有两种,一种是类似 Word 界面的创作工具,一种是基于表单的创作工具。使用类似 Word 界面的创作工具的优点在于用户非常熟悉这种环境,不需要专门培训就可上手。开发基于表单的创作工具的方法有 ActiveX 控件、Java 控件和 dhtml 代码等。ActiveX 控件的功能强大,主要是在客户端进行控制,缺点是只能够在 Windows 环境下运行;Java 控件也是在客户端运行,能够提供拼写检查和多语言版本,可以在任何支持 Java 的浏览器上使用,但是比 ActiveX 的变化特征要少一些;dhtml 代码是最简单的方法,如果用户的要求不是很高,这个也能够满足需求。ActiveX 控件、Java 控件和 dhtml 代码三种方法都会自动创建 html 标签。不懂 html 语言的创造者容易使用基于表单的创作工具,同时使用基于表单的功能也可以保证网站的一致性。但是自动产生的代码有时候会存在质量的问题,需要调出源代码进行调整。

- 把标准信息包括在内。如网络内容管理系统能够在保存内容的时候加上内容的创作日期和创造者的姓名。
- 提供模板协助将内容分成方便的组成元素。
- 提供正在处理内容的工作流状态和版本控制等。

第五章

后面三点将在下面的章节中详细论述。

➢ 获取

获取与创作的主要不同之处在于获取的内容本来已经存在。获取是从已经存在的来源收集内容。获取的目的是将这些内容收集到网络内容管理系统中。创建的内容的数量一般不多,但是质量很高,获取的内容一般数量很多,但是质量不高。获取的内容一般需要经过加工(如转换)才能够使用。获取内容的来源可以分为两类:

- 设计为重用的来源。设计为重用意味着两件事情:首先信息已经被分割,其中包含有元数据。其次是以容易出版的格式储存(如 XML)。
- 其他来源。它包括数字化和非数字化的来源。例如纸质照片、印刷材料、模拟视频等,这些材料在数字化之后也可以作为获取的来源。

➢ 转换

如果创作或者获取的内容不是网络内容管理系统要求的格式或者结构,就需要将它转换为网络内容管理系统接受的格式或者结构。在逻辑上,转换通常包括以下步骤:

- 抽取:抽取网络内容管理系统需要的内容,抛弃不需要的背景信息。如网页的注释、不需要的导航等。
- 格式绘制:将内容的格式转换成网络内容管理系统支持的标准格式。另外,将内容的表现格式和它的结构分离。
- 结构绘制:确定内容的结构或者是根据需要进行转换。例如,获取的信息的格式是 html 的,目标文件也需要 html 的,但是目标 html 的结构和来源 html 的结构不完全相同,就必须要对源结构进行转换。

➢ 整合

进入网络内容管理系统的信息通常多种多样,网络内容管理系统需要将所有的信息整合在一起然后进行下一步的处理。

一般来说,有三种类型的信息进入网络内容管理系统:

- 基于数据库的信息。比较普遍的是来自关系数据库管理系统的关系数据。它是一种高度结构化,用行和列的特征来表现的数据。
- 结构化的文档。比较典型的是等级式结构,很容易将其分开组成内容元素。
- 非结构化的文档。电子邮件信息、文本文件和图像等都可以归到这种类型。

整合就是将以上来源的信息通过编辑处理、分片处理和元数据处理而整合成一个整体,并且分割成可以放置在网络内容管理系统的管理子系统中的适当的内容单元。

(a) 编辑处理

编辑处理就是使用编辑框架去指导内容的整合。编辑框架包括以下规则:

(i) 调整性规则:这些规则确保以一致接受的标准准备内容,这些规则包括语义规则、语法规则和词汇使用规则。

(ii) 沟通性规则:确保内容符合目标对象的需要。包括语态(主动语态、被动语态)、人称(第一人称、第二人称、第三人称)等规则。

(iii) 一致性规则:确保定义好的规则在整个内容中得到一致的使用。

(b) 分片处理

分片就是将内容分成内容单元的过程。它对于内容单元的重用来说意义重大。

内容如何分片取决于来源内容的性质,其中最重要的是来源内容中每一个内容单元如何标记。来源文档中通常用以下方法标记内容单元:

(i) 文件边界

假设有 100 个文件,每个文件包括一本图书的信息。如果每条图书信息都可以成为一个图书内容单元,那么每个文件就自然成为一个内容单元,不需要额外工作。文件边界成为内容单元的标记。但是如果每个文件包括几本图书的信息,就首先需要找出内容单元的标记。

(ii) 数据库记录界限

例如,有一个学生成绩数据库,要把它变成一系列学生成绩内容单元。每一次从数据库中取出一个学生成绩记录,就创建一个新的学生成绩内容单元。

(iii) 明显的标记

表 5-2 职工数据表

```
〈职工〉
〈姓名〉张三〈/姓名〉
〈年龄〉24〈/年龄〉
〈工龄〉2〈/工龄〉
〈职称〉初级〈/职称〉
〈姓名〉李四〈姓名〉
〈年龄〉30〈/年龄〉
〈工龄〉6〈/工龄〉
〈职称〉中级〈/职称〉
〈职工〉
```

这是一个用 XML 语言书写的职工数据,如果要从这个文件中找出职工内容单元的分片,可以通过 XML 语言的明显标记来完成。每一个职工数据都是从〈姓名〉〈/姓名〉这对标记开始,以〈职称〉〈/职称〉这对标记结束。

(iv) 隐含的标记

表 5-3 商品记录表

001 Cup ￥15.00 21 002 Tea ￥30.00 58

上表是一个商品记录的部分。这个记录中没有明显的标记,但是经过分析可以知 002 开头的就是一条新记录,据此可以完成内容单元的拆分。

(c) 元数据处理

元数据处理是将内容的潜在价值释放出来的关键因素之一。对内容进行元数据处理的作用之一就是帮助人们检索内容。它不仅指网站用户检索网站内容,也包括内容创造者在创作内容过程中检索内容。如果内容的创造者找不到所需要的内容,那么内容就有可能被重新创建。元数据使检索更有目标性和更有效率。对内容进行元数据处理的作用之二就是建立内容之间的关系。内容元素能够通过时间(按日期排列)、主题和其他特征相互关联。

分配元数据应该是内容创造者和编辑者的工作,因为没有人比他们更了解内容。有些元数据可以自动抽取或者从来源文档中获得,如内容创建的日期、内容的创建者、内容的大小等。有些元数据处理项目如关键词、摘要,如果质量要求很高,就可能需要主题专家的帮助。如果元数据处理的任务比较繁重,创造者和编辑者可能会绕过元数据处理工作或者输入错误的数据。网络内容管理系统必须有针对这些情况的相应对策。

元数据处理首先要确定选用什么元数据。元数据种类较多,Dublin Core(都柏林核心元素集)是应用最普遍的元数据之一。Dublin Core 是一项描述信息资源的国际标准。1995 年 3 月由联机图书馆中心(OGLC)和国家超级计算研究中心(National Center for Supercomputing Applications)主办的第一届元数据研讨会在美国俄亥俄州的 Dublin 召开,52 位来自图书馆、计算机、网络方面的学者和专家参加了这次研讨会。此次会议的目的是希望建立一套描述网上电子文件的方法,来帮助信息检索。会议的中心问题是如何用一个简单的元数据来描述种类繁多的电子对象。此次会议最主要的成果就是设定了一个包括 13 个元素的都柏林核心元素集 Dublin Core。都柏林核心元素集处理的对象限定于"类文件对象"(Document-Like Objects,简称 DLO),类文件对象是可用类似描述传统印刷媒体方式加以描述的电子档案。Dublin Core 在设计上所秉承的原则是：内在性、可扩展性、语法独立性、可选择性、可重复性、可修饰性。1996 年 9 月，在同一地点举行了第三届元数据研讨会，在原有 13 个元素的基础上加入了两个新元素：简述（Description）和权限（Rights）。这样就形成了现在 Dublin Core 的 15 个基本元素：主题和关键词（Subject）、题名（Title）、创造者（Creator）、简述（Description）、出版者（Publisher）、其他参与者（Contributors）、出版日期（Date）、资源标识符（Identifier）、语言（Language）、资源类型（Type）、资源格式（Format）、关联（Relation）、来源（Source）、覆盖范围（Coverage）、权限（Rights）。为了方便内容重用，网络内容管理系统可以 Dublin Core 为蓝本设计元数据标准，将 15 个基本元素分为必要和可选两个层次，如题名、创造者、出版者、语言、来源等作为必要元数据，其余作为可选元数据，所有内容都必须有必要的元数据，重点内容还要加上可选的元数据。

网络内容管理系统提供先进的技术帮助创造者或编辑者完成元数据处理的工作。例如，在元数据输入的界面提供下拉菜单给用户进行选择而不是完全由用户输入，采用自动分类、自动文摘、自动索引来提取内容的关键词供创造者和编辑者选用。

应用图书情报的知识可以帮助开发针对 Web 站点内容的叙词表或者分类表。在动态性很强、内容复杂的网站中，元数据可以显著提高站点的导航和检索能力。

网络内容管理系统之管理子系统

网络内容管理系统的管理子系统负责内容单元和其他资源的储存。管理子系统包括知识库、工作流和管理功能。管理子系统告诉用户系统拥有什么样的内容和资源以及它们的配置如何。具体地讲，网络内容管理系统的管理子系统能够让用户知晓以下信息：

(a) 内容的详细情况。比如系统拥有的内容单元的种类和它们处于生命周期的哪一个阶段。

(b) 工作的瓶颈在哪里，怎么样消除这些瓶颈。

(c) 怎样在出版物中使用内容单元，哪些内容是没有使用过的，哪些内容准备从系统中删除。

(d) 内容的访问权限如何安排。

➢ 内容储存

Web 内容系统的管理子系统通过知识库将收集的内容和其他资源储存起来。知识库是一系列数据库、文件目录和其他系统结构（比如系统的配置文件）。内容单元和其他资源在内容收集阶段进入知识库。在出版阶段,出版子系统从知识库抽取它们进行出版。

系统的内容单元存储在内容数据库和文件中。内容数据库可以是标准的关系数据库或者是 XML 对象数据库。关系数据库使用标准的表格、行和列来表示内容单元。XML 对象数据库是使用 XML,以等级的方式储存。内容单元的类、实例和元素都有自己的属性,通过文档类型定义组成一个完整的系统。内容文件储存内容数据库之外的任何内容。比如网络内容管理系统要使用的微软 Word 文件和电子表格、Adobe PDF 文件,这些以它们本身存在的文件格式存储比较好,到出版的时候,出版子系统以文件的形式出版这些内容。

控制和配置文件是网络内容管理系统知识库中管理的非内容文件。控制和配置文件包括以下类型:

- 输入和出版模板:使用这些模板进行内容的输入或者出版物的输出。
- 工作人员和终端用户文件和数据库:储存访问控制和个性化的信息。
- 规则文件和数据库:储存内容单元类的定义、工作流的定义和个性化规则等。
- 元数据信息清单、内容索引文件和数据库。这些数据来源扩充直接储存在内容文件和数据库的元数据。
- 登录、其他控制文件和结构(例如系统的目录和注册表):主要用途是进行分析,同时也储存控制网络内容管理系统的常规运行和功能。
- 脚本和自动维护程序:用来帮助管理内容。

> 工作流管理

根据工作流管理联盟规范—工作流参考模型(Workflow Management Coalition-Workflow Reference Model),工作流的定义是全部或者部分由计算机支持或者自动处理的业务过程。工作流管理系统就是详细定义、管理并执行工作流的系统。系统通过运行一系列软件来执行工作流。这些软件的执行顺序由工作流逻辑的计算机表现形式(计算机的业务规则—过程定义)驱动。在网络内容管理系统中,工作流就是任务在一个生命周期的流动方式。它包括角色、任务和过程。角色就是参与到工作流的人或者物;任务就是参与者在工作流中的责任;过程就是任务处理的经过,其中涉及参与者之间的相互作用和相互依赖。

在网络内容管理系统中,工作流的作用是:

(a) 保证应该创作内容的部门或者是至少知道要创作内容的部门不被落下。

(b) 内容和所有的辅助元素(如图形等)以合适的顺序创作。

（c）内容在适当的时候被适当的人审批。
（d）确保工作流不在过程中堵塞。
（e）确保内容在创作、审批之后储存在正确的地方。

- 角色管理

它属于工作流中"角色"的部分。网络内容管理系统可以容纳更多的人参与到 Web 内容的创作和管理，那么就需要去管理内部的访问和权限，可以根据用户的角色或者所属群组赋予用户一定权限。

- 版本控制

它属于工作流中"角色"的部分。网络内容管理系统支持分布式协作。因此需要对内容进行版本控制，以防止某人的工作被另外的人破坏。版本控制功能阻止两个或者更多的人在不知情的情况下对同样的内容进行操作。版本控制可以通过检入/检出机制实现。版本控制同样能够追踪内容的变化，审查和监视对内容所做出的任何改变。

- 版本追踪和回滚

它属于工作流中"任务"的部分。组织需要为网站的内容负责。但是网站的内容有可能在发布一段时间之后被删除，如果网站的内容引发争议，那么怎样追踪网站内容？这就涉及版本追踪和回滚的问题。虽然现在有一些工具，如 http://www.archive.org/提供的时空穿梭机（Way Back Machine）可以提供某个网站在特定的某个时刻的版本，但不是所有的网站都被收录，并且网站的动态内容也无法收录，这些工具无法解决网站的版本追踪和回滚问题。网络内容管理系统能够提供版本追踪和回滚功能，自动生成特点日期网站的版本。

- 内容审批

它属于工作流中"过程"的部分。在内容最终发布之前，一般要经过审批环节，网络内容管理系统提供工具协助内容的审批过程，用于政府网站的网络内容管理系统更注重这方面的功能。内容审批的主要作用是保证内容的准确性、完备性和一致性。也就是说首先内容必须准确（包括语义上的准确和语法上的准确），同时必须包括必备的元数据和遵守统一的标准体系，最后还要符合组织的风格和创作指导方针。

为了提高审批的效率，网络内容管理系统应该提供以下的功能：

（a）根据内容类型不同，采用相应审批流程

美国威斯康星州在对政府网站内容进行审批时，把它分为五种不同类型：

(i) 纸质出版物的电子化。也就是将组织原有的纸质出版物转换成电子格式之后发布到网站;因为纸质出版物的内容已经经过了审批,所以就不需要再重复这道程序。

(ii) 网站内容的少量变动和升级。也就是根据组织的实际情况对已有的内容做一些简单的变动。例如组织电话号码的变化、人事变动等。

(iii) 网站内容的修改。它是指对已经存在的网站内容的改动。改动的比例大小对于是否需要重新全面的审批具有重要的意义。一般情况下,如果改动的比例少于50%,可以视做是第二种情况,如果是超过50%,那么就要当做新的内容进行全面的审批。

(iv) 新内容。就是网站上以前没有的内容,包括第三种情况下的改动比例超过50%的情况。它需要全面的审批。

(v) 争议性的内容。它是有可能引发显著的媒体关注、公众关注的内容。例如,有争议的研究结果等。这种内容需要全面重点的审查。

对于不同类型的内容,可以采用不同的审批机制,例如让不同级别的人员有不同类型内容的审批权,建立分级审批制度。

(b) 自动化内容的审批

一方面必须保证网站上所有内容都是准确的、与组织的指导原则和任务相一致;另一方面也要保证内容的及时发布,保证内容的时效性。这就需要采用自动化的工具去加速内容的审批,如在要审批的内容达到的时候采用电子邮件或者其他方式提醒审批者有新任务等待他们去完成。同时提供自动化工具如文字的校对软件等协助,为审批提供必要的背景信息等。

➢ 长期存储和销毁

现在许多组织都还没有明确的关于网站内容的长期存储制度。有一种观点认为网站的内容没有必要长期存储;也有的观点认为应该以纸质形式长期存储;认为应该以数字化形态长期存储的人也为数不少;更有人认为应该同时以纸质和数字化形式长期存储。

其实,网站内容要不要长期存储以及应该怎样长期存储应该视具体情况而定,针对内容的重要程度和组织的实际情况采用不同的存储策略。网络内容管理系统可以帮助进行网站内容的存储和销毁。

根据国外的实践,最简单易行的存储策略就是对网站的内容定期进行快照,同时保存网站的用户日志和文件更新记录的日志。所有的文件都要根据事先制定的元数据标准进行著录。虽然这种方式不能够保存那些动态交互式的内容,但是所需的成本也较低。高一级别的保存策略就是快照加事件。除了快照外,它还对网站交互应用的记录进行保存。包括用户输入的表格信息、用户提问和回答等。与快照的存储方式类似的是,它们也要用元数据标准著录。元数据至少应该包括以下项目:访问的时间、访问者的域名和IP地址、访问过的内容、交互的内容等。

网站内容保存有一定时间限制。可以根据类型的不同确定不同的保存期限,超过这个期限就可以把它销毁,网站内容就此完成其整个生命周期。

网络内容管理系统之出版子系统

有些分析家和网络内容管理系统供应商将该子系统叫做分发子系统,本书中称做出版子系统,因为出版的含义要比分发更为全面和准确,可将各种渠道覆盖在内。网络内容管理系统的出版子系统功能如下:

➢ 网页生成

网页可以分成静态网页和动态网页。静态网页是存放在 Web 服务器上的实际页面文件。当用户浏览这个静态网页时,Web 服务器在接收到由客户端发送的 http 请求之后,按照客户端的要求读取相应目录中静态网页的 html 内容并将其返回给用户。动态网页是指在 Web 服务器上并不存在实际的一个页面供服务器读取,可供读取的是一个可执行的程序文件,这个程序文件可以产生 html 格式的信息输出。通常人们把这样的程序叫做通用网关接口(Common Gateway Interface,以下简称 CGI)程序。当服务器接收到客户端对一个动态网页的访问请求时,Web 服务器通过调用相应的程序文件即 CGI 程序文件,并把包含在 http 请求中的程序参数传递给 GGI 程序,程序按照调用参数实时地产生 html 输出,Web 服务器再将程序产生的 html 输出返回给用户。CGI 程序能够使用不同条件逻辑从多种知识库中抽取内容,实现动态导航和显示。但以这种方式创建动态页面容易降低服务器性能,所以很多网络内容管理系统将访问频繁的动态网页处理成驻留在服务器硬盘上的静态文件,以提高服务器的性能。

动态生成页面的技术要复杂一些,可能需要应用服务器。应用服务器不一定需要基于 Java 的昂贵产品。微软的 ASP 和 Apache 的 PHP、ColdFusion 能够满足一般应用的需要。但是对于电子商务中的交易控制、连续事务管理等就可能需要能够承担繁重任务的应用服务器如 BEA 的 Weblogic、ATG 的 Dynamo、IBM 的 Websphere。有些网络内容管理系统有自己的应用服务器,如 Vignette,它提供一个基于

第五章

Java 的应用服务器。

网络内容管理系统几乎都是通过预先设置的模板来创建网页的。有些网络内容管理系统提供自己的所见即所得工具来进行模板创建。但是大多数网络内容管理系统只是集成某种 html 编辑器,并且允许从其他编辑器中复制和粘贴。有些网络内容管理系统软件包采用自己定义的属性去扩展 Html 属性。这样虽然使得非技术的设计者能创作出更强大的模板,但是由于它们的属性标签是特殊的而不是通用的,因此扩展性能较差。在模板的创建过程中,需要考虑到内容单元的细微度和模板的弹性。

> 检索

如果网站复杂到需要使用网络内容管理系统,那么肯定需要具备检索功能。检索包括两个方面,内容使用者的检索和内容制作者的检索。在内容丰富的网站中,大多数访问者都是点击网页几次之后,如果没有找到他们需要的内容就立即转向网站搜索引擎。内容制作者的检索也不能忽略,否则就容易出现同一内容的重复版本。很多网络内容管理系统都提供内容制作者的检索功能。

网站搜索引擎的质量与索引数据库的质量息息相关。网络内容管理系统支持元数据的应用。元数据将提高网站使用者检索的质量和结果的显示。如果网站的内容特别复杂,最好是给用户提供多种检索方式,如分类浏览和关键词检索。很多网络内容管理系统将检索的任务交给专业的搜索引擎技术服务商,将它们的产品集成到系统中。也有部分网络内容管理系统使用自主开发的搜索引擎。选择网络内容管理系统的时候,必须要弄清楚它是否自带搜索引擎或者能够与什么搜索引擎集成。

> 个性化

个性化对电子政务、数字图书馆和电子商务都有重要意义。个性化需要大量的资源,针对不同的变化应用不同的规则所花费的努力也极大。个性化的开支不可低估,它很容易等于或者超过网络内容管理系统的许可费用。个性化通常可以通过以下几种方法实现:

- 预先定义的用户组

网站预先确定用户的类别,为这些用户创建特定的页面或者内容集。

- 基于规则

在基于规则的个性化中,网站建立起事务发生的条件和规则。如果满足条件和规则,就会影响到网站内所有网页的显示。例如,在网上花店,如果系统发现红玫瑰的存货超过设定值,就对以前买过红玫瑰的用户实行自动促销。

- 基于偏好

用户在初始化的时候(如在首次访问的时候)说明自己的偏好,在今后的访问中就会将符合用户兴趣的内容发送给用户。用户被分配一个用户名和密码,通过cookies的使用,用户不需要每次访问的时候都输入用户名和密码。

- 基于合作过滤/社区

网站使用复杂的统计技术和自动化的分析去决定个性化的元素。这种模型比较突出的例子就是亚马逊网站的"购买了这本书的人们也购买了"的服务。这种方法也能够与推理技术相结合,通过监视用户访问网站的哪些部分或者用户进行了哪些方面的搜索来对用户的行为进行研究。这样用户不用做任何工作就可以对网站进行个性化浏览。

因为实施个性化需要巨大的成本,因此要根据目标用户的需求才能决定是否需要个性化。同时,要将定制和个性化区分开来。定制是集中于类似的群组,而个性化是在每一个用户的层次。定制只是通向个性化道路上的一小步。

➢ 缓存和复制

缓存和复制都是为了提高网站的性能和访问速度。缓存是通过将特定的信息缓存到服务器或者其他可访问的知识库(如文件系统或者数据库)中来加速网页的出版过程。网络内容管理系统本身对资源的需求就较大,因此缓存成为提高网站速度的重要措施之一。

复制就是在核心网络和应用服务器上将内容进行复制,以提高网站的性能。可以采用分布式方法将访问负荷分布到多个计算机上以提高性能,将内容复制到其他数据中心和网络(对于最终用户要近一些的)上来绕过可能的网络瓶颈。复制还可以在网站服务器发生故障的时候提供某种程度的补救。复制可以分为:在数据中心将内容复制到多个服务器;在多个地点之间进行复制(包括跨国);在网络的不同层次上复制或者缓存不同的元素和资产。缓存具有多样化的层次,如文件层次、网页层次、对象层次或者元素层次。

➢ 多渠道出版

网络内容管理系统出版的主要渠道是网站,但是这并不意味着网络内容管理系统只能用于出版到网站,它还可以出版到无线设备、电子邮件、印刷和只读光盘等。这些渠道中无线设备可能最复杂,但是在某种意义上说最容易实现。无线应用协议WAP应用的无线标记语言(WML)就是XML语言中的一种。

表 5-4　WML 范例

```
<? xml version = "1.0"?>
<! DOCTYPE wml PUBLIC " -//WAPFORUM//DTD WML 1.1//EN" "http://www.wapfourm.org/DTD/wml_1.1.xm.">
<wml>
<card id = "card 1" ontimer = "#card2" title = "产品演示">
<timer value = "50"/>
<p aligh = "center">
</br></br></br>
<big>热烈欢迎！</big>
</p>
</card>
<card id - "card2" ontimer = "#card 3" title = "产品演示">
<timer value = "50"/>
<p align = "center">
<br/><br/>
<b>
诺基亚<br/>
</b>
无线应用协议
</u>
...
</p>
</card>
<card id = "card 3" title = "产品演示">
<p align = "center">
<br/><br/><br/>
<big>
<i>
演示完成
</i>
</big>
</p>
</card>
</xml>
```

表 5-4 是 WML 的一个范例。该程序运行之后将在 WAP 手机屏幕依次显示三屏信息。先显示"热烈欢迎"，然后显示"诺基亚无线应用协议……"最后显示"演示完成"。显示时每屏都有标题"产品演示"，相邻两屏之间延时为 50，其单位大小为 1/10秒，延时 50 即 5 秒。

➢集成

集成和多渠道出版的目标一致，都是在多个地方使用内容，以最大限度地发挥内容的价值。组织的自动化系统除了网络内容管理系统外，还可能有 ERP、CRM 等。要使内容能够同时在这些系统中利用，必须具备内容集成功能。

5.7.5 对部分中文网络内容管理系统的评价

2000 年,北京拓尔思信息技术有限公司(以下简称 TRS 公司)在国内首次提出"中文内容管理"战略。2002 年 7 月,拓尔思推出"TRS 内容协作平台 WCM",并且提出了内容管理 CIO 标准,即协作性(Collaboration)、行业性(Industry-oriented)和开放性(Openness)。在那前后,特别是近两年,自称为内容管理系统或者是网络内容管理系统的产品如雨后春笋般涌现。下表是部分知名中文网络内容管理系统:

表 5-5 部分知名中文 Web 内容管理系统

系统名称	开发商
TRS 内容协作平台	北京拓尔思信息技术有限公司
TurboCMS	北京泰得互联
Xplus 网站内容管理系统	深圳市蓝电科技有限公司
CMS 网站内容管理系统	北京北航天宏公司
网达内容管理系统	上海网达信息技术有限公司
i.Publisher	北京融海恒信咨询有限公司
联想内容管理系统	联想集团
内容管理服务器	微软
搜狐 CMS 产品	北京搜狐公司
CMS4i	重庆天极信息发展有限公司

总体来看,国内网络内容管理系统供应商可以分成三类。第一类是搜索技术供应商,它们利用其成熟的搜索技术,根据用户的需求开发出相应的网络内容管理系统,如 TRS 公司的 TRS 内容协作平台。第二类是软件开发商,它们利用网站开发等技术开发网络内容管理软件或者软件平台,如北京泰得互联的 TurboCMS。第三类是信息服务提供商,它们根据网站建设等技术开发系统,如搜狐的 CMS 产品。

上面评价的三个网络内容管理系统中,微软内容管理服务器属于国外的产品,TRS 内容协作平台和 TurboCMS 属于国内产品。根据所掌握的材料,国内外网络内容管理系统存在极大的差距,绝不是上表反映的情况那么简单。一般来说,国内的网络内容管理系统比较重视内容的表现,国外的更加重视内容本身。虽然国内外网络内容管理系统大多通过模板技术表现内容,但是国内模板的制作还主要是使用 FrontPage、Dreamweaver 等网页制作工具,较少有成套的自主模板制作工具。国内的网络内容管理系统除了 TRS 少数几家外,大多只是单一产品。而国外一般都是成

第五章

套，集成度非常高，如微软内容管理服务器就可以直接集成到 Microsoft Visual Studio.net 开发环境。国内多数网络内容管理系统现在只是输出 html 网页，没有考虑到多渠道出版。国内网络内容管理市场还存在一个很大的弊病：炒作概念的现象特别严重。简单的信息发布系统稍微改头换面就敢称之为网络内容管理系统，过度夸大系统的功能，给用户一种错觉，好像部署了网络内容管理系统后一切问题都会迎刃而解。

国内的网络内容管理系统供应商和国外的网络内容管理系统供应商存在的差距并非不可逾越。国外的网络内容管理系统供应商固然在影响力、技术、资金等方面具有一定优势，但它们的产品也存在功能大而全、价格昂贵、技术应用难度高、中文支持能力不足等问题，这是制约它们在中国快速发展的重要原因。国内的网络内容管理系统供应商要抓住时机，完善系统的功能，抢占市场来迎接国外网络内容管理系统供应商的挑战。

国内 Web 管理系统供应商可从以下方面着手赶超国外网络内容管理系统供应商：

> 加强对中文内容处理的技术研究

目前，在对中文内容的理解、检索和表示上都存在很多薄弱的地方。国内网络内容管理供应商加强这方面的研发工作，掌握核心技术才能在市场拥有一席之地。

> 加强对用户需求的深入了解

网络内容管理并不只是一种技术或是某种工具，它体现的是现代的技术管理手段。国内组织的运作机制和国外存在很大的区别。国内整体市场机制发展的不充分导致绝大部分的企业运用的还是传统的管理方法，中国的政府机构也与国外不同，造成在内容流程的控制上，与国外有显著差异。弥补这种差异不是简单的产品本地化就可以实现的，这需要对用户需求深入的理解，国外厂商大都做不到这一点。目前财务软件就是这方面的一个例子。准确定位产品是一个重要课题。从调查的情况来看，国内网络内容管理系统的需求主要集中在中端和低端。

> 做好咨询和服务工作

对内容管理系统在选择前有一个咨询的过程，在选择后有一个部署安装的过程。如前文所述，网络内容管理系统不仅仅是一套软件或者技术，部署网络内容管理系统有时候还涉及组织的流程重组问题。网络内容管理系统供应商可以提供这方面的支持和帮助，使网络内容管理系统取得最佳的效果。

5.8 TurboCMS 网络内容管理系统

TurboCMS4.6 是一套专门为国内大中型 ICP、跨国企业开发的网站内容管理系统。系统采用灵活的组件式结构,是充分吸取了国外著名的内容管理系统如 Vignette 的 V6,以及 Interwoven 的 TeamSite 等系统的长处,结合国内用户的实际需求,并经过了长期的内容管理实践而开发出来的。它对于用户降低生产总成本(TCO)、提高工作效率有极大的帮助。该系统的技术水平达到了国际同期顶尖水平,是一款优秀的内容管理系统。

5.8.1 特性

TurboCMS4.6 在开发过程中,充分考虑了用户的使用习惯,尽最大可能降低用户的使用门槛,让用户关注内容维护本身,而不需要投入过多的时间来学习系统的使用技巧,因此,该系统在细节处下了很大工夫。

TurboCMS4.6 的主要特点有:

➢ 不同凡响的采编体验

第五章

TurboCMS4.6的内容录入界面充分考虑内容维护人员的实际情况，他们可能不精通html，但他们会使用Word等办公软件，因此，系统界面与Word等Office产品紧密集成，可直接从Word里拖动一块内容到TurboCMS中来。如果Word中包括图片、表格等内容，则系统自动上传图片等文件，完全无须人工干预，并可批量导入Word、PowerPoint、Excel文件，并支持自动分页、自动清理html、自动排版。

用户也可以在TurboCMS4.6里直接进行文字的排版处理，比如改变字体名称、字体大小、字体颜色、背景颜色，以及对齐样式等等。还可以透明地插入图片，并可以任意调整图片的位置、大小，与文字进行环绕等等。系统甚至可以自动给图片生成缩略图，用户可以在点击后看大图。系统还支持插入Flash动画、超级链接、特殊字符、音频视频等等。系统会自动将插入的图片、Flash等文件上传到系统中合适的目录，而无须用户关心这一切。

如果从网页上拷贝内容，系统支持远程图片自动本地化。系统支持插入附件、热字连接、内容分页。系统支持拖曳方式进行顺序调整、任意排版，支持重要文章置顶。可以用拖曳方式进行内容位置调整、频道间拷贝、移动。

> 媒体行业专门解决方案

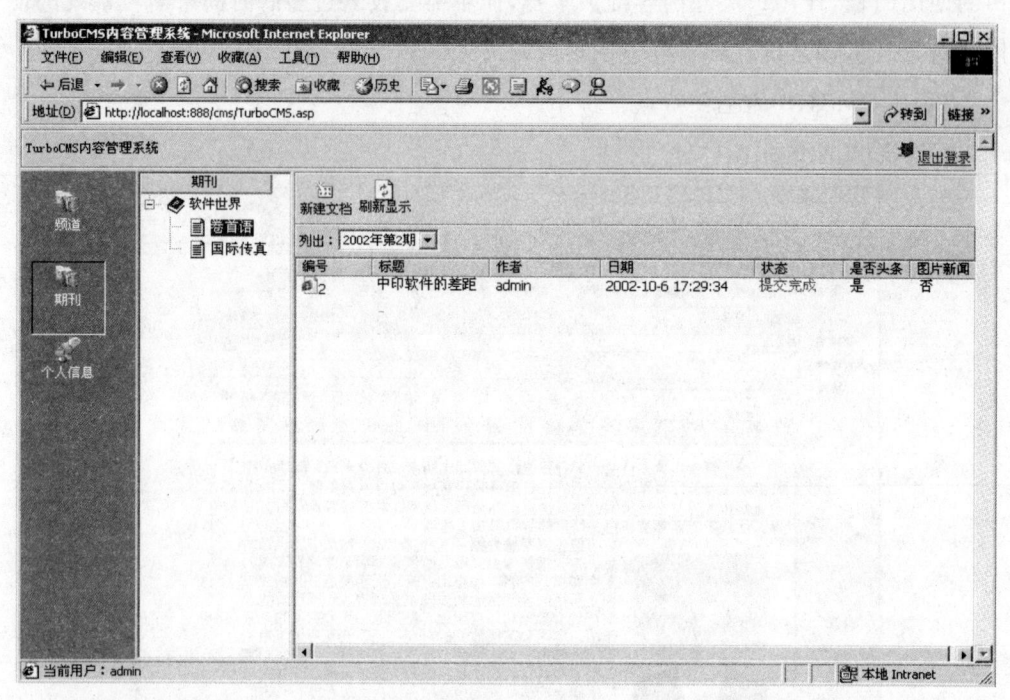

许多媒体（如杂志、报纸、电视、广播）等有一些栏目是按时间更新的，比如一周一期、一月一期等等，这种更新方式跟传统的网站的持续性更新有很大的区

别。从内容维护上看，内容录入时需要区分内容是在哪一期出版的，从网站浏览上看，访问者要求能查询过刊。TurboCMS 专门为期刊提供了支持。编辑可以在一期的内容都准备好以后统一出版。当旧的一期出版后，内容被录入到新的一期中。期刊的内容出版到网站上后，访问者可以按年、期来查询过刊，也可以按栏目来查询过往的内容。

对期刊的支持是 TurboCMS 的显著特点，国内外尚未见到提供类似功能的内容管理系统。

对于报纸内容上网，TurboCMS 提供专门的"报纸"管理模块，支持将报纸扫描成图片，放到网站上，允许用户用点击某一区域然后查看内容的方式进行浏览，从而实现报纸的"仿真网络版"。仿真版保留了报纸的排版，充分利用了报纸的排版价值，同时让浏览更为直观。

TurboCMS 支持批量导入国内常见的报社采编系统，如清华紫光采编系统导出的数据文件。

➢ 可视化模板制作插件

国内外的内容管理系统，大都能够实现结合模板自动生成页面，减轻了页面制作人员的工作量。但是模板制作本身却要求有较高技术水平的人员，有些系统要求使用基于 XML 的程序语言 XSLT 来制作模板，有些系统要求 UNIX 下的 TCL 语言来写模板，真可谓是减少了 html 设计人员，却增加了 XML 编程人员，没有从根本上减轻用户的负担。

在这样的系统中，模板制作一般情况下分两步完成，第一步先请美术设计人员设计模板的风格等外观，第二步让精通模板制作的程序员来嵌代码。

TurboCMS 提供了用于 DreamWeaver 和 FrontPage 的两种 TDL（模板定义语言）插件。设计师在自己熟悉的软件里，完成设计后，只需要用鼠标从工具栏上把控件拖动到页面中，就自动插入了 TurboCMS 的模板脚本，无须编写任何代码。

TurboCMS 提供的可视化模板制作插件也是目前其他内容管理系统均不提供的功能之一。

➢ 工作流支持以及自动消息提醒

TurboCMS 支持内容发布的工作流。一篇内容从记者最初录入到最后发布到网站上，中间需要经过编辑审批，甚至需要美工配图等等。TurboCMS 会自动将任务发送到下一个处理者。系统提供电子邮件方式，在有新的任务到来时自动提醒用户登录系统完成任务。这样，当记者新录入了一篇文章时，编辑就立即知道了，然后登录

第五章

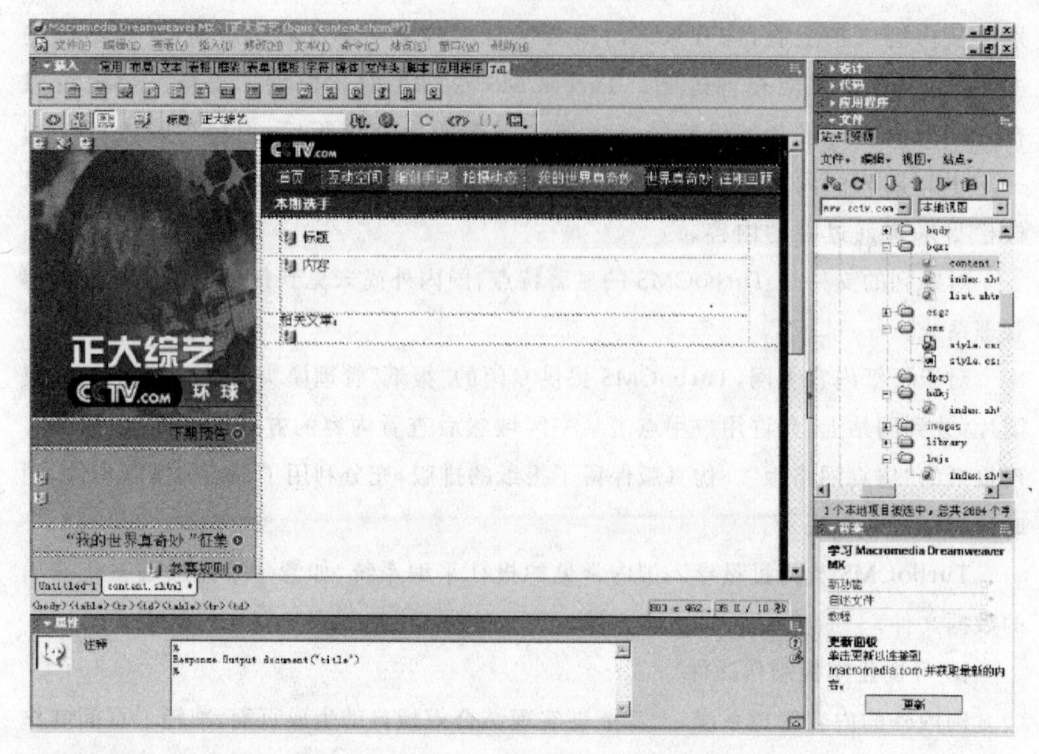

系统编辑文章并审批，保证内容及时地更新到网站上去。

对于特殊的内容，TurboCMS 支持自定义的工作流步骤设置。工作流类型支持任意审批、全部审批、顺序审批等。

文章在每一步可设置"返工"、"否决"。

➢ 自定义内容字段

在 TurboCMS 中，每一个频道都可以定义自己的字段结构。字段类型支持文本、选择、日期、图片、标签等。相对于整个系统使用相同的字段结构不能扩展，或只能对整个系统进行扩展而不能对单独频道进行扩展的系统来说，TurboCMS 具有极大的灵活性，可以满足网站上各种类型、各种结构的信息发布需求，融各种类型内容管理于同一个系统中。从这个意义上讲，TurboCMS 是一个内容管理开发平台。

➢ 内容采集

TurboCMS 内置三种内容采集爬虫。

第一种是数据库爬虫。用户可以创建一个爬行任务，从指定的数据库（支持 Oracle、Microsoft SQL Server、MySQL）指定的表中，自动采集指定的字段，并映射到 TurboCMS 内容库的字段，从而轻松地让 TurboCMS 与已有的信息系统进行数据集成。

第二种是文件爬虫,可以自动将指定目录下的新文件导入到内容库中,并自动分析出文件中的标题、作者和内容。文件类型支持 txt、Word、XML。一个典型的应用情景为将报纸 PS 解版的文件批量自动地导入到内容库。

第三种是 Web 爬虫,可以对指定的站点进行爬行,将内容抓取回来,并智能地解析出其中的内容、作者、标题、发布时间等信息。内容抓取可以抓取回内容中的图片、链接、表格等内容。

自动化内容采集的支持,大大降低了内容维护的工作量,并让内容管理系统与企业的其他信息化系统无缝集成,提高了信息的利用率。

➢ 静态部署与动态部署

TurboCMS 的工作方式为,用户录入时内容被保存在专门的内容数据库中,然后这些内容结合模板生成静态的 html 页面。最后这些静态的 html 页面被复制到网站的产品服务器上去。在最终的产品服务器上,无须数据库支持。TurboCMS 提供了一个自动部署工具 TurboDeploy,可以自动地将更新过的文件及时同步到产品服务器上,并可以将同一个目录部署到多台服务器上,从而支持服务器镜像和服务器集群。TurboDeploy 支持增量式部署,持续地将更新过的内容进行部署。

对于复杂查询等特殊应用需求,TurboCMS 提供 DataDeploy 数据库部署功能。将频道中的数据复制到 Web 服务器上的数据库中,以便实现复杂条件下的查询等应用需求。数据库部署功能是 TurboCMS 与众不同的特性。

➢ 丰富前端的支持

TurboCMS 可以与 Flash、Jscript 等前端表现工具进行结合,以富媒体的形式将内容交付给最终用户,从而改善用户体验,提升内容价值。

➢ 支持 XML、RSS、WAP 标准

TurboCMS 支持将内容发布成 XML 格式,并支持 UTF8 编码。TurboCMS 支持将内容发布成 RSS 格式,提供给 RSS 客户端进行阅读。TurboCMS 支持 WAP 网站的发布,支持使用 PDA、手机等无线终端对网站进行访问。

➢ 同其他系统的集成

TurboCMS 对外提供 COM+方式的 API 接口,可供其他系统访问系统内的内容资源。用户可以使用 VB、VC、Delphi 或者 VbScript、JavaScript、NotesScript 等脚本语言访问这些 API,从而可以便捷地与已有的办公自动化、ERP、CRM、MIS 等系统集成在一起,将这些系统中需要上网的内容自动抓取过来发布到网站上,免去了人工进行的拷贝、粘贴。

第五章

> 数字版权管理

TurboCMS 提供内容权限控制,并提供网页防拷贝解决方案,可有效实现数字内容的版权管理,从而防止敏感信息的不受控传播。

> 其他特点

- 大容量设计、连接池技术,日信息发布量可达上万条。经过了 cctv.com、天天在线等大型门户网站的考验。
- 系统支持 SQL Server 和 Oracle 两种数据库环境。
- 支持直接提交一个 Word 或 txt 或 XML 文件,自动导入内容库,并智能分析出标题、作者和内容。
- 网站特殊页面管理。
- 图片库管理功能。
- 按角色的用户及权限控制。
- 相关文章分类功能。支持多个相关文章集合。
- 内容分发功能。某个频道的数据可设置分发规则,自动地分发到其他频道中。
- 文章版本控制功能,可恢复版本,图形化显示文章处理流程。
- 文章中可在任意位置插入任意多图片,并支持图片自动生成缩略图、图片加水印、图文混排。
- 文章标题字数提示,辅助编辑注意网站的格式维护。
- 文章中可插入特殊符号、链接、多媒体、Flash、附件等。
- 文章分页支持。
- 热字链接功能,关键字替换,与指定关键字建立链接。
- 文章定时发布、定时归档、文章定时下线等功能。
- 文章批注功能。
- 文章拖曳方式进行排版、频道间移动、复制,支持链接复制。
- 文章推荐功能,文章可推荐到首页、到专题等。
- 文章可视化预览功能。
- "我的稿件"功能。
- 专题支持。专题中内容可来源于频道。
- 子网站生成功能。
- 频道拆分、频道合并、频道转移、频道复制功能、内容转移功能。

- 系统支持委托管理,可将某个子网站委托给指定的管理员进行管理。
- 子频道的深度和广度不受限制。
- 少数民族语言网页内容维护支持。
- 文章限时发布功能。
- 提供站内搜索引擎接口。

5.8.2 功能结构

TurboCMS 将用户分成六种角色:记者、编辑、签发、审核、管理员、委托管理员。每种角色可以执行不同的操作,访问不同的功能模块。同一个用户可以具有多种角色。

TurboCMS 由以下几个模块构成:

➢ 内容采编模块

位于世界各地的内容采编人员均可以通过基于 Web 界面的内容采编子系统,将他们收集到的内容录入到系统中。内容采编人员可以是没有任何网页知识的业务人员,只要他们有一点计算机使用基础,就可以使用系统。当然,如果他们会使用 Microsoft 的 Office 系列,那么他们可以使用内容采编系统中的高级功能,给录入的内容插入图片、Flash 动画、表格等元素。

内容采编除支持多媒体元素的使用外,还可以支持文章分页、相关文章整理等。在内容采编系统中采编的文章,通过编辑审批后,就可以自动发布到网站上去了。之后的操作由系统全部自动完成。内容采编支持按频道、按期刊、按报纸、按专题、按页面等多种方式进行。

➢ 文件管理模块

文件管理模块为网站的管理人员提供了一个类似 Windows Explorer 界面的文件管理器,允许管理员像管理 Windows 的文件一样管理网站中的所有文件,包括图片文件、包含文件等。文件管理模块还提供文件锁定等操作,以便支持多个管理员同时对网站中的文件进行管理。

➢ 模板管理与制作模块

模板的目的是决定内容采编系统中录入的内容如何生成 html 页面。模板其实跟一个普通的 html 页面差不多,在其中固定的位置,插入内容采编系统中输入的字段信息,就生成了最终的 html 页面。

第五章

系统提供所见即所得的模板编辑工具。一个普通的 html 制作人员经过短暂的培训即可制作模板。

模板对于整个网站只需要一次性制作，即可一直使用。

对于高级用户，甚至可以在模板中插入 VBScript 脚本，以实现对模板的最大程度的灵活控制。TurboCMS 自带一个脚本引擎，可以在生成 html 页面时对其中的脚本进行解释。

➢ 网站管理模块

网站管理模块由频道管理子模块和期刊管理子模块构成，分别管理站点中的频道和栏目结构以及期刊及其栏目结构。管理员可以为站点动态地增加频道，同时系统地支持子频道，从而形成树形的频道结构。管理员还可以为频道设计表单，动态地插入和编辑表单中的字段。这些表单将用在采编系统中。

管理员还可以设置频道的访问权限、委托管理属性等。管理员可设置频道的分发规则，自动将频道中的数据分发到其他频道。管理员可设置频道的限时发布，每天只在限定的时间段进行内容发布。

➢ 用户管理模块

TurboCMS 使用基于角色的用户管理，系统预先定义的角色有"系统管理员"、"网站管理员"、"编辑"、"记者"。用户可以增加自己的角色定义。

系统中的权限控制是基于角色而进行的。"记者"只能使用采编子系统向网站中提交和修改内容，"编辑"除了拥有"记者"的权限外，还可以审批内容。而"网站管理员"负责网站的栏目结构设计，以及发布网站。"系统管理员"可以管理整个系统。

TurboCMS 的用户管理还可以与其他目录服务如 Microsoft Active Directory 进行集成，实现企业内部信息系统的统一认证。

➢ 内容采集模块

系统支持数据库采集、文件采集、Web 采集三种采集方式，从多种外部数据源自动采集内容到内容库，替代繁复的手工采编工作。

自动采集功能对于提高工作效率、与企业中的内容源进行内容集成具有重要作用。

➢ 内容部署模块

网站部署支持静态部署（文件部署）和动态部署（数据库部署）两种方式。

文件部署模块是一个自动运行的内容复制服务。它将系统中的整个网站的所有文件自动地同步到目标服务器上，同一个网站可以复制到多台服务器上，从而支持服务器集群。

文件部署是自动进行的,不需要人工的干预。

系统在文件部署时会自动判断文件是否更新,每次它将只同步已经更新过的文件。

数据库部署可将指定频道的数据自动部署到外部数据库,从而支持按字段进行高级查询等应用需求,或者与其他应用系统进行集成。

➤ 工作流管理

TurboCMS 支持自定义的工作流,并提供专门的"我的任务"界面方便流程参与人员快速处理。

➤ 统计报告模块

可对工作量进行统计,统计每个用户的文章总数、字数、图片数、各频道的文章数等信息。

5.8.3 典型案例

cctv.com 央视国际网络

央视国际网络(www.cctv.com)的前身为中央电视台国际互联网站。1996年12月建立并试运行,是我国最早发布中文信息的网站之一,其定位为"以信息服务为主的综合媒体网站"。1999年1月1日网站全面改版、正式运行并对外发布;2000年12月26日正式更名为"央视国际网络",简称"央视国际"。

网站带宽目前为200兆独享,日更新各类信息1,000余条。目前网站日均页面浏览量超过1,000万次,网站的访问量逐月稳步递增。

TurboCMS 针对央视国际的实际需求,利用国际上先进的理念,对整个网站进行了信息架构 IA 的重新设计,并从用户体验 UE 的角度对网站进行了分析,从2002年6月开始对央视国际进行了全面改版。在重新设计 UI 的同时,后台内容管理逐步从传统手工制作方式转移到使用 TurboCMS 内容管理系统来进行维护。

至2003年6月,历时一年的改版全面结束。改版以来,央视国际网站的访问量节节攀升,同期相比增长了一倍,并在国际排名中从两百位以后升至前几十位。改版工作受到中央部委领导的高度评价和广大访问者的一致好评。

专题应用案例:

➤ 走进非洲:http://www.cctv.com/geography/theme/africa/index.shtml

第五章

> 站在第三极：http://www.cctv.com/geography/theme/summit/index.shtml

> 古文明,新发现：http://www.cctv.com/geography/theme/pyramid/index.shtml

www.cctv.com 网站全新改版

中国网通天天在线网站

中国网通天天在线（http://www.116.com.cn）是由中国网通与 IDG 联合投资建设的宽带综合门户网站,网站主要面向宽带用户提供丰富的多媒体内容,日更新信息量上千条。

网站建设一开始就对内容管理平台提出了苛刻的要求。管理团队从国内外多家内容管理提供商中进行评估测试,最后选择了 TurboCMS 作为网站内容管理解决方案。

TurboCMS 针对天天在线数据量维护超大的客观实际,在企业版的基础上为其单独提供了连接池升级包,以满足大容量数据维护的要求。

TurboCMS 的易用性,使得天天在线在短时间内组建起来的编辑团队能迅速上手,关注核心业务,在短短的几个月内即使网站的信息量达到 3 万条,在广大网友中迅速树立了自己的品牌形象。

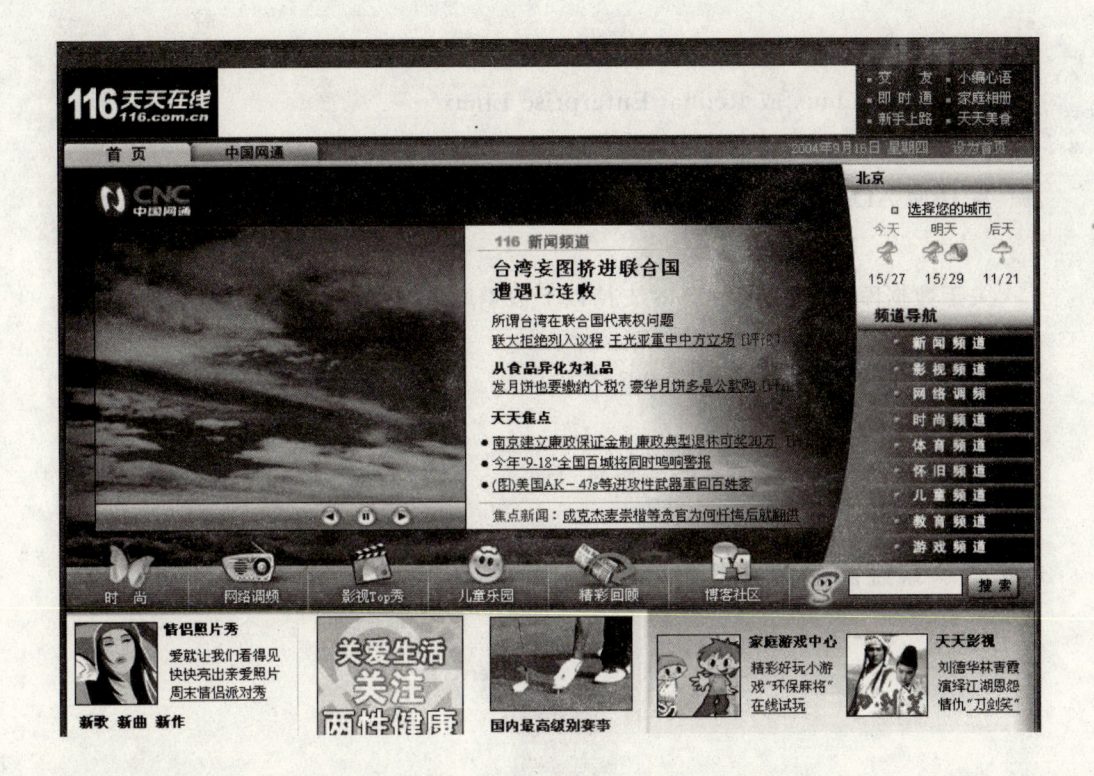

中华人民共和国外交部内部信息网络

　　中华人民共和国外交部内部信息网络由一个内部门户及几十个司局站点构成，长期以来，缺乏统一的内容管理和维护平台，各站点各自采取不同的方式进行信息更新，造成信息更新不及时、手工工作量大、信息录入重复等弊端。2003年底，TurboCMS内容管理系统参与内部信息网络内容管理平台整合，各站点采用TurboCMS进行统一管理、信息共享、统一监控。

　　整合过程采取逐步实施的方针进行，目前已有一半站点成功整合。

　　TurboCMS的成功应用，大大降低了维护成本，并使信息数据得以长久保存，受到外交部上层领导的高度评价。

5.8.4 系统软硬件需求

　　TurboCMS4.6有Windows和Java两个平台的版本，可以适用于任何服务器和操作系统平台，推荐使用以下平台：

第五章

- Microsoft Windows 2000/2003 Server 中英文版
- Redhat Linux 或 Redhat Enterprise Linux
- Sun Solaris
- IBM AIX

关于数据库系统，TurboCMS 支持以下数据库管理系统：

- Microsoft SQL Server 2000
- Oracle 8i , 9i, 10g
- DB2

5.8.5 系统部署方案

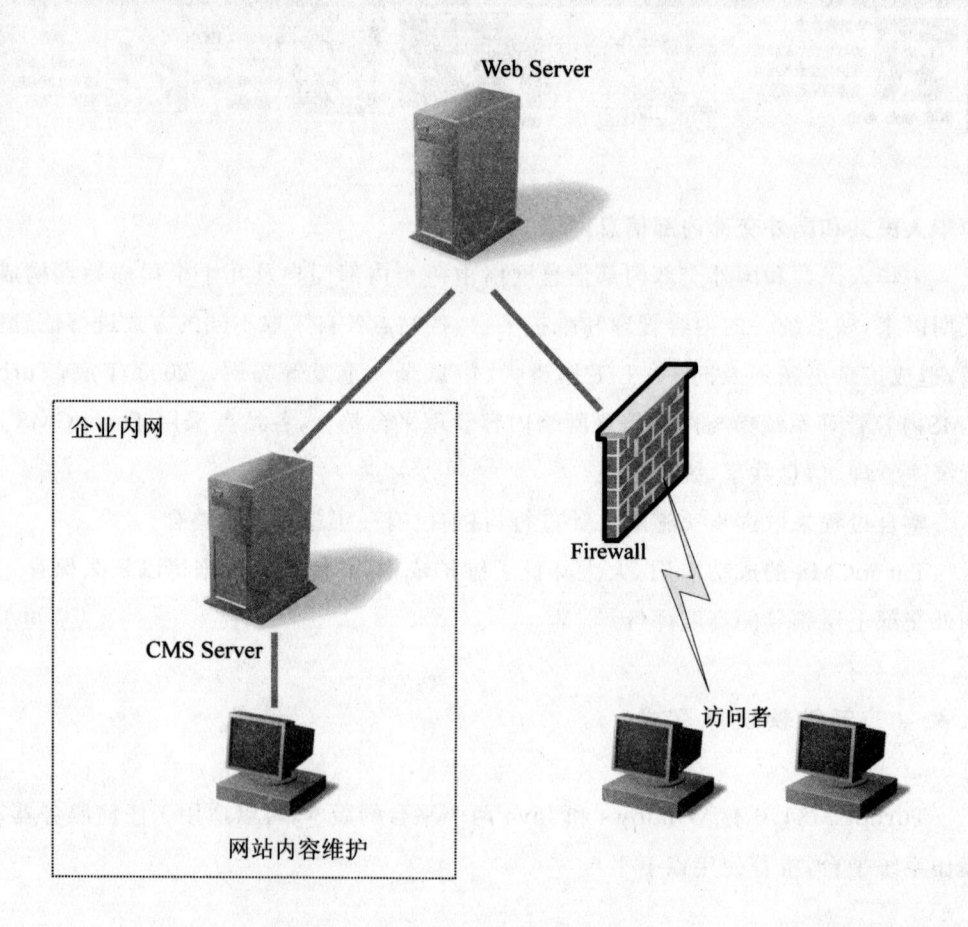

说明：CMS安装在公司内部，内容维护人员通过访问内部的CMS系统来维护内容，CMS自动将内容部署到外部的Web服务器上去，Web服务器上仅存放静态文件及一些必要的如用户注册等应用程序。系统将数据库服务器与Web分离开来。

Web Server可增加数量，以均衡负载，静态内容使用DNS Round即可实现均衡负载。

第6章 互联网内容管理

因特网作为信息高速公路的先驱,为人类提供了一种表达、交流、通信、交易的新形式,人们可以通过 E-mail 发送邮件,加入新闻组或聊天室在网上发表言论,通过 FTP 在使用者主机和远程主机间上载或下载文件。网络作为一个信息交流的自由空间,为人们的生活带来了极大的便利,但也产生了许多棘手的问题。其中一个重要方面就是因特网上大量潜在的非法有害信息对国家安全、个人名誉权、隐私权以及知识产权构成了日益严重的威胁,这成为世界各国共同面临的一大难题。许多国家纷纷采取措施来解决这一问题,除了技术上采用过滤软件和定级系统等手段外,最主要的还要从法律上予以规制。

本章在上一章分析企业网络内容管理的基础上,从宏观着手,首先分析了网络内容传播的内涵和特点,指出了网络内容传播存在的一系列的问题,并探讨了互联网内容的管理究竟归属何方。然后从互联网内容管理的对象、方式入手,对比国外和我国互联网内容管理的异同,以期为我国提出可行的建议。

6.1 网络内容的传播

6.1.1 网络传播的内涵

随着因特网规模的快速扩张,特别是作为新的传播媒介(又称第四媒介)的国际互联网在传播领域的开拓应用,以往的传播格局得到了极大的改变。

我们认为,传播是一种传递、交流信息的行为和过程。这强调传播的内存是信息,因为从古至今一切传播的活动都是传递信息:电闪雷鸣传递的是自然信息,鸟语花香传递的是生物信息,两人促膝谈心是交流情感,孩子哭闹是想要糖果等等。

这样看来,传播的定义应做两个层面理解:首先应承认"传播"的广义性,然后在这个前提下研究"人类传播"的狭义性。我们在承认传播广义性的前提下要明确传播学的研究对象是人类传播,所以在传播学中的传播可以这样界定:传播是人类传递或交流信息的行为和过程。

第六章

网络传播所说的网络是指计算机网络,特别是当今世界上最大的计算机网络——Internet。它诞生的目的就是为了信息的交换,所以说网络自身就是一种传播。它是高科技手段在传播中的应用,是继报纸、电台及电视在传媒中应用以来传播史上的又一次飞跃,在人类大众传播发展史上有着里程碑的意义。从手抄新闻、印刷新闻到报刊、电台、电视几大传媒手段鼎立,大众传播历经数百年的发展,达到了兴旺成熟的阶段。文字、图像、声音等多种手段同时展开,交互穿插,在当今世界建构了一个立体丰富的信息空间。与农业社会时代主要依靠土地资源、工业社会时代主要依靠资本不同,信息时代的本质特征是与大众传播业的关系极为密切,信息成为最大的资源与最大的动力。

我们可以对网络传播的定义做一个界定:网络传播是利用计算机网络传递或交流信息的行为和过程,它汇聚了多种传播手段的优势,是更加个性化、更加平等交流的新的传播方式。

6.1.2 网络内容传播特点

当因特网的基础设施建设基本完成之后,真正决定因特网对人们的吸引力和它的发展前途的,是因特网上的内容。如同我们修一条高速公路,无论道路建设得多么先进,如果上面没有车跑,道路本身是毫无用处的。换句话说,因特网的建设已经从最初的"跑马圈地"演变成了"内容为王"的时代。

下面让我们来看看网络内容传播的基本特征:

> 兼容化

在传统的传播活动中,人际传播和大众传播之间的界限泾渭分明。比如电话是人际交往媒介而电视是大众传播媒介。互动性强,反馈充分,点对点传播,是人际传播的基本特征。而单向发送,缺乏反馈,点对面传播则是大众传播的基本特征。但是,因特网把各种传播模式集于一身,实现了人际传播和大众传播工具的兼容。我们既可以利用电子邮件、QQ聊天实现一对一的延时或实时交流;在重大事件来临时,又会出现亿万人蜂拥向大的新闻站点的奇观。可以说,作为一个信息传播工具,因特网模糊了人际传播和大众传播的界限,提供了一个更为广阔、自由度更大的信息交流平台。

> 数字化

传统的传播手段所传播的信息,无论是面对面的交流,还是两地间的电话和书信,无论是印刷媒介的文字、图片,还是电子媒介的声音、图像,基本上都是模拟形式的,不同的信息形式之间不能够方便地互相转化。而建立在计算机技术基础上的网络传播所传播的所有信息都是数字化的,不同的信息形式可以方便地互相转化:数字化技术贯穿于信息的采集、传送、制作、发布、管理、查询等各个环节,大大提高了工作效率。电脑、数码相机、数码摄像机、数字录音机、数字音频工作站、非线性编辑机等新一代技术设备完全改变了媒体的工作方式,同时也使个人可以方便地上网发布他们采集的信息。数字压缩技术使信息的传送和储存更加方便、更有效率。

> 交互性

交互性是网络传播的革命性特征。正是在这一点上,网络传播表现出了和传统的大众传播的本质区别。传统的大众传播方式是由少数人掌握信息来源,通过媒体的制作,向数目庞大的公众进行传播。信息的流动是单向的,主动权完全掌握在媒介手里。受众当然也可以进行反馈,但通常是滞后、低效和不充分的,和传媒发送的庞大信息流相比,受众的反馈小到了没有多大意义的程度。这种传播的单向性造成了传媒的强势地位和受众的日益沉默。在这种情况下,受众很容易被传媒操纵或引导。而网络打破了这种传播中的不平衡现象,赋予更多的个体以平等传播的权利。每一位上网用户都可能成为信息的接收者、传播者和发布者。

在因特网上,传者和受者之间、受者与受者之间的交流无疑是及时、广泛和充分的。智慧不再仅仅存在于传者一端,受者不但主动去获取信息,并"参与到创造它们的活动中"(尼葛洛庞帝语)。在这个双向交互的过程中,信息的最终形态常常取决于传受双方。在这种情况下,就连"受众"或者"受者"这些词汇本身也变得十分可疑。一方面,传统的受众被分散,成为个性化的受者;另一方面,此刻的受者在下一时刻可能就变成了传者,传受双方的不断交互使他们失去了信息传播过程中的主动、被动之别。因此,越来越多的人倾向于以"网民"这样的词汇来代替传统的"受众"称谓。

> 多媒体

就传播方式来看,传统媒介的传播方式常常是单一媒体的,而因特网上的传播方式则是多媒体的。书信、传真和报纸通过文字和图片传递信息,电话和广播通过声音传递信息,电视实现了声像合一,但又不能定格、回放和重播。而在因特网上,用户既能读到文字报道的即时新闻,又能看到栩栩如生的摄影照片,既能一边工作一边听广播,又能欣赏到精彩的电视画面。多种媒介形式可以依你的需要自由转换,并能随时定格、回放或打印。由受者,而不是传者来自由决定接收信息的形式,网络传播在这一点上赋予了人们更大的自由。

第六章

> 时效性

　　网络传播的时效性可以从两个方面来理解。一个是即发即得的及时性。传统媒介由于出版周期和播出时段的限制，时效性通常较差。由新闻的传统定义"对新近发生的事实的报道"也可以看出这一点。但在网络传播时代，新闻的定义正在变为"对正在发生的事实的报道"。数字化的传播手段、网络的即时发布特性省去了传统媒体冗长的内容制作过程（文字输入、照片冲洗、报纸印刷、节目合成等），使信息可以做到即时传送、随时刷新。

　　网络传播时效性的另一个方面是即需即得的即时性。也有人把它称做是延时性。正如电话留言机、录像机对人的解放一样，网络传播不再强迫你在传者指定的（对你可能并不方便的）任何时候接收信息。你可以在你方便的时候上网检查你的邮箱和QQ留言，也可以在任何高兴的时候上网查询调阅新闻。信息永远乖乖地待在网上等着你，只有当你需要的时候，它们才来到你的面前。与传统媒介顺序播出、过时不候的传送方式相比，显然传播的权利再次从传者的手中向受者的手中转移了。

> 大容量

　　就传播的容量来看，传统媒介传播的内容是有限的，报纸无论怎么扩版，广播电视无论怎么增加频道，其能承载的内容总是有限的，况且扩版和增设频道还要受到资金等客观情况的制约。而因特网由于实现了所有联网计算机资源的共享，信息可以用"取之不尽，用之不竭"来形容，其丰富性远非任何一种传统媒介可比。随便在网上输入一个关键词，搜索出来的动辄就是成千上万条信息。昔日的信息贫乏已经被今天的信息过剩所取代。如何从铺天盖地、汹涌而来的信息洪水中寻找到自己真正需要的信息，成为网络时代人们面临的新的难题。

> 联想性

　　传统媒体的信息彼此之间比较孤立，关系较为疏远。如果我们想从一篇报道开始去查询和这个主题有关的所有报道，几乎是不可想象的一件事情。版面和版面之间、节目和节目之间如果说有关系的话，这种关系也是物理的、线性的。但网络传播的所有信息都是被精心结构化的，信息和信息之间的关系是逻辑的而非物理的。依照信息之间的内在联系，通过超链接的技术手段，信息被编织成一张大网，每一条信息都是网上的一个节点，顺着它出发，就可以找到与之有关的任何一个另外节点。这种做法加强了信息之间的联系，从而挖掘出信息的深层意义。从某种意义上说，网络信息的这种结构方式也改变着我们看待事物的方式，让我们更多地从联系的观点、全面的观点出发来看问题。

➢ 个性化

就传播的对象来看,传统媒介面对的是同一化的"大众",而因特网面对的却是独特的"这一个"。传统媒介根据编辑心目中的大多数人的意见,来安排信息的生产和发送,受众成为统计学意义上的数字,其个性和喜好被整合、平均,甚至忽视和隐匿。而在网络空间里,每一个个体本身都重新获得了受重视的理由。大众传媒将被重新定义为发送和接收个性化信息的系统。个性化的交流将成为时尚。受者,而不是媒介,将决定什么是重要的,什么是不重要的。个人将决定在什么时间、以什么方式接收信息,接收什么类型的信息。按照你的兴趣和需要制作的个性化报纸将会按时发送到你的电子邮箱里。视频点播将使你再也无须受制于广播电台、电视台节目播出时间表的安排。你可以在你方便的任何时间打开电脑,点播网上节目,并可随意暂停、回放、拷贝,甚至按照你的意愿修改剧情和结尾。在信息的生产领域,个性也将被视为更加重要的元素,风格传播成为网站的制胜之道。网络提供的个性化传播塑造了社会的多元化空间,也使传统的舆论整合难以实现。

➢ 全球性

就传播的空间范围来看,传统媒介由于技术条件的限制,其影响力大多是区域性的,而因特网则彻底突破了空间的限制,实现了真正意义上的全球交流。自大众传播诞生以来,一直致力于对传播空间的突破,力图使信息传得更远;但报纸囿于其传送纸张的不便,广播电视囿于其发射功率的限制,传播空间难以实现根本性的突破。即使是在卫星电视时代,电视节目要想真正实现全球传播,也必须冲破各国政府出于安全考虑对于信号落地的种种限制。而在因特网上,任何人所发布的任何信息在瞬间即可到达全球任何一台联网的电脑终端,地球真正成为一个村庄。传统媒介中中央级、省级、地市级的划分将失去意义,起码从理论上说,信息的发布者都是平等的,声誉良好、可信度高的媒体能够在世界范围内获得更广泛的受众,其影响力将大大扩展和增强。在人际交往方面,因特网也大大拓展了我们交往的空间,使我们能够很容易地和生活在我们物理空间以外的人交往。这种全球性的视野将赋予网络时代的人们更宏观的思路和更开放的眼光。

在传统社会里,拥有话语权的总是少数精英(包括政治精英、经济精英和文化精英),广大的普通人群基本被排除在话语圈子之外。一个"受众"的定义就划定了他们被动无奈的位置。而传统媒介一般受到政府和利益集团的种种钳制,在传播内容上有严格限制,很难做到真正客观。而因特网从设计之初即是一个开放的系统,每一个节点都可以通向任一另外节点,通向一个节点可以有无数条路径,这种设计使利益集

第六章

团对因特网的控制变得特别困难,尽管人们从未放弃过这方面的努力。也正是因为这种原因,使一些极权国家在开放因特网方面顾虑重重,在开放之后也想尽办法控制因特网。纵观今天网络上的信息,从国际贸易到私人交往,从政治煽动到色情挑逗,确实是五花八门,无所不包。由于难以对隐蔽的传播者(同时也可能是受众)施加管理和约束,网络几乎成了畅所欲言、为所欲为的自由市场。其优点和缺点同样明显。优点是给人们提供了更多"说"的自由和"知"的权利,使政治蒙蔽难以实现。网络上信息的无限多元,不同信息源之间的互相印证,也使受众更有可能接近事物的真相。缺点是少数人滥用传播自由,传播大量的垃圾信息,增加了人们获得有效信息的难度和成本。

> 易检性

在资料保存和查询方面,因特网表现出了其超凡脱俗的能力。浩如烟海的资料按照一定的逻辑进行的结构化,为人们的查询提供了极大的方便。从这个意义上说,因特网节约了空间、节约了资源,提高了人们的工作效率,甚至在很大程度上改变了人们的学习和工作方式。这对传统媒体不啻是个大的超越。也因为因特网的这一特性,使新闻不再成为易碎品,过时的新闻经过精心整理,也有可能成为更有价值的资料,在专题研究中发挥更大的作用。

6.1.3 网络内容传播的问题

互联网的本质在于自由、开放和交互。正是这种无中心、开放、分权的结构使它带来了传播史上革命性的变化。但当对新技术的最初的欢呼声渐渐趋于平静,人们也越来越发现规则的必要性。不加节制的自由已经带来了一系列问题:信息垃圾堵塞通道、虚假新闻欺骗世人、网络偷窥侵犯隐私、色情暴力误导少年……绝对的自由最终带来的是对人类的伤害,是另一种形式的不自由。

> 信息过剩和网络成瘾

毫无疑问,以因特网上的海量信息为标志,我们已进入了信息"过剩"的时代。甚至每秒在因特网上流动的信息量都超过了人类过去千百年来所保存下来的全部信息的总和。在搜索引擎上随便输入一个关键词,动辄出来的都是成千上万个结果。要想阅读和掌握因特网上的全部信息,对人类而言是一个不可能的任务。

因特网上的巨量信息来自于全世界所有联网的计算机。不同的媒体、政府、商业公司、教育机构和个人为了不同的目的不间断地上载着各种信息,这些信息中的相当部分属于重复信息、无用信息和垃圾信息。它们占据了大量的网络空间和信道,将有用的信息淹没在信息的汪洋大海之中,增加了人们搜寻和打捞有用信息的难度,造成了人们时间、精力和金钱的巨大浪费。

人们不是为了得到信息而接收信息。他们接收信息的目的是帮助自己了解周围的环境,做出正确的判断和决策,提高行动的效率。而当无数未经处理和分拣的信息铺天盖地而来的时候,造成的结果往往是降低决策和行动的效率。

英国路透社下属的一家公司对1,300名欧洲各国的企业经理进行调查,结果表明:约有40%的被调查者承认,由于每天要处理的信息超过了他们的分析处理能力,使他们的决策效率受到影响。调查人员认为,目前收集不少信息所耗费的成本已远远超过了信息本身的价值。仅在英国,由于信息过剩所导致的工作效率下降,每年要损失3,000万个工作日,相当于30多亿美元的经济损失。

在信息爆炸的情况下,无控制、无组织的信息不再是一种资源,反而会造成信息污染。研究表明,长期处于信息过剩的环境和压力之下,会导致"信息过剩综合征"。患者出现头痛头昏、眼花、胸闷、心律不齐、心跳加快等症状,思维混乱,行动犹豫不决,分析判断能力下降。

此外,由于网上的信息是如此丰富多彩,游戏、交流、阅读各种资料以及调用各种软件、享受声像图文并茂的多媒体信息服务等正在导致越来越多的人染上"互联网瘾"。他们不知不觉地在网络上浪费更多的时间,影响了正常的工作、学习和生活,严重者甚至逐渐脱离现实世界。对正处成长期的青少年来说,严重的"互联网瘾"将导致人格发展障碍。

> 虚假新闻

网上假新闻泛滥一直是网络媒体饱受诟病的一个理由。一方面,这是因为网络上大量的交互性工具,如BBS、聊天室、新闻组、电子邮件等的传播缺少把关。大家随意发言,难免泥沙俱下。另一方面,在专门的新闻站点里,也会出现编辑或因自身素质不够,或贪图时效或责任心不强而发出假新闻的事情,这其实和传统媒体上发生的假新闻事件并无本质差别,但问题在于网络传播的快捷和共享能够成百上千倍地放大传播效果,从而使假新闻造成的影响更加恶劣。

例如,2000年3月29日中午11:07,《中国日报》网站发布了一则简短的编译新闻:中国日报网站消息:美国有线新闻网CNN3月28日报道说盖茨在出席洛杉矶的一个慈善活动时遭到暗杀死亡。

十几分钟内,搜狐、新浪、网易、人民网、雅虎中国……数十家网络媒体纷纷转载,

第六章

几千万网民上当。新闻以惊人的速度传播,引起了极大的反响。但半个多小时后,该新闻被证实为假新闻。

这次事件被称为中国网络媒体有史以来最严重的报道失误。有学者总结此次事件的三个特点:一是首发者是主流新闻媒体网站,且是国内最权威的英文媒体网站,其新闻来源据称又是CNN,使其他网站和媒体对这一新闻的真实性深信不疑;二是新浪、搜狐等知名网站的传播影响力,这些巨大的门户网站以及一些媒体网站甚至一些电视媒体通过"走马灯字幕"在第一时间转发,覆盖面瞬间达到最大;三是与网络媒体内容提供紧密相连的手机短信也在第一时间发出,成千上万的新闻短信订户随时随地获取了这一假新闻。

由上述事例我们可以看到,网络虚假新闻的危害并不在于一个人、一个网站一时一地制假。这种假新闻尽管有违职业道德,但自有新闻传播开始就从来没有消失过,将来也不可能完全消失。真正严重之处在于,网络以其互联互通、高效快捷的特点极大地放大了这种危害。有的时候,虚假信息还会误导网民,使他们做出错误的判断和行动,造成经济和其他方面的损失。

> 色情信息

"性"是因特网上最热门的话题之一。与性有关的信息,在网络上可谓应有尽有,并且日新月异。某些著名搜索工具的统计显示,对色情信息的查询常常多于其他性质的查询。一些色情站点生意兴隆,人满为患,而一些严肃的学术站点却门可罗雀,甚至濒临倒闭。甚至有人惊呼,信息高速公路正在变成一条黄色的高速公路。

什么是网络色情?著名互联网专家方兴东认为,凡是网络上以性或人体裸露为主要诉求的讯息,其目的在于挑逗引发使用者的性欲,表现方式可以是文字、声音、影像、图片、漫画等,都可列入网络色情之列。对照这个说法,互联网上的色情信息可以用"触目惊心"来形容。尤其是在2003年以来,一些色情网站借着国内几大门户网站全力发展短信业务的需要,钻了网络难以控制色情淫秽内容产品的空子,通过发布色情短信而大获其利。

据调查,除了一些专门以色情为诉求的中小网站,大型门户网站的色情信息主要出现在短信、同城约会、两性学堂、社会新闻、激情聊天室和包月订阅等栏目。网络供应商为了自身的经济利益,一味调动或迎合人们的感官欲望,引导人类社会日益向无价值的地方滑落。

和举家围坐在起居室里收看电视的情形不同,网络的使用常常是一种私人行为。因此,在现实生活中压抑的人性在网络空间无所顾忌地得到释放。这也许就是我们在网络上看到那么多色情、暴力信息的原因。同时,网络造就的虚拟社群实际上是一种"陌生人社会",在这个社会里,传统的道德准则失范,性开放、一夜情较真实的世界更为普遍,引发社会道德的震荡。

不仅如此,人们对网络色情的最大忧虑是关于它对孩子的影响。由于青少年涉世未深,生理和心理上的不成熟使其无法抵御不良信息的侵害,因此,对未成年人的色情信息传播和性骚扰是教育工作者、社会学家和父母们最为关注的问题之一。它包括三个方面:第一,色情机构或不法分子在网上公开色情信息,可供青少年用户调阅;第二,在网上建立色情信息讨论组,青少年可自由加入小组参加关于色情信息的讨论;第三,不法分子诱使儿童参与色情活动,摄取图像,通过网络传播。

根据一家著名研究公司的研究发现,目前在网上最乐意掏腰包、最慷慨的人就是好"玩"与好"色"的两大群体。他们的平均收入远远低于网民的平均收入,年龄也偏低。目前的中文互联网上个别栏目虽然也有"未满18岁禁止入内"的声明,但没有任何实质性的验证措施,因而形同虚设。

➢ 网络诽谤与隐私的传播

网络诽谤是指以网络为传播途径,向被诽谤者之外的第三方发表不利于被诽谤者的言论,使被诽谤者名誉受损和社会评价降低,带来精神或者财产上的损害。网络降低了公开发表言论的门槛和成本,其自由性也容易使人产生"为所欲为"的冲动。因此,一些人或为图一时之快,或为了不正当竞争的需要,在网络空间发表损害他人名誉的言论,网络诽谤时有发生。而在网络上发生的诽谤事件有着控制困难、责任难以认定、传播迅速、传播范围广、危害性大等特征,有时候甚至是跨越国界的传播。所有这些,都给法律上的责任认定和法律适用带来了难题。

另一个问题是利用网络传播他人隐私。由于没有了严格的把关,一些人滥用网络自由传播他人隐私,甚至泄露国家机密。随着网络和个人数字摄像机的普及,一些好事者偷窥了他人的隐私并上传网络,就会引发不可逆的灾难性后果,挑战人类文明社会的道德底线。现代技术的便利抹杀了公共空间和私人空间的界限,在大众的娱乐和窥私欲的满足中给当事人造成极大的伤害。

2002年1月的台湾璩美凤事件中,网络传播就发挥了很大作用。"在整个事件中,网络传播与传统新闻媒体呈现强力互动。先是相关消息的影像在网络上大规模地流传……在《独家报道》及其光碟面世后,网络上更掀起了一股狂潮。新闻媒体网站将其作为重点新闻处理,设立专辑及专题论坛、专题聊天室,众多的贴图网站和成人论坛都有人提供下载网址,而将影片内容剪贴成图片或拆解成小文件发送的电子

第六章

邮件,更是推波助澜……该片或许可以称为台湾网络史上迄今为止最红的影像文件,在网民千方百计的征求之下,改变了以往以电子邮件传送、提供下载等为主的传统网络传播模式,使只有较少人会用的'点对点'(P to P)分享软件大行其道,求片若渴的网民掀起了一股学习潮。在短短几天的时间里,求片的网民对'P to P'进行热烈的探讨、研究,高手们则除了热心地提供影片之外,也'好人做到底'地当起老师,提携后进。谁也没有想到,网络社群的'分享欲'在整个激情光碟事件中,就这样有了令人意外的发展。"

在这类网络传播隐私的事件中,技术毫无疑问起到了"为虎作伥"的作用,放大了危害的效果。伤害事件的参与者甚众,偷拍者、首先公开者毫无疑问侵犯了他人隐私,但事件中为数众多的观看者、传播者无一不在推波助澜,多方共同完成了对当事人的侵害。但从法律上追究所有参与者的责任,几乎是不可能的任务。参与者也会因为自己只是大的传播链条中的一个环节,而免除了道德上的罪恶感。

➤ 著作权的侵犯

新技术诞生之初,由于缺乏相应的法律和规范,总是会有一段比较混乱的情形。侵犯著作权在网络上是个比较严重的问题。它主要有三种情形:

- 网站侵犯传统媒体版权

这种情形在中文互联网应用初期较为普遍。上个世纪 90 年代后期,许多新兴的国内商业网站经常无偿使用传统媒体的新闻,造成不公平竞争。为此,2000 年 4 月 16 日,国内 23 家网络新闻媒体相聚北京,通过了《中国新闻界网络媒体公约》,对商业网站肆意盗用新闻媒体网站新闻的做法表示不满,呼吁全社会重视和保护网上信息产权,坚决反对和抵制相关侵权行为。这表明了网络媒体知识产权意识的觉醒,但公约并没有法律效力,加之网站成千上万,每天流传的信息车载斗量,即使具备了相关的法律,监管起来仍然十分困难。

同时,一些网站不经作家本人同意,就把作家的纸质作品搬上网络。这曾经引发过王蒙、毕淑敏等六位作家的集体诉讼。尽管判决作家胜诉,但此类的侵权事件一直在发生。也有一些作家抱着无所谓的态度,因为网络的传播可以扩大作品的知名度。

- 传统媒体侵犯网络版权

这种情形在最近几年有愈演愈烈之势。由于报纸不断扩版,造成工作人员和来稿不足。许多报纸的编辑开始了"上网闹革命"。网络上的新闻稍加修改就冠以"本报讯"、"本报某地专电"的字样发表,一些专版上面更大量是从网络上转载而来的文章。这也曾经引发过相关的诉讼,1999 年就有一作者状告《成都电脑商情报》未经允许刊发了原告发表在网上的文章。被告败诉,但大量的类似侵权事件仍每天都在发生。

- 网络媒体之间互诉侵权

由于数字化拷贝是如此简单易行、方便快捷,加上网络媒体之间竞争的激烈,网络媒体之间的侵权事件也时有发生。2002年春天的新浪、搜狐互诉侵权事件就是一个网络媒体知识版权之争的典型案例。

网络传播给知识产权法提出了许多全新的课题。中国社会科学院法学所郑成思教授认为:知识产权的特点之一是"专有性",而网络上应受知识产权保护的信息则多是公开、公知、公用的,很难被权利人控制;知识产权的特点之二是"地域性",而网络上知识传输的特点则是"无国界性"。针对这些矛盾,找出合理的解决办法,是各国法律界的共同任务。

➢ 国际间的信息单向流动

网络传播虽然倡导传播权的普遍分享和信息的自由流动,但由于不同传播主体的政治、经济实力的不同,它们所拥有的网络传播能力大相径庭。网络传播中大量的信息呈现单向流动的趋势,即从西方发达国家流向其他大多数发展中国家。这种信息的单向流动会给发展中国家的政治、经济和社会状况造成多方面的影响。

网络传播给我们提供了媒介历史上最大的自由和最多的选择。但正如阿尔温·托夫勒所说:"有时选择不但不能使人摆脱束缚,反而使人感到事情更棘手、更昂贵,以至于走向反面,成为无法选择的选择。一句话,有朝一日,选择将是超选择的选择,自由将成为太自由的不自由。"为了善用网络,充分利用它提高我们的生活品质,同时又能最大限度地抑制其负面影响,我们需要对互联网内容的传播进行适当的管理和控制。

6.2 关于互联网内容管理的归属

对新媒介的管理首先涉及的是对新媒介的定位问题,因为按照传统惯例,对新事物的认识总是以旧事物为参照,对新媒介的管理自然也要以对与其属性相近的事物的管理为依据。目前对网络媒体的基本认识是——网络是一种传播媒介,但它具体应该属于传统的哪一类媒介呢?显而易见的是,这种新媒介和传统媒介相比,具有更多、更强、更综合的传播功能。如E-mail是传统邮电功能的延伸,网络聊天与可视电

第六章

话是传统电信功能的延伸,网络新闻与电子报纸是传统印刷媒介功能的延伸,网络广播与网络电视是传统广电媒体功能的延伸,同时网络媒介还具有计算功能、广告功能等等。以上诸多功能在传统管理中都会划归不同的管理门类,那么,哪一种功能是网络媒体最基本的功能呢?

从现在一般的管理归属来看,由于网络是一种电子媒介,因此目前最主流的归类方法是把网络归属于传统广播电视的管理之列。如美国、法国、澳大利亚、新加坡等国都是这样一种归类方法。在美国,传统电子传播领域,包括广电、电信等全部隶属于联邦通信委员会 FCC 管理,网络产生之后,自然也归属于 FCC 管理。在法国,CST(Conseil Superieur de la Telematique)通过检索终端——Minitel 系统管理网络内容,确保网络内容与法国电信签订的合同内容相符。澳大利亚广播局 ABA(Australian Broadcasting Authority)负责调查与制定网络内容管理的各种规定,并在 1999 年针对网络内容管理出台《澳大利亚广播服务修正案》[The Australian Broadcasting Services Amendment (Online Services) Act]。新加坡的网络管理是采用多元管理的方法,主要由广播局 SBA(Singapore Broadcasting Authority)管理网络内容,加上执照分类制度、内容事后审查等。

从对网络内容的管理归属上我们可以看到,各国均是按照其传统媒介管理的惯例,以传统媒介管理模式为基础,然后结合具体的网络特点来管理网络内容的,因此,各国传统的管理惯例对新媒体的管理具有重要的影响。

6.3 政府是否应该对互联网内容进行管理

关于政府应不应该管理网络内容的问题,有两种基本对立的观点。一些人认为网络内容不应该管理,理由是:从技术上来讲,网络传播内容本身难以控制,谁发布信息,谁接收信息,落实到具体对象上十分模糊,无法管理;从网络发展来说,管理等于控制,网络正处于蓬勃发展的阶段,控制等于限制网络的正常发展,因此不能管理;从网络内容控制技术来看,一些基本的内容分级、过滤等手段完全可以解决网络内容管理问题,政府管理显得多余;从法律的角度来看,网络内容的控制触犯了现实社会各国宪法对公民言论自由权的保护,有违宪之嫌,等等。由于以上诸多原因,以致有人将政府对网络内容的管理称为"制造网络世界的村庄傻瓜",是对网络技术特性缺乏基本的理解。但作为政府方面,出于保护儿童网络安全、阻止恐怖活动、控制种族仇视、限制商业不正当竞争等等多种理由,将对网络内容控制与管理视为自己义不容辞的责任与义务。政府方面最流行的做法是纷纷修改原有的法规以囊括互联网内容的管理,或者干脆出台新的互联网法规。

这其中最富戏剧色彩的是美国。美国在1996年出台新的《电信法》,该法案要求网络信息提供者要确保色情信息不被儿童所接收,违者判处25万—50万美元的罚金和2年以内的监禁。结果遭到"美国公民自由联盟"(American Civil Liberties Union)的违宪起诉。法院虽以色情不受宪法保护,处罚是针对犯罪行为的处罚等理由抗辩,但最终法院仍以违宪定案而使新的网络法规失效。两年之后,美国又出台《儿童在线保护法案》(Child Online Protection Act,简称COPA),也遭到了与CDA同样的命运。政府到底是否应该干预网络内容,这一问题在理论界一直因国情的不同而各有偏颇、悬而未决,但在实践中没有哪个国家的政府真正放弃了网络内容的管理,不同的只是在管理方式上,或是采用更直接的管理,或是采用更间接的管理。

6.4 互联网内容管理的对象和方式

6.4.1 互联网内容管理的对象

上文中提到了网络传播带来的诸多负面效应。网络上的信息非常丰富,非法、不当甚至有害的信息给网络的应用带来了很大的消极影响,甚至危害国家和社会。这些非法或不当的网络内容自然就成了管理对象。具体说来,认同率较高的非法或不当的网络内容主要有:

> 教唆性、煽动性的内容。

一些自杀网站,介绍许多简易有效的自杀办法,宣扬自杀的种种好处。有一个案子,一名男子向一名女孩求爱遭拒绝后,在网络上公布该女孩的姓名、地址、联系办法以及具有挑逗性的文字,鼓励他人强暴该女孩。美国反堕胎运动组织设立的一个名为"纽伦堡档案"的网址,以通缉海报的方式刊登堕胎医生的姓名、地址及其配偶和子女的姓名,在反堕胎暴力事件中遇害的医生就用一条线划掉,受伤的则用灰色字母标示。

> 诬蔑、侮辱、诽谤、出口伤人、恶意攻击等违反道德的言论及虚假的信息。

从法律角度来讲,在网络讨论区发表言论,与在报纸刊登读者来信或拿着扩音器

第六章

站在大街上发表意见没有什么区别,其受言论自由保障的程度、受现行法律规范的情况,并没有什么区别。因此,通过电子邮件、网络 BBS、新闻讨论区诽谤、侮辱他人,与通过传统途径诽谤、侮辱他人的法律后果是相同的。2000 年 2 月初,大连市公安局破获了该市第一起网上侮辱他人案。某厂工程师薛某与某女鲁某积怨已深,薛某用鲁某的名字在国外一个黄色站点的聊天室留下了淫秽信息和鲁家的电话,从那时起,鲁家就不断接到来自全国各地的骚扰电话,给鲁某一家造成了极大的精神伤害。而薛某却没想到自己在网上毁人解气是一种违法行为。

➢ 利用网络从事欺诈、毒品交易、洗钱、组织恐怖活动等。

其危害性非常大,是各国政府严厉打击的对象。

➢ 色情是各国政府公认的最需要管制的非法和有害的内容。

1998 年 9 月 2 日,由英国主导协调,联合澳大利亚、比利时、芬兰、法国、德国、意大利、挪威、葡萄牙、瑞典、美国等 12 个国家进行了一次称为"教堂行动"的全球最大规模的扫荡儿童色情网站的突击行动。此次行动的目标是一个以美国为据点的恋童癖俱乐部"仙境"(wonderland)网站。它是当时最大的儿童猥亵图片集团。在此次行动的次日,联合国立即宣布,联合国教科文组织将与警方、童妓问题专家、反儿童色情组织进行研讨,加强跨国合作,扫荡网上色情。美国法院自 1993 年就将在网络上登载传播儿童猥亵图片的行为认定为有罪。虽然对于成年人的色情网站,各国的管理规范体现出不同的理解,但各国政府对儿童色情网站的取缔和打击毫不手软。

6.4.2 互联网内容管理的具体方式

以什么方式来管理网络内容?网络发展从起步到成熟,在管理方式上也经历着艰难的探索。目前主要的有代表性的网络内容管理模式有四种:政府立法管理;技术手段控制;网络行业、用户等自律;市场规律的自行调节。但每一种管理方法在具有一定优势的同时,又都带有明显的局限性。

➢ 政府立法管理

一般来说,法律控制是最有效的管理手段,因为法律具有最大的强制性与权威性。但法律一旦出台,它在有力地保护各种关系的同时,其硬性的规定也在一定程度上妨碍了各方的自主权,这也是西方媒体大喊自律、唯恐政府插手管理的主要原因之一。

➢ 技术手段控制

目前内容控制最常见的技术手段是对网络内容进行分级与过滤。分级制度是国际上较为流行的防止未成年人接触网络色情的办法。将内容分成不同的级别,浏览器按分类系统所设定的类目进行限制。最常见的是设置过滤词,通过过滤词的设置阻挡进入有关内容。然而,技术本身的机械性,并不能灵活地处理各种具体问题;而且,道高一尺,魔高一丈,有控制技术就会产生相应的反控制技术,因此技术管理不可能达到完善的程度。

➢ 网络行业与用户自律

目前网络管理中喊得最响的就是各方自律。因为自律给行业发展带来较少的限制,更有利于网络的自由发展。在网络出现之初,国外一些计算机协会与网络自律组织相继成立并制定一些行为自律规范,如美国计算机伦理协会的十条戒律、南加利福尼亚大学的网络伦理声明等等。我国也成立了"中国互联网协会",并制定了《中国互联网行业自律公约》、《全国青少年网络文明公约》等。然而自律的力量在巨大市场压力面前常常会显得微不足道。

➢ 市场机制的调节

发生关系的各方,通过各自所需的获取与付出,达到一种各方认可的协调与平衡。这种调节是以一定的市场规律为前提。但缺点也是显见的,这种自由的协商,缺乏一个权威的把关人作为中间环节。结果是协商的各方很可能仅从自己的个体利益出发,根据自己的规则与价值判断来决定取舍,而这种取舍很有可能不符合或损害社会的整体利益,给社会造成一定的损害与误导。

以上这些管理方式在实际运用中一般是相互配合来使用的,但是以哪一种方式为主导,则依各国的具体情形而定。

6.5 国外对互联网内容的管理

世界各国对网络内容进行规范管理的法律模式因价值观、立法传统、网络发展程度的不同而有所不同。有的国家主张对网络进行严格控制,主张采取必要的措施维护本国或本民族的价值观,保护本国、本民族的文化传统,保护网上的纯洁性,严厉打击网上的色情、暴力、血腥、恐怖活动及虚假信息;有的国家主张对网络内容不加干预,认同网络的无政府主义和自由主义至上;有的国家则在对网络内容进行立法规范的同时,鼓励业者的自律。下面对就美国、英国和新加坡等国对网络内容管理的有关

第六章

情况进行介绍。

> 美国

美国对网络内容管理的立法一直是在许多社会团体要求言论自由的声音中进行修正的。美国国会通过的有关网络内容管理的几项法案,几乎都被法院认定为违宪。美国网上言论非常自由,在美国要找到触犯刑法的不良内容或言论就更难了。可以说,到目前为止,美国对网络内容的管理是以言论自由为基础;公众也认为政府对网络内容的管理不能以牺牲言论自由为代价。

1996年美国国会通过了《1996年电信法》,其中第五编《色情与暴力》简称为《1996年通信正当行为法》(Communications Decency Act of 1996,简称 CDA)。CDA 涉及的内容包括:禁止在网上用进攻性语言向特定的人,或18岁以下的青少年传输性内容;清除父母为限制孩子接触不良网上内容使用过滤技术时遇到的障碍;网络服务提供者或使用者出于善意,限制接触或对他们认为非法或有害的内容进行过滤,不论这些资料是否受宪法保护,均不承担责任。不久,美国公民自由联盟向美国联邦最高法院提起诉讼,认为 CDA 违反了美国宪法修正案第一条赋予的公民权。联邦最高法院于1997年6月裁定 CDA 违宪而将其终止。

1998年美国国会通过了《儿童在线保护法》(Child OnLine Protection Act,COPA)。COPA 对网上色情的限制范围局限于商业性的色情网站不得向17岁以下的未成年人提供"缺乏严肃文字、艺术、政治、科学价值的裸体与性行为图像及文字"等成人导向、有害身心的网络内容浏览。而色情网站经营者必须通过信用卡及账号密码等方式,对17岁以下未成年人采取必要的限制访问措施以防止其浏览成人网站,违反者将被处以5万美元以下罚金,6个月以下有期徒刑,两者并罚。然而美国公民自由联盟又向法院起诉,要求判定该法违宪。1999年4月,法院应原告要求发出预先禁令(Preliminary injunction),判定在法院做出最终判决之前,COPA 不生效力。

在美国,不仅强制性进行网络内容管理的法案往往被法院认定为违宪,在一些有影响力的案件中,法院还判定图书馆业不得也不需安装过滤软件来过滤网络的内容,否则也有侵犯公民言论自由之嫌。例如,在弗吉尼亚州立图书馆电脑过滤违宪案(Mainstream Loudown v. Board of Trustee of Loudown County Library Civil Action No. 97-2049-ACE、VaNov.23,1998)中,美国弗吉尼亚州立图书馆内所有上网的电脑全部装上了过滤软件,以过滤对未成年人身心有害的信息。经 ACLU、People for American Way Foundation 等民间自由团体提起诉讼,这成为美国针对

"图书馆上网电脑装设过滤软件是否违宪"的首宗案例。法院于1998年11月判决图书馆败诉,认为图书馆过滤网上信息的行为阻碍成年人接受"受保护言论"的自由,侵害了宪法第一修正案对言论自由的保障。

在屡屡以立法规范限制网络不法内容,又屡屡失败后,美国政府不得已采取了变通做法,即通过税收优惠的经济驱动,促使商业色情网站采取限制未成年人浏览的措施。美国在1998年末通过的《网络免税法》中规定:两年内不对网络交易服务课征新税或歧视性捐税,但如果商业性色情网站向17岁以下未成年人提供涉及裸体、实际或虚拟性行为,缺乏严肃文学、艺术、政治、科学价值等成人导向的图像及文字浏览,则不能享有网络免税的优惠。值得一提的是,美国政府强调以自律来达到对网络色情内容的管理。

➢ 英国

英国倾向于在对网络内容进行立法规范的同时,鼓励业者的自律。1996年英国颁布了《3R互联网安全规则》,旨在消除网络中的非法资料,特别是色情淫秽内容。

英国工商部(Britain's Department of Trade and Industry)在1998年9月发布的题为《新知识驱动的经济结果》(Consequences for the New Knowledge-Driven Economy)的报告中,针对保护儿童免于暴力色情等网站内容侵害,提供个人选择其想要内容的议题,提出了政府的工作计划:对于儿童色情等网络违法内容,刑法仍将起原有的规范作用。但对于网络内容选择的权力与责任,该报告同样认为应将之交还给使用者个人,而实现这样的想法则必须借助网络内容过滤技术。

英国政府计划带头引导产业,设计发展能帮助个人及家庭决定选择网络内容的过滤技术,同时强调该内容过滤软件必须具备"容易使用、适用各种电子媒体"等特殊性能,并进而免费供人使用(http://www.dgt.gov.uk)。

英国主要强调的是网络服务提供者和网络用户的自律,往往在有人举报告发的时候,政府才介入调查、处理。这种机制的优越性在于充分调动了ISP和广大用户的积极参与,也没有丧失政府公权力的适当介入,为政府的监管节省了大量的人力、物力和财力,提高了监管的效率。

➢ 新加坡

新加坡对网络的监管采取相对严格的态度,其对互联网服务提供者ISP和互联网内容提供者ICP所采取的分类许可制度是非常有特色的。

新加坡的广播局(The Singapore Broadcasting Authority,简称SBA)于1996年7月颁布了《互联网分类许可方案》、《分类许可通知》和《互联网行为准则》,为网络

第六章

的健康发展确立了一个最低标准。后来，SBA 又于 1997 年 10 月，根据国家互联网专家委员会的建议和来自产业的支持，修订了《互联网行为准则》，并颁布了新的《互联网产业指导原则》(http://www.sba.gov.sg/internet.htm)。

1997 年 10 月修订的《互联网行为准则》的第 4 条规定了应禁止的网上信息的定义、范围和认定标准。应禁止的网上信息包括：

- 违反公众利益、公众道德、社会秩序、社会安全和民族团结，并为新加坡法律所禁止的信息。
- 在认定受到禁止的信息时，应考虑以下因素：(1) 该信息是否描绘了裸体、生殖器等而引起淫欲；(2) 该信息是否宣扬性暴力；(3) 该信息是否描绘了一人或多人明显的性交行为；(4) 该信息是否以性煽动或进攻性方式描绘了 16 岁或看似 16 岁以下人的性行为；(5) 该信息是否支持同性恋，是否描绘或宣扬乱伦、恋童癖、兽交或恋尸癖等；(6) 该信息是否赞同、煽动、支持种族、民族或宗教仇恨、冲突或偏见。
- 进一步考查该信息是否有内在的医学、科学、艺术或教育的价值。
- 被许可人如果对一项内容是否受到禁止不能确定的，可提请广播局做出决断。

此外《互联网产业指导原则》要求互联网服务提供者 ISP 和互联网内容提供者 ICP，也包括其他电信服务团体，如从事声像信息服务、增值网联机服务（如 BBS）的机构必须依据《分类许可通知》进行分类许可注册。其中 ISP 需要向广管局注册，ICP 一般无须注册，但政治团体或提供政治和宗教信息、销售联机报纸的 ICP 需要注册。在《分类许可通知》的第 4 条"分类许可证申请条件"中对分类许可证执照所有人的职责做了若干规定，主要有：

- 保证其不服务于游戏、博彩和违反《反赌博法》；
- 避免为赌博目的而进行有关赛马的分析、评论；
- 保证其不服务于占星术、占卜、相术或其他类型的算命术；
- 保证其不服务于卖淫引诱或其他不道德的活动；
- 保证其专业建议和专家咨询服务是由新加坡的专业机构的有资格的人士提供的；
- 应保存与其提供服务有关的所有信息、记录、文档、数据及其他材料；
- 对于广管局通知的违反《互联网行为准则》和有违公众利益、社会秩序、民族团结或良好审美观和道德观的内容，应立即删除或转移。广管局需要时，应随时向其提供。应协助广管局进行如下调查：任何违反执照规定的行为；执照持有人或其他任何人的任何被指控的违法犯罪行为。

新加坡对网络内容的管理是比较严格的，对网络有害内容的规定比较具体。其分类许可制还是颇有特色的，它使网络服务者进行自我监督，知道该做什么，不该做什么，如果违反法律或行业行为准则会受到什么惩罚。

6.6 我国对互联网内容的管理

6.6.1 我国网络内容管理的现状及问题

目前，网络内容市场的许多领域实行许可制度，主要包括：

> 建立新闻网站或者从事互联网新闻登载业务，应当报经国务院新闻办公室或者省、自治区、直辖市人民政府新闻办公室审核批准和备案，未经批准不得从事互联网新闻登载业务，不得链接境外新闻网站、登载境外新闻媒体和互联网站发布的新闻。

> 从事互联网出版活动，必须报经新闻出版总署或者省、自治区、直辖市新闻出版行政部门审核批准。未经批准，任何单位或个人不得开展互联网出版活动。

> 在中国境内通过包括互联网在内的信息网络传播视听节目，必须报经国家广播电影电视总局审核批准并取得《网上传播视听节目许可证》。信息网络的经营机构不得向未持有《网上传播视听节目许可证》的机构提供与传播视听节目有关的服务。中国境内互联网站不得向未持有《网上传播视听节目许可证》的境内网站以及传播视听节目的境外网站提供视听节目的链接服务。用于通过信息网络向公众传播的新闻类视听节目限于境内广播电台、电视台、广播电视台以及经批准的新闻网站制作、播放的节目。

> 从事互联网药品信息服务，应当报经国家药品监督管理局或者省、自治区、直辖市药品监督管理局审核或者备案。

> 国家对互联网上网服务营业场所经营单位的经营活动实行许可制度。县级以上人民政府文化行政部门负责互联网上网服务营业场所经营单位的设立

第六章

审批,未经许可,任何组织和个人不得设立互联网上网服务营业场所,不得从事互联网上网服务经营活动。

我国互联网立法虽然经过三次修正,但发展至今其管理法规仍然存在一些问题。

➢ 重审批,实行主体许可

国家对经营性的互联网信息服务活动采取许可制,此外,从事新闻、出版、教育、医疗保健、药品和医疗器械等互联网信息服务,还需要分别经过国务院新闻办、新闻出版总署、教育部、卫生部、国家食品药品监督管理局等部门的前置审批,也就是说从事互联网网络内容服务必须经过至少两个以上的部门审批。

➢ 职能交叉,多头管理

法规在一些条文上的兼顾交叉,是构成一部完备的法规体系所必需的。但同等效力的法规如果交叉面太多,或是一种覆盖、包含的关系,就等于是多重授权,按照现行的《立法法》和《行政许可法》的规定是不允许的。如网络游戏,目前文化部门和新闻出版部门都在进行管理和审批,让网络游戏企业无所适从。

➢ "事先审查"

网络内容业界的许多领域实行"事先审查"的监管模式。所谓"事先审查"制度包括网络内容服务单位内部的事先审查机制和网络内容监管部门就某些领域的宣传内容进行事先审查的外部审查机制。内部审查机制是网络内容服务领域较普遍的事先审查机制,通常是多级审查。外部事先审查机制通常是一级审查,即由相应级别的负责网络内容监管事务的主管部门进行审查。事先审查标准除专门业务性审查标准外,还包括法律、政策性审查标准。

事先审查制度的目的在于防止出现违反国家法律、法规或执政党政策舆论导向或宣传的内容。这种监管模式产生于传统媒体的监管经验。然而,随着数字化产业的发展,网络内容业界的活动越来越体现出信息量巨大、实效性要求极高的特点,作为监管部门根本不可能在适当、合理的期限内,高效率、高质量地完成事先审查工作,如果照搬事先审查的监管机制,无疑会严重妨碍网络内容产业的发展。况且一旦出现"失察",仍不得不借助于事后审查追究制度。这不仅使主管部门陷入"两次审查"的无效率陷阱之中,而且也达不到"防患于未然"的目的。

➢ 执法难,操作性差

目前各网站一般至少有两个许可证,一个是互联网内容主管部门颁发的,一个是电信部门颁发的。网站违规了,取证时都要通过电信管理部门(各省为通信管理局),而有的网站服务器并不一定在注册地或违规单位、个人的所在地,有的甚至不在中国内地,这为取证增添了很大难度。此外,处罚是要讲证据的,互联网信息更新非常快,一般来讲,内容一旦删除就不复存在了,传统媒体可以事后追究,或白纸黑字,或录音录像都有实物,而网络媒体很难做到这一点。

➢ 缺乏必要的监管手段

目前,公安部、信息产业部、国务院新闻办、文化部、新闻出版总署、国家广播电影电视总局等都正在开发对网络内容实施有效监管的信息系统,各部门都在自主开发内容监管软件。

6.6.2 国外网络内容管理和立法的借鉴意义

我国和上文论述的国家的国情不同,在互联网内容管理方面不能照抄照搬,但以下几个方面对我国的互联网内容管理和立法工作有着很好的借鉴意义:

➢ 建立健全的举报制度

从实践中看,单凭群众的自觉性举报还是不够的,对互联网的监管,特别是对一些非法网站的监管有关部门可以通过电话、传真、电子邮件,甚至公告牌等方式,接受群众的举报,并落实相关的奖励政策,将群众的积极性充分调动起来。

➢ 实行分类管理制度

比如可将互联网内容分为四大类:一是网络新闻;二是网上数字化文化产品;三是网络游戏;四是电子公告系统和论坛。对从事这四类的ICP实行审批制,对从事其他互联网信息服务的均实行备案制,即不必区分经营性和非经营性两类。此外,对ISP等以提供接入服务为主的互联网站同样可以实行备案制。

➢ 建立分级管理制度

对网上色情、暴力等内容可以采用类似电影分级的办法,使儿童和青少年免受危害。国家目前正在考虑电影的分级问题,虽然将出台的分级制度和国外在分类标准上会有所区别,但考虑电影分级时应将互联网上的内容管理纳入视野。

➢ 建立免责制度

美国规定,只要没有对社会或他人造成危害的,公民可以有充分的言论自由。互联网信息量大,时效性又很强,因此网站很难做到万无一失。出现错误或失误只要将有关内容及时删除,只要不是主观故意,且又没有造成不良的后果,网站应该免于责任。

第六章

> 实行"黑名单"制度

色情和暴力内容的泛滥,是儿童和青少年上网的最大危险。儿童和青少年上网比较集中的地方是学校、家庭和网吧。因此,可以在有关的计算机上安装内容过滤软件,通过网址黑名单设置,实现限制访问带有色情、暴力、恐怖等内容网站的目的。

6.6.3 对我国网络内容管理的政策建议

> 尽快建立统一高效的协调机制

在目前的互联网内容管理中,纵向管理(即本部门业务范围内的垂直管理)较好,横向管理(各相关部门之间的协作)存在不足,形成的合力不够,管理效果不佳。

> 网络内容应归口管理

无论是广播、影视、出版物还是其他文化产品,经数字化放到互联网上后其本质是一样的,都是"比特"介质。因此我国对传统媒体的这种分工管理移植到互联网管理方面显然不适合,对互联网内容的管理应该归口。

> 提高立法等级

要实现"依法治网"的目标,首先是要对现有的法规进行清理,认真研究存在的问题,制定出一部统一的《电信法》或《信息网络法》。此外,要启动配套法律的制定,如出台《新闻法》、《出版法》等。

> 管理工作要抓大放小

对一些规模大、影响大、点击率高的互联网站,有关部门在前置审批环节要给予足够的支持,同时对其严格要求,实行规范化管理,加强引导,使其成为一个发布新闻信息和权威数字化作品的平台。而对那些规模小、影响小、点击率低的互联网站或个人主页,管理中不应耗费过多精力,可以让其"自生自灭"。

> 不断升级监管技术手段

利用先进的监管系统辅助政府的管理是发达国家管理互联网的普遍做法。因此要加紧对互联网内容监管系统的研究和开发,不断升级监管技术手段,以准确把握互联网上信息传播的动向。另一方面,要加紧开发色情内容过滤软件,在网吧和校园中推行,以切实保护儿童和青少年免受毒害。

> 加强对互联网机构的人才培养

要真正提高互联网内容的真实性、合法性,降低差错率,人才是关键。因此要尽快培养一批精通互联网技术、熟悉互联网法规和现代传媒的复合型人才。

➢ 发挥行业协会在互联网管理中的作用

中国版权协会、中国软件协会、中国互联网协会、中国音像协会、中国版权保护中心等都是一批在国内有影响力的行业组织,可以通过这些单位架起政府与互联网企业之间的桥梁。此外,还要充分发挥中国音乐著作权协会、中国文字作品著作权协会、中国美术摄影作品著作权协会这些著作权集体管理组织的作用,使网上信息和知识的传播更加顺畅。

➢ 引导互联网内容供应商和网民加强自律

道德是人类行为准则的调节器,运用道德手段管理互联网是对法律、行政手段的重要补充。通过网络运营者和使用者的自我约束、自我管理、严格自律,辅之以广泛的社会监督,达到互联网运营者自觉依法开展互联网运营活动、上网用户自觉依法使用互联网的目的。

2001年5月,在信息产业部的指导下,我国成立起了"中国互联网协会"。到目前为止,我国已经有《中国互联网自律公约》、《中国新闻界网络媒体公约》、《中国互联网协会反垃圾邮件规范》、《全国青少年网络文明公约》等四部自律性规范。我国已经向着"以德治网"的目标迈了一大步,正尽快走出以往的"一管就死、一放就乱"的怪圈,探索出一条有中国特色的互联网管理之路。

6.7 互联网内容管理多元化的必然性

随着西方跨国公司的全球扩张,从经济领域开始的全球化浪潮波及到社会其他领域。网络对虚拟空间的拓展,更彻底地打破了传统"自然边界"的划分。世界同一性与地域差异性的碰撞,使网络内容的管理也面临着一系列的冲击。然而同一性永远不可能取代差异性,多元化是世界存在的必然方式。

6.7.1 网络内容管理的差异性

如前所述,在网络媒体的内容管理上,各国主要是参照现有的广播电视的管理模式。这些模式就功能而言主要可分为两种类型:一是经济性管理;二是社会性管理。经济性管理主要侧重于对各种经济关系的协调,如企业与企业之间、企业与消费者之间;社会性管理则侧重于对社会效益的控制,如经济行为带来怎样的社会影响等。在

第六章

具体操作中偏向于哪一种管理类型则依具体情况而定。

在西方发达国家,由于它们更早地走上了市场化发展的道路,市场运行机制趋于成熟,因此它们更多地呼吁通过市场调节与行业自律来对网络内容进行管理。如加拿大政府授权对网络信息实行"自我规制",将负面的网络信息分为两类:非法信息与攻击性信息。前者以法律为依据,按法律来制裁;后者则依赖用户与行业的自律来解决。同时辅以自律性道德规范与网络知识教育,并取得了较好的管理效果。在美国,政府对网络内容管理的立法屡屡遭到一些社会团体的反对,认为是对宪法规定的公民言论自由权的剥夺,结果有关立法都被法院以违宪裁决而告终。因此,目前美国网络内容的管理除违法内容依法惩处外,其他也主要是依行业自律与市场调节来进行管理,并以法律的手段来确保自我调节的有效性,如美国在 1998 年出台《网络免税法》,对自律较好的网络商给予两年免征新税的待遇。2000 年,美国联邦调查局(FBI)与国家白领犯罪中心(National White Collar Crime Center)设立网络欺骗控告中心(The Internet Fraud Complaint Center),提供广泛的社会监督。英国在西方国家中是传统色彩较浓的一个国家,其网络管理实行立法与自律并举的方式。英国颁布的《3R 互联网安全规则》对网络中的非法信息,特别是色情淫秽内容进行管理,其管理是以网络服务商与网络用户的自律为基础,只是有人举报时,政府才介入调查、处理。

或由于文化传统的不同,或由于市场运行机制的不成熟,或由于社会稳定缺乏一定的保障,一些亚洲国家与欠发达国家对网络内容的管理具有较多的限制。如韩国是第一个有专门的网络审查法规的国家。早在 1995 年就出台了《电子传播商务法》(Electronic Communication Business Law)。其信息传播伦理部门(Information & Communication Ethics Office)对"引起国家主权丧失"或"有害信息"等网络内容进行审查。信息部(Minister of Communication)可以根据需要命令信息提供者删除或限制某些网络内容。在越南,内务部有权监控网络内容,包括电子邮件以及网络用户在网上传输的任何信息。在新加坡,SBA 监控网络有害信息,包括色情的、政治的、宗教的、种族的。内容提供商被要求用代理服务器对某些网络信息来源进行过滤。

6.7.2 网络内容管理多元化的必然性

网络内容管理并不是独立于社会整体运行机制之外的,不是虚拟的和没有具体对象的管理。它管理的对象并不真是虚拟空间本身,而是利用虚拟空间进行一切实实在在的社会交流活动的人,因此对网络内容的管理说到底还是对人的管理。人都是一定社会环境的产物,因而网络内容的管理方式作为社会整体管理的一个组成部分,必定受到现有媒介管理惯例、市场运行机制、政治文化传统诸因素的影响,并因具体情况的不同而形成多元化的管理模式。因此,无论是从现有状况还是发展来看,网络内容管理的差异性与多元性都是必然的结果。

➢ 现有媒体管理惯例对网络内容管理方式的影响。

这主要是针对电信业特别是广播、电视媒介的传统管理而言。在欧美国家,广电体制创建之初,由于频谱资源的限制以及网络化产业的特点,政府对这一行业的限制较多,甚至不允许企业的进入,因此早期欧美国家的广播基本都是公共广播,整个电信业都被当做非营利性质的行业。但是20世纪80年代以后,一场放松管制(de-regulation)的改革,将欧美的媒体发展推向了私有化、市场化、自由化的发展之路。欧美网络媒体正是在这样一种宽松的行业氛围中诞生的。

而在我们国家,整个媒体行业由于历史的原因,起步、发展都较为缓慢,广播电视的管理体制在20世纪80年代才开始建立,与西方媒体的公营、私营或公私并营不同,我国的媒体行业都是属于国有模式。之后虽有不断的改革,从国家垄断走向行政垄断,又从行政垄断走向相对自由竞争,并在20世纪90年代推行集团化,但这种集团化说到底还是一种政府行为。因此我国媒体始终都没有完全摆脱国有体制与行政手段的控制,隶属于媒体之列的网络管理自然也就处于这种行政控制之下。

➢ 特定市场运行机制的影响。

西方发达国家,其整体的市场运行机制已经进入较为成熟的阶段,在此环境下的网络媒体商业化运作对市场的依赖性较强,因此网络经营者为了获取更多的经济利益,必须考虑网络用户、国家等等多方面的影响。并且西方的市场化运作具有较为成熟的法律保障,其较为健全的法制环境对市场行为具有明确的约束力。落实到网络媒体的管理上,市场自我调节的成分自然可以居多。

而我们国家社会主义市场运行机制正处于探索、发展阶段,单纯的市场调节在许多情况下还不是十分成熟,政府角色经常显得无处不在。而法律,特别是媒介管理方面的法规也不够健全。因此,国家从整体利益出发,对社会价值导向具有重要引导作用的媒体行业进行行政干预与调节,在目前处境下仍有一定的必要。

➢ 特定政治文化传统的影响。

自由思想在西方文化传统中根深蒂固,其古希腊、罗马文化源头中就带着这样一

第六章

种精神。十四世纪从意大利兴起的遍及整个欧洲的文艺复兴运动,是一次彻底的思想解放运动,这一运动将自由思想推向了更加理性的高度。"言论自由"在西方社会成为深入人心的思想。对网络内容的控制,在那种特定的政治文化氛围中不仅在形式上具有违宪之嫌,在理念上也难以为人们所接受。

而在我们国家,起源于氏族社会的伦理政治型文化,使人们更加注重全社会的统一协调以及个人修养上的含蓄、奉献,社会管理强调用统一和谐的手段来达到统一和谐的目标。这正是在西方长期为人权与自由而斗争的时候中国人却在传统文化的笼罩之下道德观念长期趋于稳定的内在原因。因此面对社会整体利益的时候,人们较易于接受整体上的协调与管理。

第 7 章 网络情报及其管理

当代科学技术和商品经济的迅猛发展,推动社会生活领域发生了重大而深刻的变革。社会信息化和信息社会化进程的加速,促进了知识经济时代的到来。知识经济的到来使得各种机构的组织结构、规章制度、管理模式和文化氛围发生了相应的变化。这些种种变化的过程、趋势及结果决定了知识将成为人类社会中最有价值的资源。所以,进入 21 世纪,现代化的主题由 20 世纪的"工业化、城市化和服务业化"逐步开始向知识化方向发展,即发展知识经济,建立知识社会,创造更高的生产率,实现人类更大的福利。

因此,在知识经济环境下,知识将成为网络情报的一个重要组成部分,知识管理为网络情报管理带来先进的研究方法和技术。知识管理作为在知识经济社会中出现的一种崭新的管理理念和管理模式,逐渐成为一个重要的研究领域和新的研究热点。知识管理通过发现、收集、管理和分享组织信息知识资源,为组织内部知识的交流和共享提供了一套综合的方法和途径,为组织注入了新的活力。知识及知识管理为网络情报及其管理提供了新鲜的血液,将成为其发展的新阶段。本章主要对网络情报、网络情报管理及网络情报系统进行详细的分析和介绍。

7.1 网络情报概述

以"情报"为中心的互联网时代,是一个不断产生、传递和利用信息情报的时代,有时可以统称为信息时代。那么,究竟什么是网络情报、网络情报有哪些特性以及网络情报可以分为哪些类别,是我们首先要了解的问题。然而,由于阐述问题的角度不同,造成了情报概念在一定程度上的混乱与模糊。在管理实践中,情报与知识、信息等概念经常被等同使用,尤其是情报与信息的区别及联系更是含混不清。

情报概念的科学与否,直接影响情报的搜集、分析和利用。因此,弄清情报及网络情报的概念、特性、分类等基本问题,对情报管理工作具有特殊意义。

第七章

7.1.1 信息、知识与情报

信息

　　信息是一种十分广泛的概念,在自然界、人类社会以及人类思维活动中普遍存在。从自然到社会,从物质到精神,世界上几乎任何事物都能发出信息,凡属人的五官所能感知的现象,都可能成为信息。1948年,信息论的创始人申农(Shannon)首先提出了信息的概念,"把信息看做不确定性的减少的量。"此后还有一些学者也提出了关于信息的概念,但是这些概念的提出都带有局限性和模糊性,因为这些仅从某一具体学科中提取的论断,并不适合整个社会的整体发展。

　　从社会的角度出发,信息是物质世界在人脑中的客观反映。

　　首先,有物质属性的客观存在,它是信息的反映对象。

　　其次,有人脑对客观事物的感知。客观存在对人脑产生作用,使之在人脑中产生刺激,形成人脑对客观物质的感知。

　　最后,人脑将其感知的东西,通过一定的形式表现出来,就形成了"信息"。

知识

　　英国著名哲学家波普(K.Popper)在《进化与知识之树》中提到"客观知识"的概念,并在1966年首次描绘了客观知识发展的图示,指出知识是解决问题的方案也是产生问题的源泉。知识与信息既有联系又有区别。

　　知识是人类意识的产物,需要认知主体与认知客体的并存而且发生动态关系时才能产生。知识与信息的产生不是同步的,而是人类社会发展到一定阶段,人们对大量积累起来的信息加以组合、有序化、系统化、发现并总结其规律而形成的。随着科技进步、社会前进,更多的信息将会转化为知识。

情报

　　情报最先源于日本的留德学生森欧外翻译的《战争论》,指"有关敌方或敌国的全部知识"。随着战争的结束,又产生了"特定性"情报概念、"决策性"情报概念、"竞争性"情报概念。

　　情报具有目的性、特定性的特点。信息和知识成为情报的首要条件是要有社会需求。这种需求被社会情报系统接受后,就由专门的情报人员对其加以分析、研究,运用已有知识对相关信息进行加工、整理,其结果产生情报,再由社会情报系统传递出去,为社会所利用,并产生一定的服务效果。社会在利用情报的过程中,可能产生新的需求,同时,也可能产生新信息和新知识,在社会实际中运用这些新信息、新知识,又能产生新的需求,这就是情报加工、形成和利用的循环过程。

信息是人脑对物质属性的客观反映,知识是对客观事物加工后的反映,而情报是为满足特定的需求而对客观世界进行主观加工的产物。

综合上述定义,对情报可以做以下理解:情报是为了一定目的而报道(或交流)的,能够被传递和接受的情况;或经过一定渠道搜集、整理的,用于特定目的的知识和信息。

而本书重点研究的是网络情报,即在互联网环境下,以电子数据的形式存在,并通过网络传递的有特定效用的知识。网络情报主要指放置在互联网上的情报集合,但并非包含所有网络信息,而只是指其中能够满足人们情报需求的那一部分。网络时代是知识化、现代化、智能化、系统化、社会化的时代。网络为情报的发展提供了广阔的空间,同时也为情报的应用创造了优越的环境。网络环境下产生的网络情报,使得情报学的研究内容突破军事情报、科技情报、文献情报,而更多面向竞争情报、社会情报、企业情报、政治情报等。

7.1.2 网络情报的特性

网络情报具有情报的共性,如知识性、传递性、效用性等。除此以外,网络情报还有一些自身的特性,如时效性、多样性、非线性等。

情报的共性

➢ 知识性

网络环境下,人们在生产和生活活动中,通过网络随时都在接收、传递和利用大量的感性和理性知识。这些知识中包含着人们所需要的情报。情报的本质是知识,网络情报之所以能成为一种重要资源,就是因为它具有知识性。人们在互联网上搜集利用情报的过程,就是了解情况、解决问题、择优决策的过程。

➢ 传递性

情报的传递性指知识要变成情报,必须经过运动。钱学森说情报是激活的知识,也是指情报的传递性。互联网上无论储存或记载着多少丰富的知识,如果不进行传

第七章

递交流，人们无法知道其是否存在，就不能成为网络情报。情报的传递性表明情报必须借助一定的物质形式才能传递和被利用。网络情报的传递介质是覆盖全球的互联网，与其他形式的情报相比，网络情报的传递性更加明显，网络传播的快速、便捷、多途径促进了网络情报的传递。

➢ 效用性

运动着的知识并非全是情报，只有那些能够满足特定要求的运动的知识才被称为情报。例如，每天通过互联网传递的大量网络新闻，是典型的运动的知识。但对大多数人来说，这些网络内容只是消息，而只有少数人利用网络信息的内容增加了自身的知识或解决了正面临的问题。只有这部分用户才将这些网络信息称之为网络情报。

网络情报的特性

网络情报的出现，使人类情报资源的开发和利用进入了新的时代。网络情报资源在特性和构成上与传统的情报资源有显著的差异。与其他类型情报资源相比，网络情报资源具有以下特点：

➢ 从内容上看

富有海量的信息且增长迅速：现代微电子技术以其高强的集成度、柔性的系统结构和严密的处理方式保证了网络信息资源具有量方面的海量特征。随着网络的覆盖范围的不断扩大以及网络技术的发展，存在于网络上的信息资源飞速传播并迅速增长。

种类繁多：在网络情报中，除文本信息外，还包括大量的非文本信息，如图形、图像、声音信息等，呈现出多类型、多媒体、非规范、跨地理、跨语种等特点。数量巨大的网络情报资源来源于各行各业，包括不同学科、不同领域、不同地区、不同语言的各种情报，内容极其丰富。

分布开放，但内容之间关联程度强：网络情报被存放在网络服务器上，一方面由于信息资源分布分散、开放，显得无序化，对网络情报资源的组织管理也并无统一的标准和规范；另一方面则由于网络特有的超文本链接方式、强大的检索功能，使得内容之间又有很强的关联性。

➢ 从形式上看

非线性：超文本技术的一大特征是信息的非线性编排，将信息组织成某种网状结构。浏览超文本信息时可根据需要，或以线性顺序依次翻阅，或沿着信息单元之间的链接进行浏览。

交互性：网络情报资源是基于电子平台、数字编码基础上的新型信息组织形式——多媒体不仅集中了语言、非语言两类符号，而且超越了传统的信息组织方式，因为它能从一种媒介流动到另一种媒介；能以不同的方式述说同一件事情；能触动人类的不同感官经验。

动态性：网络情报资源的呈现方式从静态的文本格式发展到动态的多模式的链接。

➢ 从效用上看

共享性：网络情报除了具备一般意义上的情报资源的共享性之外，还表现为一个互联网网页可供所有的互联网用户随时访问，不存在传统媒体情报由于副本数量的限制所产生的情报不能获取的现象。

时效性：网络情报的时效性远远超过其他任何一种情报，网络媒体的信息传播速度及影响范围使得信息的时效性增强，同时，网络信息增长速度快、网络情报都是以网页的形式呈现，所有的信息都有一个具体的 URL 地址或 IP 地址作为 ID 区别于其他网络信息，也不同于其他数字或电子信息。

强转移性：人类社会为使情报资源得以充分利用，总是要将情报加以转化。网络环境下的情报资源转化是高效的。

强选择性：网上情报比传统情报具有更强的可选择性。

高增值性：正是由于网络情报资源具有共享性、时效性、强转移性、强选择性，使得它是一种成本低、产出高的可再生资源，具有高增值性。

网络情报资源的缺陷

与传统的情报资源相比，网络情报资源具有多项新特征，在看到它带来的巨大益处的同时，还需看到与其相伴而来的多种负面影响。

➢ 资源分布的无序性

由于没有一个主管机构进行集中领导和管理，尽管网络上有大量高质量的有序的情报，但整个网络情报资源的分布依然呈现出一种混乱、无序的状况。迅速产生的大量情报中有许多未经筛选，可靠性差，甚至是虚假情报；许多情报随着时间的推移已失效，却因各种原因没有清理，成为垃圾情报，挤占情报存储空间，妨碍人们有效地查找、利用情报，甚至还造成危害。网络情报资源迅速扩充，使这些急剧增长的情报缺乏有效的组织与控制机制，造成情报资源的极度混乱，给信息获取和利用带来了困难。

> 资源分布的不均衡性

网络情报资源的分布在不同行业、地理位置和技术水平上有很大差别,各个网点的情报资源在数量上的分布也是千差万别的。另外,在情报的质量、内容和更新周期上也没有一个完善的体系和结构,这造成网上很多节点情报质量不高。因此,只有了解网络对情报资源的影响,才能对情报资源实施有效管理,充分发挥网络情报资源的长处,即通过计算机和通信技术的联合发展,形成全世界的情报资源网络,实现人类所有的情报资源的真正共享。

7.1.3 网络情报的分类

网络情报由各种类型的情报相互联系、相互作用而构成。分类标准不同,得到的网络情报类别也不相同。网络情报可按其存储方式、内容性质和加工深度等标准进行多种划分,不同种类的网络情报之间存在着一定的相互关系。

按情报存储方式不同,网络情报可以分为以下几类:

> 邮件型:以电子邮件和电子邮件列表为代表传递的情报。
> 交互型:是指以特定的个人或群体为对象即时传播信息的方式。代表性的手段有会话(Talk)和交互网中继对话(Internet Relay Chat,IRC),以帮助人们在网络上通过文字交往实现即时的情报传播。
> 公告牌型:指以不确定的大多数网络用户为对象的非即时的信息传播方式,以 BBS、网络新闻、匿名 FTP 为代表。
> 广播型:在网络上向特定多数利用者即时提供图像和声音的信息传播方式。
> 图书馆型:是指类似于图书馆的藏书那样向用户提供既有一次文献也有二次文献的信息存取方式。以数字化图书馆为发展趋势。
> 书目型:主要用于检索网络情报资源的各种检索工具,是以提供二次情报为主的存取方式。包括查询人物机构团体的 Finger 和 Whois、查询 FTP 文档的 Archie 和 WAIS 以及集成于 WWW 技术之上的综合型检索工具Yahoo!、Google、百度等。

按其对应的非网络情报资源分,有以下几种:

- 图书馆馆藏目录:即联机公共目录检索系统(OPAC),用户利用目标图书馆的 URL,就可以冲破图书馆利用的时空限制,查询世界各地图书馆馆藏。
- 电子图书、电子期刊、电子报纸:指完全在网络环境下编辑、出版、传播的图书、期刊和报纸,以及印刷型书刊的电子版。
- 参考工具书,以及大量的指南、名录、手册、索引等。
- 数据库:通过网络提供的数据库越来越多,内容涉及各种不同的专业领域和文献出版类型,为用户直接提供情报检索服务。
- 其他类型的情报:如电子邮件、电子公告、新闻组等也成为情报交流的重要渠道,并成为网络情报的重要组成部分。

按人类信息交流的方法划分,主要有:

- 非正式出版信息。如电子邮件、专题讨论小组论坛、电子会议、电子公告牌新闻等。
- 半正式出版物。如各种学术团体和教育机构、企业和商业部门、国际组织和政府机构、行业协会等单位在网站上发布的从正式出版物系统所无法得到的"灰色"信息。
- 正式出版物。通过互联网发布的或再现的正式出版的各种数据库、电子期刊、联机杂志、电子版工具书、电子报纸、会议记录、学位论文、标准和专利信息等。

按网络情报资源的层次划分,主要有:

- 指示信息。是指一个信息单元的地址。如一个超文本链接(以 URL 表示)、数据库名、书目参考、特殊的关键词间联系等。指示信息由信息的实际地址以及有关该信息的标识、注解等内容构成。
- 信息单元。是指表达指示信息的最小信息单元,如文献中的某一行、某一段、某一章、一个目次页或一份统计表等,一个信息单元由一个文本组成。该文本可以具有或不具有特定的指示信息。
- 文献。是指一系列相关信息单元的集合。如 FTP 文件、WWW 网页、数据库的记录、电子邮件、文章、图片等，文献由若干信息单元以及一些特定的指示信息构成。
- 信息资源。是指相互关联的文献集合，如一个数据库、一份杂志、一本书、一本电话簿、一张光盘或视盘等。
- 信息系统。是指一组相关的、经过标引和建立了交互参见的信息资源的集合，如一个虚拟图书馆、一部百科全书。信息系统还包括了不同信息资源之间的相互关联的指示信息。

按其内容性质不同，网络情报分为：

- 社会网络情报。社会网络情报是发布在互联网上的，反映某一个国家或地区社会结构和特征方面的情报，包括人口构成；职业结构，如职业、收入、权力、地位等；个人因素，如年龄、性别、文化程度、个人收入、生活方式、兴趣爱好等；家庭结构；民族特点及风俗习惯；社会风尚；宗教信仰；思想观念。
- 政法网络情报。政法网络情报是指发布在互联网上的，有关国内外政治环境、方针政策、法规制度的情报。具体来说，政法情报包括政局稳定情况；政治制度、基本国策、对外政策等方面的情报；国际环境情报；一定时期的战略目标、部署、方针、政策方面的情报；法律情报；企业内部有关规章制度的情报；等等。
- 经济网络情报。经济网络情报就是发布在互联网上，反映经济运动及共属性的情报。经济网络情报包括以下内容：经济发展情报，如国民经济长远规划，各省市和地区的经济发展规划、对策、措施、经济动态、经济发展成就，国内外经济发展动态和趋势等方面的信息；经济结构情报，如产业结构、企业结构、消费结构、劳动力结构、市场结构等方面的情报；财政金融情报，如财政收支、财政预算、投资方向及数量、货币流通、通货膨胀、货币投向和银行储蓄等方面的情报；原材料供应情报，如各地区的能源结构及其利用情报，原材料的生产地点、输送供应渠道、零批价格等方面的情报；消费情报，如城乡人民收入水平及其可供支配的数额、消费倾向、消费心理与行为等方面的情报；市场情报,如市场对本企业生产的同类产品的总需求量及其在各地区的分布,市场对同类产品的品种、规格、质量、价格、性能的要求,同类产品的生产、供应及其在国内外市场的价格差异,本企业产品在国内外有关地区的市场占有率,用户对本企业产品及服务的满意程度等方面的情报。

➢ 科技网络情报。科技情报是指有关科学和技术的各种情况。科技情报具体包括:科技发展情报,如国家、地区和本行业、本企业的科技发展战略、规划、水平、动向方面的情报;科技能力情报,如科研机构和设计部门的数量、设备好坏和人员结构,本企业的科学研究和技术开发能力等方面的情报;适用技术情报,如与本企业有关的新理论、新方式、新设备、新工艺及生产技术、节能技术、技术改造等方面的情报。

➢ 管理网络情报。管理情报是指与企业计划、组织、指挥、控制和协调有关的情报。管理情报包括:企业管理体制和机构设置方面的情报;企业劳动组织与定员定额方面的情报;企业人员、财务、质量、设备管理等方面的情报。

按其加工深度不同,网络情报分为:

➢ 零次网络情报。零次网络情报是指通过网络通讯工具直接交流获得,未经人们加工处理的原始情报资料。如通过 QQ、MSN 等即时通讯软件的聊天记录,人们进行的视频会议等。零次网络情报具有直接性、即时性、新颖性、普遍性、随机性、短暂性等特点,是网络情报的重要组成部分,能够带给用户不可忽视的价值。

➢ 一次网络情报。一次网络情报是科技人员对零次网络情报进行分析和研究后形成的情报。一次网络情报的表现形式为一次文献资料的网络版,如互联网上的期刊论文、会议论文、专利说明书、科技报告、学位论文、档案资料等。典型的是 Web 网页和一些多媒体资料。

➢ 二次网络情报。二次网络情报是由情报工作人员对一次网络情报加工整理后的情报。二次网络情报的表现形式为书目、文摘、索引等二次文献的网络形式。典型的如门户网站分类目录、搜索引擎查询返回的网页记录。

➢ 三次网络情报。三次网络情报是指由科技人员和情报工作人员在一、二次网络情报的基础上进行更高程度的加工而产生的情报。其表现形式主要是综述、述评、专题研究报告、手册等三次文献的网络形式。

从零次网络情报到三次网络情报,是一个对情报不断加工的过程,是一个情报内容从泛到精、由分散到集中、由无组织到系统化的过程。

此外,按文体组织形式,可将网络情报资源划分为自由文本(全文、文摘或标题的非结构化组织,未经规范处理)和规范文本(即按统一标准和格式上网的文本);从内容上看,有政治性文件、学术研究报告、经济信息(广告、企业情况等)、历史文献资料、文学艺术作品等,从形式上看,有文本文件(如电子期刊),也有计算机软件、图像文件等。

7.2 网络情报管理

网络情报管理是网络情报系统中的一个重要子系统,是整个网络情报产生、传递过程中不可缺少的管理活动。

人们在互联网上进行工作、娱乐等活动时,时刻会产生、传递并利用网络情报。网络情报数量急剧增加,研究周期不断缩短,造成无效或干扰情报的数量不断增加,用户的情报需求无法快速得到满足。为了使网络情报的发生和传递准确无误,并且发挥更大的效能,必须对网络情报加以控制和管理。

7.2.1 网络情报管理的概念

网络情报管理是指对网络上情报资料的产生、传递进行控制和通信。所谓"控制"是指网络情报资料的发生、加工以及情报活动的调整;所谓"通信"是指网络情报资料的传递和利用。情报管理渗透着情报活动中各个阶段相连续、不间断的完整过程,即信息的采集、组织、加工,进而形成了情报,以及情报的检索、交流与服务连贯而成的情报活动整体。情报活动中的各个环节相互关联、相辅相成、缺一不可。

网络情报管理是与情报人员的创造活动相对而言的。

> 网络情报管理使网络情报的生产、利用、传递等活动有效地进行。网络情报的生产,是通过网络会议、发布网络信息、网络论坛等进行的;网络情报的利

用,是指收集、储存、分析、检索情报的过程;网络情报的传递,是指网络情报的传播、分配等流通过程。
- 网络情报管理还包括对各种网络情报活动经常进行适当的组织调整。网络法、网络联盟等主要是对网络情报的发生进行有组织的控制,是对系统化情报的发生、传递进行调整的实例。
- 研究工作与情报工作实行分工。将一部分网络情报工作,从研究工作者手中分离出来,成立独立的专门机构,专门从事网络情报管理。这些专门机构有数据中心、互联网情报中心、互联网协会等。

7.2.2 网络情报管理的特点

网络情报管理工作是随着科学技术的发展而产生,又随着互联网的产生和普及而发展的。它既受科学技术发展的影响,又受互联网的特点、规律的制约。因此,网络情报管理工作在基本内容、范围等方面,与传统情报管理工作既有共同点,也有区别。

无论在传统的情报活动中,还是网络环境下的情报活动中,情报工作都是以用户为核心,以用户的需求为根本出发点和归宿点的。情报管理过程中的各个阶段都面向用户,各个阶段的展开与进行都是为了满足用户的需求。但是在传统的文献情报管理过程中,由于实践基础和技术基础薄弱,每个环节都会耗费过多的时间和过剩的精力,另外前后环节联系疏松导致了整个情报管理过程成本高、效率低,无法在真正意义上满足用户的需求。

在网络环境下,情报生存基础发生了巨大变化:实践基础更加丰富、高效;理论基础更加坚固、严谨;物质基础更加广泛、多样;技术基础更加先进、科学。也就是说,情报的生存环境得到了前所未有的改善和发展——以科学严谨的理论为基础;以容量大、性能好的载体为依托;以现代化的技术手段为支持;以社会各行各业的情报活动场所为平台。网络环境下的情报工作能够更加全面、更加深入地面向用户,能够及时、有效地为用户服务。

网络环境为情报工作行之有效地满足用户的需求提供了必备的条件、创造了必要的环境,因此情报活动中的各个环节不但能提高工作效率,而且能提高工作质量。

网络环境下的情报管理过程同样以对用户的研究为起点。网络环境下的情报用

第七章

户具有新的特征：用户范围扩展、人机直接交互、用户信息行为更加主动、用户获取信息方式多样等；同时用户的认知心理、认知行为和认知能力也发生了很大变化。面对用户以及用户需求产生的变化，情报管理中的一系列过程都要随之发生变化，以便衔接成连贯、完整的情报工作，并且促进情报工作的简洁、高效。

在情报管理过程中，首先要展开用户研究，然后进行情报资源组织、情报检索、情报交流等环节。虽然这些环节的具体操作形式和内容各不相同，但是它们都以用户为核心、以用户的需求为宗旨，因此它们的工作思路清晰、工作流程简洁、工作结果更加人性化、智能化，最终能够紧密地加强各个环节之间的联系，缩短情报工作循环的周期，全面提高情报工作效率。

随着情报生存环境的改善，随着情报用户和用户需求的变化以及与之相适应的情报工作流程的变化，整个情报工作产生了职能上的转变。面对庞大的信息载体、激增的信息量、广泛的信息内容、多样的情报需求，情报工作势必需要高屋建瓴的理论基础和行之有效的管理方式，即"大"情报观理论和知识管理的管理模型。在网络环境下，情报工作在以"大"情报观理论和知识管理的管理模型为前提的情况下，情报管理过程更加快捷、高效，情报管理流程更加人性化、智能化。

7.2.3 网络情报管理的职能

在网络环境下，情报管理的职能发生了转变，"以创新为导向的情报服务"职能的转变，使情报管理更加面向用户，使情报研究更加严谨，使情报服务更加全面。情报管理职能的转变主要体现在两方面：网络环境下"大"情报观的转变和情报管理的新理论——知识管理的管理模型。

> 网络情报管理理论——"大"情报观

以数字化和网络化为发展方向的信息技术，推动全球经济增长方式发生了根本性的变化。一种崭新的经济形态——知识经济，逐渐兴起并且日益展示出其强劲的发展势头。这表明新的世纪将是知识经济的世纪，它不仅推动全世界经济结构的优化，而且促使全社会的生产方式产生根本性的转变，情报管理也不例外。在知识经济为主体的发展环境下，需要及时更新情报管理的模式，建立情报管理的新体系，创建情报管理新理论，其中转变情报观念，树立现代情报观占有首要地位。

"大"情报观来源于"大科学"的概念，是在当今科学整体化、交叉和协同发展的趋势下，有关科学发展的一种观念，是解决"大问题"的科学。这些"大问题"是任何个人或任何单一学科都无法解决的,必须依赖于多种学科的分工合作和广泛的技术支持。这势必要求进行科研组织、方式、观念的变革,以适应时代进步的需要。情报学界观念变革中最重要的一方面就是"大"情报观的形成与发展。这是"大"情报观产生的理论基础。从实践需求看,随着社会发展的多元化和世界经济的一体化,尤其在以网络化和数字化为特征的今天,对于社会信息的需求也呈现出多样化和综合化的特征。从横向看,不仅需要科技情报,而且还需要社会、经济、政治、文化、管理、教育等各个方面的情报。从纵向看,科学技术日新月异,科学进步一日千里,这需要情报工作及时改革体制,并且及时完善其理论和观念。这是"大"情报观产生的实践基础。

情报观,即社会成员对情报的看法。历来情报观都具有很强的时代特征。21世纪的今天,知识化、全球化、数字化、网络化、虚拟化逐渐成为新时代的主要特征。在新的发展环境下,情报观也体现着新的特征。主要表现为:以信息产业的发展为动力;以信息技术的发展为支持;以知识经济的发展为契机。

同时,知识环境对网络情报的管理也有重要的影响。全球化网络是知识经济时代的晨钟,它的敲响意味着知识经济革命的全面到来。作为信息高速公路雏形的交互式网络,它全方位地改变了人们以往利用信息的方式,对情报工作尤其是网络情报管理的发展起到了促进作用。Internet作为高效的情报交流系统,成为了获取网络情报的基础,为情报学的发展起到了推波助澜的作用。

> 网络情报管理模型——知识管理

随着知识经济的到来,一种新型的管理模式——知识管理应运而生。知识管理以创新管理为目的,以人和知识为管理内容,以信息技术为管理工具,是全新的管理模式。知识管理在管理理念、流程、方法上与网络情报管理有着"貌离神合"之处。

在人类信息交流的发展史中,"信息管理"历经了四个阶段:以记录型、印刷型文献为管理对象的文献管理时期;以管理信息系统(MIS)和办公室自动化系统(OA)的电子信息系统为象征的技术管理时期;以信息资源要素为管理对象的信息资源管理时期;以创新为出发点的知识管理时期。知识管理是在知识经济的特定环境下产生的一种全新的管理模式。跨入网络化、数字化、智能化的时代,传统的信息管理不再适应知识经济的发展,时代的进步呼唤能够将先进的信息技术和知识经济的本质"创新"完美结合的管理理念,即知识管理。知识管理是信息管理在网络环境下的必然产物,它也体现了知识经济时代的管理理念的特征:创新、人性化、信息化。

情报和知识都在于人类社会之中,是人类大脑思维对社会和自然环境信息加工的结果。情报本身是一种知识,是一种被"激活"的知识。在一定条件下,网络情报管

第七章

理可以借鉴、采纳、移植知识管理的某些理论或模式,从而使网络情报得到更好的利用,为社会创造更多的财富。

7.2.4 网络情报管理的内容

虽然网络情报管理与传统情报管理有很多不同点,但在管理内容上都包括情报的搜集、加工整理、情报调研、情报交流、组织管理等。

➢ 网络情报搜集和加工整理

网络情报管理的首要工作,就是要进行大量的网络资料搜集和加工整理工作。这项工作主要是通过各种手段,对各种网络情报源进行有目的的、全面的搜集和整理,为情报的保管、储存和利用提供必要的前提条件,为用户提供解决问题和择优决策的依据。它是整个情报管理工作的基础,涉及范围广泛、内容复杂、工作量大,尤其是在信息爆炸的互联网环境下。网络情报搜集的对象既包括传统的文本信息,也包括丰富的多媒体资料。搜集工作必须有明确的目的和方向,针对具体的问题来开展。同时,在搜集情报的基础上,还要对已搜集的情报进行必要的加工处理,去粗取精、去伪存真,按照情报的性质、用途和实践序列,进行一系列的情报系统化、规范化,以便于查找和利用,充分发挥网络情报对生产经营活动的服务、指导作用。

➢ 网络情报调研工作

对于用户确定的某一重要专题或特定的任务,为了对其进行进一步的可行性研究,减少风险、提高可行度,还要进一步开展情报的调研工作,这也是网络情报管理工作必不可少的内容。网络情报调研,是在掌握和利用零、一、二次网络情报资料的基础之上,有针对性地搜集三次网络情报资料。它运用科学的方法,通过分析、对比、推理和判断,进一步寻求与用户问题相关的情报之间的关联,了解和掌握信息、技术现状和发展趋势,为用户及时准确地做出最终决策提供科学的依据。

➢ 网络情报的交流

互通情报进行必要的情报交流是获取网络情报必不可少的手段。它有利于促进不同情报用户之间的协作、联系和了解,有利于提高整个社会的情报管理水平。情报交流工作内容包括的范围比较广泛。从交流情报的来源分:既有网络情报之间的交流,也有网络情报与非网络情报之间的交流;从交流情报的地域分:既有国内的相互交流,又有同国外的交流。不同的用户可以根据自身的条件和特点,具体选择需要交流的对象和交流的情报内容。

➢ 网络情报的组织管理

对网络情报活动实行科学的组织管理,是网络情报活动本身的特点和企业的生产经营活动、科学技术水平不断发展所提出的客观要求。网络情报管理是由许多不同要素所组成的系统,这些要素都具有较强的相关性。它们之间互相联系、互相制约、互相影响。怎样使这些要素有机地组织起来构成一个整体,这就需要利用一定的组织原理和形式,采取一定的方法来实现。实行科学的网络情报组织管理,主要工作是组织形式的选择、机构的设置和情报队伍的建设。具体包括制定组织管理原则、设计合理的组织形式、设置必要的管理机构、对情报人员的培训和管理。

7.3 网络情报系统

7.3.1 网络情报系统的概念

网络情报系统,就是为了满足不同用户的情报需求,在互联网上进行情报搜集、加工、传递、储存、管理的总和,并将实现这些处理过程的手段和方法结合起来,使情报工作成为有组织系统的程序。所以,网络情报系统,又称为网络情报传递交流系统,是将网络情报从情报源传递给用户的功能系统。

网络情报系统是由人、设备、网络情报、情报传递交流过程及目的等系统要素所组成的综合体。各系统要素相互关联,为实现特定功能和共同目的而相互依存。由于目的、功能、要素和要素之间联系的不同,从而构成一个个具体的网络情报系统。

与其他所有类型的系统相同,网络情报系统也具有系统的一般特性:

➢ 网络情报系统构成元素的种类和数量极其繁多,目标多样;

➢ 网络情报系统的各个子系统(如网络情报加工子系统、网络情报检索子系统等)之间存在着大量、频繁的信息交换与处理;

➢ 网络情报系统是一种开放系统,与外界环境密切相关,既受环境的影响,同时又对环境有很大的影响;

➢ 网络情报系统的发展与信息处理技术的进步密切相关。网络情报系统功能的强弱,处理情报信息的快慢,服务于用户的效果,都取决于使用的技术是否先进。

第七章

7.3.2 网络情报系统的功能

网络情报系统,是人们为了搜集、加工整理、存储、检索、传递网络情报而建立的人工系统。它是一种开放系统(或称"柔构造"系统),能够不断适应环境的变化。网络情报系统有输入、存储、处理、输出、控制五种功能,其功能构造模型如图7-1所示。

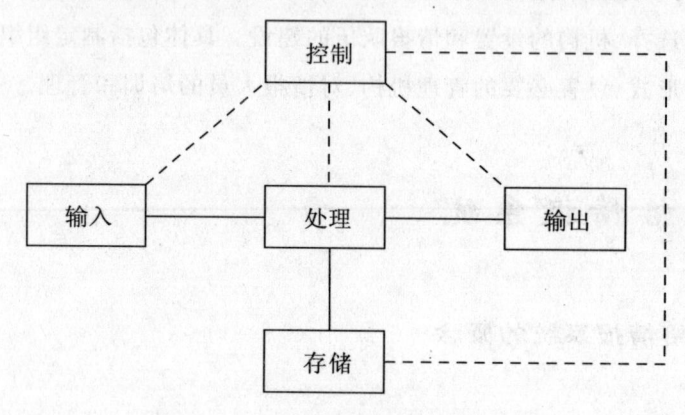

图 7-1 网络情报系统的功能

➢ 输入功能

网络情报系统处于运动状态时,会产生信息、资金、人员等流动,由环境向系统的流动即"输入"。网络情报系统的输入功能,取决于用户所要达到的目的、系统的加工能力、环境的要求和许可等。

网络情报系统的两个最主要的输入是用户的情报需求和情报源(数据、信息)。用户的情报需求是情报系统存在和发展的依据。没有特定用户的特定情报需求,也就没有特定的情报系统。情报用户的总体需求,决定了建立该系统的目的,也决定了情报系统的输入功能。而各个不同用户的具体情报需求,则转化为搜索、查询等,成为系统的输入。网络信息、新闻、多媒体资料则是网络情报系统的另一类主要输入,即网络情报源的输入。

这里需要强调指出,系统的输入还包括反馈输入。网络情报系统根据用户的需求和系统的特定过程做出输出之后,必须及时搜集用户的反应、情报被利用后的效果等,构成系统的反馈输入,以不断调节系统各组成部分的工作,更好地满足用户的情报需求。

➢ 存储功能

网络情报系统的存储功能与输入功能密切相关。存储功能指的是系统储藏各种网络情报资料的能力,包括情报资料和用户的查询、背景和使用历史情况。

网络环境下,硬盘容量的不断扩大和价格的持续下降,使得系统的存储功能不再是系统的瓶颈。但是大量的情报存储给系统的处理、输出带来一些困难,常常返回一些不相干的无效情报或延长了响应时间。因此,可以结合处理功能来解决信息过载问题。

> 处理功能

大量的网络情报资料存储在网络上之后,必须及时进行加工处理。情报处理是网络情报系统内部的生产过程,具体内容有记录、登记、分类、索引、摘要等环节。情报处理的目的是为了有效存储、更好地管理情报资料档案,传播情报内容、索引以利于情报的检索等。

在互联网时代,情报处理功能的强弱,取决于系统内部的专业技术力量和情报处理技术设备状况。对于情报用户来说,情报资料传递的速度越快,越能发挥其重要作用。因此,建立网络情报检索系统,既能加快情报资料的查询、处理速度,又会减少处理情报中的错误。随着计算机网络不断深入人们的生活和企业经营中,人们对网络情报的需求不断增加,对网络情报系统处理能力的要求也越来越高。

> 输出功能

建立网络情报系统,将收集来的情报加工处理,其最终目的是将各种各样的情报输送给具体的用户,以满足各类用户对不同情报的需求。因此,网络情报系统的各种功能都是为了保证实现情报产品准确、及时地输出。网络情报系统输出的形式很多,如 Web 文本、视听资料、打印文档,向用户提供咨询服务,为科技人员提供专题情报报道,为决策人员提供管理情报、市场情报等。

每个网络情报的输出形式都不尽相同,尤其是随着互联网的多样化发展,网络情报服务的形式和方法也是不断发展和变化的。但是,评估一个网络情报系统的优劣,最重要的指标就是系统中的输出功能,对输出功能的评价即是对整个系统的评价。具体评价内容有:(1)网络情报系统提供情报的种类和数量。(2)网络情报检索的检全率和检准率。(3)用户对情报的具体使用量。如果系统提供的情报用户用之甚少,则说明这一系统没有多少存在的意义。因此,用户第一,为用户服务,是系统的根本宗旨。(4)提供情报的准确度,系统提供(输出)的情报必须是真实可靠的,有针对性,而不能是无的放矢、漫无边际,尤其在网络情报过于膨胀的今天。

> 控制功能

第七章

为了保证物理情报系统的输入、存储、处理、输出等环节能够正常地运行,必须对情报系统进行有效管理,使情报在系统内部的运动不受阻碍,使真实的情报系统尽快输出,使虚假、过时的情报被剔除。网络情报系统的控制功能表现在两方面。一方面是对系统的各个环节进行控制,如利用先进的输入、输出设备,从技术上进行情报准确率的控制;另一方面,是对整个网络情报系统的组织管理,即由组织机构来控制与调节系统内部各因素的功能及其关系,完成各种情报服务项目。

为了对系统实行有效的控制,必须有可靠的反馈信息。情报人员收集和处理信息的能力、输出的情报质量都要经过反馈才能给予正确的评估。同时,通过反馈也能够检验网络情报系统的输入、存储、处理、输出等各项功能是否正常发挥作用,便于及时控制调整,从而使整个情报系统的运行最佳化。

7.3.3 案例:荣昌制药公司网络情报系统介绍

> 系统建设背景

烟台荣昌制药有限公司成立于1993年,注册资金5,000万,总资产1.96亿。公司组织机构设置具有扁平化、专业化、透明化、网络化等特点,设有信息中心、制造中心、营销中心、研究院等十余个事业部,并在全国拥有25个办事处。企业共设4级管理架构,它们之间互依互动,形成高效、简洁、有序的强大组织力量,确保公司战略目标的实施。荣昌制药具备非常好的信息化基础,但是信息的特殊属性使得荣昌在缺乏良好的信息情报平台工具的情况下,在信息的高效传递和反馈上仍有一定问题,如信息资源分散、信息量少、共享不方便、内部沟通不顺畅等。这些问题使得对企业极具价值的决策相关信息无法有力地对决策形成支持。

2002年末开始,荣昌制药信息中心开始深入的市场调研,并最终选用百度公司的专业企业竞争情报系统——百度eCIS,作为荣昌企业竞争情报和信息学习平台。

> 情报系统介绍

荣昌制药的企业竞争情报系统平台基于荣昌企业网络,集信息情报的计划、采集、整理、分析、发布、服务、信息共享等功能为一体。系统帮助荣昌制药的情报人员实时从企业关注的诸多网站抓取情报信息,并按照事先设定的情报分类体系进行分类存储。同时情报工作人员还能够将企业从各个渠道获取的敏感信息以各种灵活的方式整合到系统平台,并且通过系统的自动分类、索引、提取等一系列自动功能,和各级专兼职的情报工作人员的深入加工分析,最终向企业内部的各级用户提供每日情

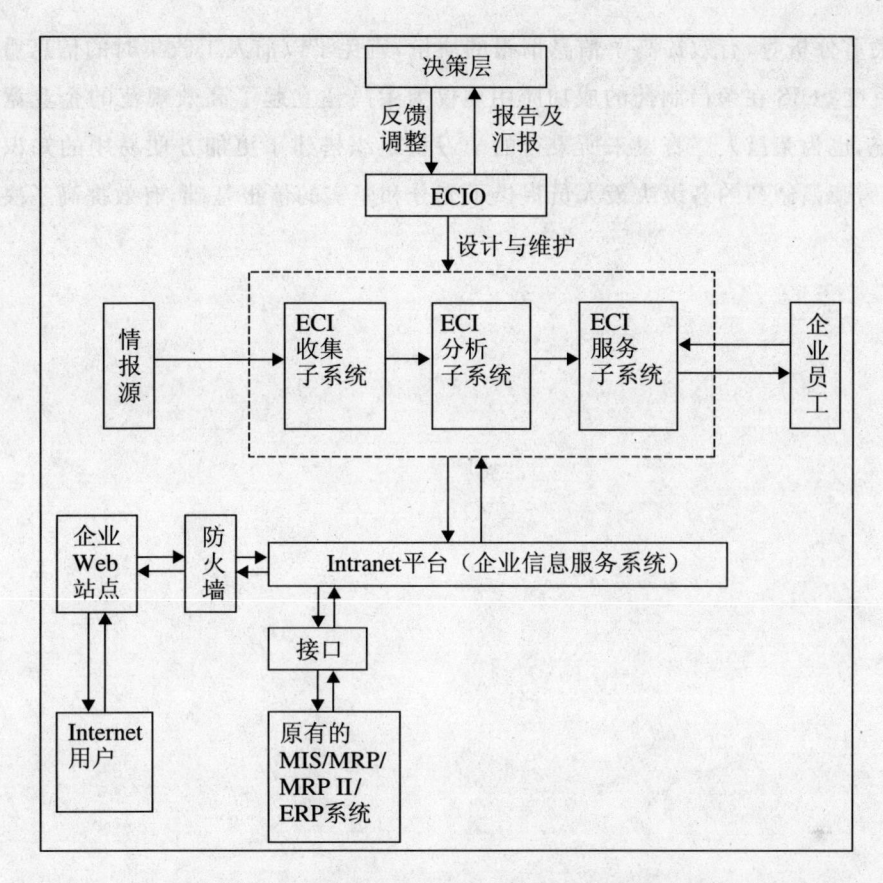

图 7-2 荣昌制药竞争情报系统平台

报、定期简报、专项课题研究等各种形式的情报服务项目。情报服务依托于荣昌制药成熟的互联网和局域网网络平台,不但能够方便地为企业内部用户提供多种多样的情报服务,同时还能在专业的安全保障机制下,为企业的外地办事处员工和出差在外的移动用户及时地提供服务,使他们能同步获得企业内部用户消费的情报产品。

企业竞争情报系统平台为荣昌制药提供了一个统一的方便的情报管理平台,该平台极大地提高了荣昌制药信息交流的深度和效率。信息统一存储管理,安全控制机制完备,方便了企业收集内外部情报并进行信息共享,有助于形成荣昌制药统一的情报管理平台,为荣昌制药充分发挥了情报的整合效应。

> 系统实施效果

2003 年 9 月,荣昌制药企业竞争情报系统正式在荣昌集团总部开始了实际应用。现在百度 eCIS 每天自动收集整理荣昌关注的一百多家医药相关网站的数百条信息,极大丰富了情报信息收集的全面性和广泛性。这些信息经过百度 eCIS 自动

第七章

分类去重分析等,有效提高了信息情报的质量,避免了以前人工收集时的信息重复。

百度 eCIS 在荣昌制药的成功应用不仅为荣昌建立起了高效规范的企业竞争情报系统,也为荣昌人一直以来所秉行的学习型组织搭建了更加方便易用的知识学习平台,为荣昌制药的各级决策人员提供了充分和坚实的情报基础,有效提高了决策质量。

第8章 网络情报的搜集和分析

科学技术的迅猛发展,使信息尤其是网络情报呈指数地增长,这使得传统的情报搜集方式和分析内容已经很难满足用户的需要。人们无法应对"信息相对过剩"的困境,这对传统的情报研究工作提出了挑战。传统的情报研究工作要保持与社会需求的平衡发展,就必须对其工作模式进行改造和创新,通过建立新的情报研究工作体系,使其向着现代网络情报研究方向发展,使情报研究真正成为认识客观世界的有力工具。

伴随着信息发布、传递与获取技术和手段的逐步现代化,用户对情报工作提出要求的重点转移到情报搜集、分析研究方面。如何从大量冗余的信息中获得可以给用户带来增值效益的情报,成为了情报分析和用户普遍关注的问题。目前,网络情报的搜集和分析越来越受到情报用户的重视,最新发展方向主要表现为利用知识管理的理念和方法对网络情报进行分析研究。

知识管理:众所周知,情报分析的工作方式在很大程度上依赖于情报分析人员的智慧,也就是知识管理中所说的隐性知识。情报分析需要将这些情报人员头脑中的智慧——隐性知识转换为组织的显性知识,使他们能够把这些知识运用到工作中,进而转换成为他们的个人智慧,形成一个知识积累呈螺旋式上升、知识创新不断推进的良性循环过程。这也正是知识管理理念及应用所涵盖的内容。由此可见,知识管理和情报分析存在着一种互动的关系,它们可以相互借鉴、相互促进、相互发展。信息活动的网络化改变了情报学实践活动的基础,原有的依赖于信息资源的大量拥有和情报检索渠道多样的情报分析工作优势逐渐削弱,同时,网络环境及社会知识化趋势又为情报分析提供了发挥其整合信息资源和挖掘知识价值的新空间。情报分析势必面临更多的机遇与挑战。知识经济是指建立在知识和信息的生产、分配和使用上的经济。或者说是以知识和信息的生产、分配和使用为基础的经济。在知识经济的大环境下,知识将成为情报学的主要研究对象。将知识管理的理论、方法、技术应用到情报搜集、分析工作当中,可以提升原有情报分析工作的管理水平,提高情报研究方法与技术的应用能力,挖掘与共享情报分析专家的经验和智慧,形成有利于情报分析工作发展的组织环境。因此,应正确认识网络情报分析与知识管理,切实将知识管理的理念、方法与技术应用到情报分析工作实践当中。

第八章

本章主要根据网络情报研究的一般程序,即网络情报的搜集、网络情报的检索、网络情报的分析和网络情报的开发利用,对网络情报工作展开详细的介绍和分析。

8.1 网络情报的搜集

在对网络情报进行管理的过程中,最基本的前提条件就是要进行情报资料的搜集。搜集工作是整个情报管理工作的起点,在情报工作中占有十分重要的地位。只有适时、准确地搜集并不断积累一定数量的资料,经过整理加工,才能更好地开展各项情报的分析研究和利用工作。网络情报搜集工作是一项较为复杂的管理活动。需要研究情报的来源,制订情报搜集的计划和原则,选择合理的手段、方法和途径。只有很好地解决了上述问题,网络情报的搜集工作才能顺利进行。

8.1.1 网络情报源

情报源就是指一切产生、保存、记载、传播情报的来源,即人类借以获得情报的来源。正确掌握和选择情报的来源,是搞好情报搜集工作的重要一环。由于互联网发展迅速,网络情报资源丰富多样,迄今为止还没有统一的网络情报源的分类标准,本书从实用角度结合网络情报源的内容特征和形式特征对各类网络情报源做如下分类:

➢ 网络情报检索工具

由于互联网中情报量非常巨大,如何在广泛的资源中有效地获得所需情报,需要在互联网使用技术上加以解决。针对因特网情报难查的问题,计算机专家及网络爱好者在短短几年间,开辟网络导航方法,已出现了多种检索工具。如用于检索 FTP 信息的 Archie,用于 Gopher 的 Veronica、Jughead 等。特别是作为主流发展的 WWW 检索工具开发得更快一些,目前已有 Google、百度、Yahoo!、AltaVista、Lycos、Infoseek、Excite、天网、网络指南针等。它们相当于对网上一次情报进行有序化组织的工具。

➢ 网络数据库

目前,国外大多数商业数据库已经与因特网相连,包括传统的联机检索系统通过因特网提供服务(如 Dialog)。网络数据库最大的优点是使用方便,通信成本低,是人们获取网络情报的重要来源。

➢ 企事业机构、行业团体网站

这类网站中蕴涵着丰富的网络情报资源。其中与企业密切相关的网站有竞争情报研究网站、竞争情报服务网站、行业网站、企业网站、政府网站等,它们提供了大量国内外的同类产品及相关产品的信息、客户信息及市场供求状况、发展态势、政府法规法令、金融税收状况、各类经济统计数据、工业标准与技术标准等微观经济和宏观环境的信息。

➢ 网上图书馆

近年来,随着互联网的普及,在网上已出现许多图书馆网站。这些图书馆网站,也称为网上图书馆。网上图书馆将图书馆积累的人类文化知识宝藏从印刷品转入网络社会,对这些文化宝藏进行数字化转换,成为信息网络中的最大财富。同时,它们又利用互联网扩展自己的信息资源和服务范围,在满足网上信息需求方面,发挥着越来越重要的作用。由于网上图书馆是图书馆与因特网结合的产物,所以这些网上图书馆也就同时具有图书馆特点和互联网的特点,它可以通过互联网为全球用户服务。

➢ 网络型电子出版物

目前许多出版物都出现双版制,即在出版印刷版的同时又出版电子版直接投入网络,致使网上电子出版物数量可观。网络型电子出版物包括:网上电子图书、网上电子报刊、网上特种文献资源(科技报告、会议文献、学位论文、专利文献、标准文献、产品样本等)。因其具有传播速度快,能提供全文本、超文本、多媒体信息,用户不受时间、空间的限制,检索提取方便,能同时满足多用户在线阅读的要求等特点,而日益受到人们的重视。

➢ 其他网络情报源

除了上述的网络情报源之外,网络情报源还包括网上广播、网上电视等网上传播媒体和电子论坛、电子公告牌、网络调查、留言板等网上交互式资源。它们具有良好的交互性、互动性,能使企业及时获取第一手资料。

8.1.2 网络情报搜集的原则

网络情报搜集工作做得好与坏,直接关系到整个情报管理以及其他各项工作的质量和效率。而且随着互联网的迅猛发展,网络情报正以爆炸式的速度在增加,信息交流速度飞速提高,导致情报老化、情报污染、情报分散的现象日益严重,这就给情报搜集工

第八章

作增加了难度。为了保证情报搜集工作的质量,就必须在情报的搜集过程中按照一定的程序,采取科学的手段,遵循一定的基本原则来进行。一般来说,要坚持以下几项原则,即针对性、系统性、准确性、先进性及适用性、时效性、经济性、预见性等。

> 针对性

即针对情报用户不同时期的不同情报需求,采取突出重点、照顾一般的方法去搜集网络情报资料。由于各种类型的网络情报资源数量庞大,涉及面广泛,而且人们的情报需求总是特定的、有层次的、有范围的,所以网络情报搜集的过程就是以情报选择为核心的过程。要从情报用户的实际出发,根据用户的需求以及人力、物力、资金等因素,围绕用户的总方针和总目标,有针对性地进行情报的搜集。如企业情报用户某一段时期需要开发新产品,就重点搜集与企业开发的新产品项目有关的网络情报资料,下一时期要解决产品质量问题,就重点搜集与改进质量相关的网络情报。

> 系统性

网络情报的搜集,不但要有针对性,而且还要有系统性。坚持系统性的原则是由两方面的因素所决定的。一方面,由于各种技术、经济情报都具有连续性和自成系统,客观上要求情报搜集工作要具有系统性。另一方面,用户在利用情报资料的过程中也需要系统性。例如,一个企业为了掌握市场需求的变化规律,预测未来的发展趋势,就需要大量的历史统计数据,而这些资料和数据都要求连续、系统。如果情报残缺不全,时断时续、支离破碎,就不能从中找到规律性的有用信息。特别是重要的情报,更应该保持其系统、连贯和完整,这样在需要的时候才能满足情报用户的生产经营或科学研究的需要。如果不这样,在决策过程中往往会由于情报不完整或者提供不及时而贻误了时机。即使能够用突击的方式补充搜集,也必然在时间、人力和经费上造成损失,或者根本就搜集不到。

> 准确性

搜集的网络情报力求准确,这是网络情报工作最基本的要求。搜集情报是为了给情报用户的决策提供可靠的依据,如果情报不准确,就可能导致用户决策失误,从而造成很大的损失。尤其在互联网环境下,情报来源的质量得不到保障,网络信息发布随意、无效甚至虚假的网络情报数量巨大。所以,对于所获取的每一种网络情报都要进行筛选、鉴别、分析,对于不可靠的要加以剔除,只有这样才能充分保证网络情报的准确性。

> 先进性及适用性

网络情报的搜集必须注意情报的先进性。要注意搜集有关先进的技术、先进的管理方法的情报。同时还必须注意情报的适用性,只有先进性和适用性相结合的情报,才是对用户最有效的情报。比如,关于原子能炼钢的情报,就炼钢技术而言,是很先进的,但对当前我国炼钢的实际水平和现状而言则这一情报的适用性可以说是微乎其微的。因此,正确估量网络情报的适用性是很重要的。情报人员在搜集网络情报时,一般要考虑网络情报的技术先进性和理论价值,更应该考虑网络情报的适用性和可行性。

➢ 时效性

网络情报的搜集一定要及时,因为网络情报的效用有一定的期限,过了期限,情报的效用就会减少甚至丧失。现代技术更新速度快,经济全球化发展,企业竞争日益激烈,如果行动迟缓,坐失良机,将过时的情报当做新情报,就会酿成重大的损失。企业只有及时抓住情报,捷足先登,速战速决,方能快中取胜,赢得成功。

➢ 经济性

网络情报搜集工作不仅要求可靠及时,同时还要提倡少花钱多办事、勤俭节约、提高经济效益的经济性原则。例如,原情报价格昂贵时,可以通过二手资料(他人的评论或博客)获取;参考价值不大,需要时可以通过一定渠道获得的,就不自己储存以免数据库膨胀。要避免情报搜集的重复性,严格控制各种费用的开支。强调经济性,并不等于少搜集或不搜集,而是要在一定的时间和条件下,通过精选尽量搜集那些信息量大、利用率高、有极大参考价值的网络情报。

为了提高情报的经济效益和利用率,情报机构还应该与有关部门、同行业进行情报交换。这样既可以减少费用支出,又可以充实各自的情报内容,从而开辟和建立广泛的情报交流渠道。任何机构所搜集的情报都不可能得到百分之百的利用,有的情报内容经过分析处理后可能与本机构关系不大,而对其他机构却有一定的参考价值。另外,有的情报在一定时期对一个机构可能是过时了,而对另一机构可能是需要而又缺少的。这样通过交换,可以提高情报利用率,使经济效益大大提高,也充分体现了社会主义条件下的协作精神。

➢ 预见性

任何事物都处在发展变化之中,尤其是在当今信息技术、生物技术迅猛发展的时代,我们周围的一切更是瞬息万变。在搜集情报的过程中如果仅仅考虑当前的情报需求,那么情报搜集工作就会永远滞后于情报需求,处在被动的位置。情报搜集过程不仅要立足于现实的需求,同时还要有一定的超前性,要掌握社会、经济、科学技术等的发展动态,制订面向未来的情报搜集计划。

第八章

8.1.3 网络情报搜集的基本程序

网络情报搜集是一个组织过程,应该遵循下面的一些基本程序,包括制订网络情报搜集计划、情报搜集的组织工作、搜集资料等几个部分。

➢ 制订网络情报搜集计划

网络情报搜集过程中一个很重要的原则是有计划性,这个原则贯穿于情报搜集的全过程。主要工作包括明确搜集工作的目的与要求;确定情报搜集的范围和具体内容;选择网络情报来源;明确搜集情报的方法和途径等。还包括具体的实施计划,如完成时间、工作进度、费用预算、考核办法等。在计划中要包括网络情报详细的搜集大纲的相关内容,如国内外情况、历史、现状、趋势、搜集对象、数据等。

➢ 网络情报搜集的组织工作

在搜集网络情报之前,必须从所需要的网络情报源、物资、人员等方面进行合理的组织,使情报的搜集工作在组织工作上得到保证。在搜集的原始情报中,有许多是以各种数据和形式表示的,因此在搜集情报前的组织工作中,就需要进行数据结构的设计。在这一环节,一个重要的工作是对情报搜集人员的组织。在网络情报搜集计划确定后,就应根据工作任务、要求、内容、规模来组织调配工作人员。对参加该课题情报搜集的人员,都要围绕着方案的任务重点进行培训,使之明了工作方案的内容,掌握相关操作技术和必要的情报知识及相关学科知识。对参加人员必须委以明确的任务与职责,比如哪些人搜集什么类型的情报、什么时间完成、搜集质量如何保证等。

➢ 网络情报的具体搜集

所有的准备工作就绪之后,下一步是进行情报的具体搜集工作。这个过程可以分为几个阶段进行。

按照情报计划的内容和要求组织力量进行情报的搜集,这是情报搜集活动的最初阶段。

发现问题,及时反馈,寻找原因,追踪搜集。尽管在网络情报搜集活动之前拟订了一套切实可行的计划,但是外界环境是不断发展变化的。这些动态因素在拟订计划时很难考虑周全,因此在按计划搜集情报的过程中,往往会遇到许多意想不到的新问题和新情况。这就要求情报搜集人员在搜集过程中,随时根据外界条件的变化来发现新问题,及时补充和修改原有计划,追根溯源,进行追踪搜集。

搜集情报时要力求全面和系统。不但能够搜集和利用文本资料,而且还应该搜集和利用多媒体信息，从中捕捉有用的情报，相互补充。

对所搜集到的情报资料进行初步的加工和分析。最初搜集到的情报往往内容比较多而杂乱，有些资料在内容和类别上还相互交叉渗透，对于这些初始资料利用起来十分困难。在初级资料的基础上，要对已占有的大量资料进行分类、分析，从中提炼出参考价值大、反映问题明显的部分。

➢ 网络情报的加工整理

情报的加工整理，是全部情报搜集工作的最后一步。情报在搜集过程中都是较杂乱的数据和文字资料，虽然经过初步分析归纳，但还没有最终形成所需的情报资料形式，还不便于检索、储存。因此，还要将它用文字或其他形式加工整理出来，最后提供给情报的需求者。全部的搜集程序如图8-1所示：

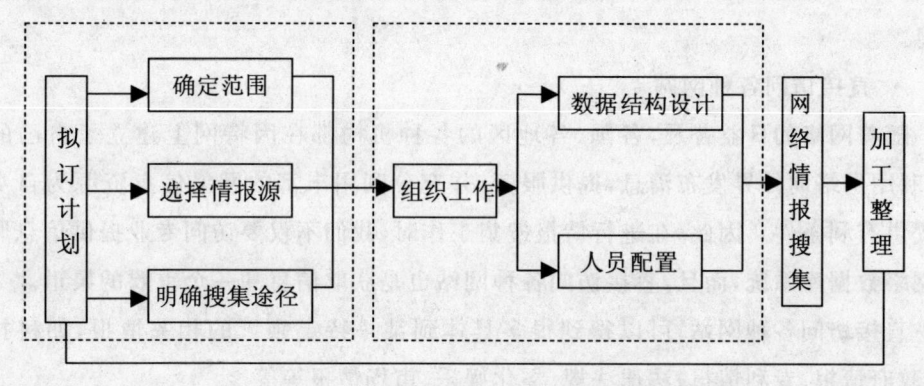

图 8-1 网络情报的搜集程序

8.1.4 网络情报的搜集方式

网络情报的搜集方式主要包括三种：人工搜集方式，自动化搜集方式，半自动化搜集方式。

➢ 人工搜集方式

网络情报的搜集工作主要由情报人员完成，通常有两种途径完成网络情报的搜集：访问网络数据库和直接访问各种网站。

• 网络数据库

数据库技术产生于20世纪60年代末70年代初，80年代开始广泛应用于科学研究、信息存储加工等领域。随着面向对象数据库、客户机/服务器、分布式技术以及网络技术的发展，数据库越来越趋向于与网络相结合。世界上几大联机检索系统

第八章

（如 Dialog、Questel、Orbit、STN 等）都先后在 Internet 上提供数据库检索服务。很多数据库供应商、出版商也把产品推上互联网，直接为用户服务。随着互联网在国内的普及应用，我国网络数据库也得到了迅速的发展，并已初具规模。

网络数据库是出版商和数据库生产商、服务商在互联网上发行、提供的出版物和数据库，用户可以通过互联网直接访问。网络数据库具有检索界面直观、操作方便简单、便于资源共享、信息更新快、检索价格相对便宜、服务形式多样、信息容量大、种类多等特点。按数据库中涉及的主要内容范围，可将网络数据库分为商业数据库、学术数据库和特种文献数据库等。其中，商业数据库提供与国内外商业活动有密切联系的各类信息，如公司、产品、市场行情、商业动态等；学术数据库主要提供学术、科研信息；特种文献数据库主要收录专利文献、法律法规、技术报告、会议文献、标准文献等信息。

- 直接访问各种网站

随着网络的日益普及，各国、各地区的各种机构都在因特网上建立了自己的网站，利用网络向外界发布消息，提供服务，并充分利用丰富的网络信息资源为自身发展提供有利条件。因此，在进行情报搜集工作时，我们不仅要访问专业提供信息服务的网络数据库系统，而且，直接访问各种网站也是获取信息的一个重要的渠道。

直接访问各种网站，可以得到很多具体到某一特定领域的相关情报，如科技情报、政府情报、专利情报、法律法规、文化娱乐、市场情报等等。

以下将以专利情报和政府情报的搜集为例，介绍相关领域内的网站。

（a）专利情报网站

集技术情报、经济情报和法律情报于一体的专利情报，如专利说明书、专利文摘、与专利有关的法律文件等，是重要的情报源。随着网络的广泛使用，很多专利服务公司都在网上提供有关的专利情报，包括专利检索、专利知识、专利法律法规、项目推广、高技术传播、广告服务等，因其及时专业的服务，成为专利检索用户和知识产权研发人员经常访问的热门站点。

（b）政府信息网站

20 世纪 90 年代以来，世界范围内的电子政务浪潮席卷而来，令人惊诧不已，全球各地的政府争先在国际互联网上建立网站，发布政府信息，通过互联网向公民提供服务，进而提高政府工作、服务的效率和质量。根据《政府纸张消除法案》，美国政府于 2003 年 10 月以前实现无纸办公，让公民与政府的互动关系电子化。英国从 1994 年开始着手 E-Government（电子政府）的建设，"e-日本"于 2003 年建成日本的"电子政务",并在2008年之前在全球信息化潮流中"超越美国"。

人工搜集方式的优点在于:链接站点经人工筛选,准确率较高。其不利之处在于:人工搜集效率较低,情报搜集人员需耗费大量的精力去搜集相关的网络资料,因而其功能在很大程度上依赖于情报搜集人员所投入的精力。另一方面,由于人的精力有限,因而很难彻底地搜集到相关情报,从而影响到搜集资料的全面性。另外,情报搜集人员还需周期性地检测原有链接是否依然有效。如果网站地址更改的话,则要进行相应的修改。

➢ 自动化搜集方式

由于人工情报搜集耗时较大,而且很难保证相关领域网络情报的完整性,因而可以考虑用自动化搜集方式替代烦琐的人工劳动。网络情报资源的搜集工作由网络自动索引软件完成。网络自动索引的工作原理通常是:从现有 URL 集合中起步,顺着构成完备网点的 html 文件之间的链接关系,通过页与页之间的顺序查找新的网址,找到一个新的 html 文件后就分析它的 html 标题、全文和链接站点,如果它符合查找要求,就将其 URL 加入到现有的 URL 集合中,并利用链接站点作为新的起点,进行下一轮新的搜索。

这种搜集方式的优点在于:经过筛选,所得的站点链接相关度较高;与人工搜索方式相比节省了大量时间;面向整个 Internet 进行搜索,因而具有较强的全面性。其不足之处是,对软件的编写提出了较高的要求,大量相关性较低的情报也被搜集进来。

➢ 半自动化搜集方式

这种方式综合了上面两种方式的合理部分,充分利用了自动化搜集方式效率高的特点,同时也融入了人工搜集方式的智力思考。

需要说明的是,以上三种方式并非相互排斥。事实上,最优的情报搜集方式应当是三者的结合,即以自动化为主、以人工和半自动化为辅的全方位多样化搜集。

8.2 网络情报的检索

互联网的广泛应用和发展,使世界范围内的情报资源交流和共享成为可能。同时,它对传统的信息组织、检索和获取方法形成了很大冲击。一方面,它为人们提供了一个更为广阔的情报检索空间;而另一方面,网络情报的发展特点就在于无限、无

第八章

序、优劣混杂,缺乏统一的组织与控制。上网用户首先面对的是大量纷繁复杂的信息和数据,明显感觉到的是由信息过载(Information Overloaded)引发的困惑和茫然。在网络信息世界这个浩瀚、动荡的信息海洋中,准确、及时、有效地找到与自身信息需求相关的情报对所有网络用户来说都是十分重要的,同时也非常具有挑战意味。

8.2.1 网络情报检索概述

网络情报检索

情报检索的概念有广义和狭义之分。广义的情报检索是指将大量的情报资料,用检索标识标引,按一定的方式组织和存储起来,并根据用户的需求找到所需情报的过程。这个过程包括情报的输入(存储)和输出(检索)。狭义的情报检索仅指该过程的后一部分,就是从资料库中将所需要的情报资料查找出来的过程。网络情报检索,即以网络为平台的计算机检索,这种检索方式可同时使用网上多个主机,甚至所有主机的某种资源而并不需要用户预先知道它们的具体地址。这极大地拓宽了检索的空间和情报量,包括各种文献信息资源及其指向的网络页面。

由于网络情报的检索与传统情报检索相比有很大的不同,因此要建立在网络环境下检索情报的新思维,掌握有效的检索方法。首先,应该了解网络检索工具的结构、工作原理和通过互联网检索情报的主要途径和方法;其次,应该较为全面地掌握检索工具,了解多元化的网络检索工具及其主要检索功能和特点,如目录型、索引型、独立型、集合型、综合型、专业型和特殊型等;能够根据检索需求的不同选用不同类型的网络检索工具。

网络情报检索的特点

与其他检索方式相比,网络情报检索比较显著的特点有以下几点:

➢ 情报检索空间的拓宽

网络情报检索的检索空间比传统情报检索的空间大大地拓宽了。它可以检索互联网上的各类资源(Web、FTP、Telnet、Usenet、Gopher 等),而检索者不必预先知道某种资源的具体地址。其检索范围覆盖了整个互联网这一全球性的网络,为访问和获取广泛分布在世界各地的、成千上万台服务器和主机上的大量信息提供了可能。这一优势是任何其他情报检索方式所不具备的。

➢ 交互式作业方式

所有的网络情报检索工具都具有交互式作业的特点,能够从用户命令中获取指令,即时响应用户的要求,执行相应操作,并具有良好的信息反馈功能。用户可以在检索过程中及时地调整检索策略以获得良好的检索结果,并能就所遇到的问题获得联机帮助和指导。

➢ 用户界面友好且操作方便

网络情报检索系统对用户屏蔽了各局部网络间的物理差异(包括各主机的硬件平台、操作系统等软件上的差异、客户程序和服务程序版本上的差异、数据的存储方式及各种不同的网络通信协议的差异等),使用户在使用这些服务时感觉到明显的系统透明度。检索者使用自己所熟悉的检索界面和命令方式输入查询提问就可实现对各种异构系统数据库的访问和检索。

网络情报检索的基本原理

网络情报检索包括网络情报的汇集、存储与检索三个方面。网络情报的汇集是指对杂乱无章的各类情报资源加以组织和控制,使之有序化的过程;情报的存储是将有序化的情报资源进行存储,建立信息检索系统(或检索工具)的过程;情报的检索是指从这些有序化的情报资源存储系统中查找出专门情报资源的活动、方法与程序。

➢ 网络情报的汇集

在情报的汇集过程中,情报工作者首先搜集大量的分散的原始情报;其次对各类情报资源进行主题分析,将其所包含的情报内容分析出来,使之形成若干能代表情报内容主题的概念;然后用一定的情报检索语言对这些情报资源著录项(也称做标引)的外部特征(如资料的题名、作者、文种、出处等)和内容特征(指资料所涉及的学科属性、主题内容、关键词语、化学分子式、时间和地域范围等)进行描述,每一个情报资源都形成一条线索。

➢ 情报的存储

在情报的存储过程中,情报工作者通过情报的汇集改变情报资源的结构和存在的形式,如按分类、主题、作者、地域、时序等线索予以排列与组织,使之具有人为的、科学的、合理的结构,然后将这些线索和结构用一定的方式存储起来,形成一定的情报检索系统或检索工具,在传统的检索存储与检索系统中一般都是使用数据库文档存储的方式,而随着多媒体信息的加入,以及Internet的迅猛发展,现在的计算机信息存储与检索系统中,出现了一些新的文件组织方式,如超文本方式等。

➢ 情报的检索

第八章

在情报检索系统中组成各类情报资源线索中的各著录项,即为情报检索过程中借以进行的检索点。通常作为检索点的有主题词、关键词、分类号、著者、专利号、标准号、出版社等。情报的检索就是将特定的用户需求进行主题分析,使之形成能代表用户情报需求的概念,并通过情报检索语言的规范进行概念的转换;然后与检索系统或检索工具中的情报资源线索进行异同的比较与匹配,选取两者相符或部分相符的信息资源予以输出。

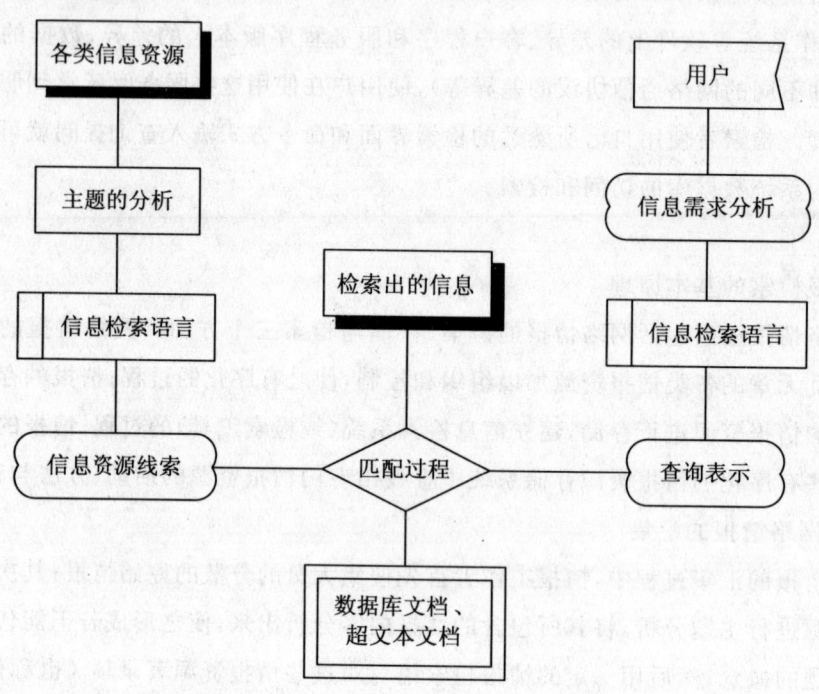

图 8-2 信息检索的一般模型

8.2.2 网络情报检索的方法

要在互联网上获取情报,用户首先要找到提供情报源的服务器。所以,首先以找到各个服务器在网上地址(URL)为目标,然后通过该地址去访问服务器提供的信息。一般的检索方法可有以下几种:

➢ 浏览(Browsing)

一般是指基于超文本文件结构的信息浏览。即用户在阅读超文本文档时,利用文档中的超链接从一个网页转向另一个相关网页。在顺"链"而行的过程中发现、搜索情报的方法,国外称之为"Surfing"(冲浪)。这是在互联网上发现、检索情报的原始方法,在日常的网络阅读和漫游中,人们都有过在随意的上网阅读时意外发现有用情报的体验。这种方式的目的性不是很强,具有不可预见性、偶然性。而追踪某个网页的相关链接有些类似于传统文献检索中的"追溯检索",即根据文献后所附的参考文献(References)追溯相关文献,一轮一轮地不断扩大检索范围。这种方式可以在很短的时间内获得大量相关情报,但也有可能在"顺链而行"中偏离了检索目标,或迷失于网络情报空间中。用户在此还要注意到,基于浏览获得的检索在很大程度上取决于网页所提供的链接,因此搜索的结果可能带有某种偶然性和片面性。

个人用户在网络浏览的过程中常常通过创建书签(Bookmark)或热链表(Hotlink,Hotlist)来将一些常用的、优秀的站点地址记录下来,组织成目录以备今后之需。但这种做法只能满足个别的一时之需,相对于整个网络情报的发展,其检索功能似乎是微不足道的。

➢ 借助目录型网络资源导航系统、资源指南等网络搜索工具来查找情报

为了对互联网这个无序的信息世界加以组织和管理,使大量有价值的信息纳入一个有序的组织体系,便于用户全面地掌握网络资源的分布,专业人员做了许多努力和开发。他们基于专业人员对网络信息资源的产生、传递与利用机制的广泛了解,和对网络信息资源分布状况的熟悉,以及对各种网络信息资源的采集、组织、评价、过滤、控制和检索等手段的全面把握而开发出了可供浏览和检索的网络资源主题指南。综合性的主题分类树体系的网络资源指南,如 Yahoo!、搜狐受到普遍欢迎。其主要特点是根据网络信息的主题内容进行分类,并以等级目录的形式组织和表现。而专业性的网络资源指南就更多了,几乎每一个学科专业、重要课题、研究领域的网络资源指南都可在互联网上找到。这类网络资源指南类似于传统的文献检索工具——书目之书目(Bibliography of Bibilographies)或专题书目,其任务就是方便对互联网信息资源的智能性获取。它们通常由专业人员在对网络信息资源进行鉴别、选择、评价和组织的基础上编制而成,对于有目的的网络情报发现具有重要的指导作用。其局限性在于:由于其管理、维护跟不上网络信息的增长速度,导致其收录范围不够全面,新颖性、及时性可能不够强;且用户要受标引者分类思想的控制。

➢ 利用搜索引擎进行情报检索

利用搜索引擎是较为常规、普遍的网络情报检索方式。搜索引擎是供用户进行关键词、词组或自然语言检索的工具。用户提出检索要求,搜索引擎代替用户在数据库中进行检索,并将检索结果提供给用户。它一般支持布尔逻辑检索、词组检索、截词检索、字段检索等功能。利用搜索引擎进行检索的优点是:省时省力,简单方便,检

第八章

索速度快、范围广,能及时获取新增情报。其缺点在于:由于采用计算机软件自动进行信息预加工、处理,且检索软件的智能性不是很高,造成检索的检准率不是很理想,与人们的检索需求及对检索效率的期望有一定差距。

8.2.3 网络情报检索的步骤

网络情报检索一般都需要借助各类检索系统,从数量庞大的情报集合中,迅速、准确地查找到特定情报内容。整个检索过程一般可以分为:情报需求分析、制定检索策略、实施检索策略等。

➢ 情报需求分析

情报需求是人们进行情报检索的基本出发点,也是评价检索效果的依据。情报的需求分析主要包括以下两方面:

明确检索的目的与要求

检索目的是指明确所需情报的用途,比如,是为了制定企业发展战略,利用情报来分析竞争对手?还是为申请专利或鉴定科技成果,以情报为依据说明其新颖性和独创性?检索要求是指明所需情报的类型、语种、数量、检索的范围和年代等,以对查全率和查准率进行控制。显然,检索的目的和要求,是制定检索策略的基本原则。

对主题进行分析,形成相关的检索词

在明确检索目的的基础上,找出检索目的所涉及的主要内容和相关内容,从而形成主要概念和次要概念,选取检索词。可以从以下几个方面来确定检索词:

• 根据检索课题所涉及的商业目标和技术内容选词,例如直接采用新技术的名称或竞争对手的主要产品名称。

• 将分析中得到的认为最重要的概念定为检索关键词。

• 确定包含检索主题的较广的类别,这对于应用分类检索信息很有用。

• 选定可能包含检索主题的组织或机构。

➢ 制定检索策略

检索策略是为达到检索目标而制定的具体检索方案,一般包括:检索系统的选择、确定检索途径、拟订检索提问式。

• 选择适当的检索系统

选择计算机检索系统主要考虑的因素包含:检索系统与情报需求是否结合紧密,是否属于同一行业,覆盖信息是否面广量大,报道是否及时,揭示情报的内容是否准确,是否有一定深度的数据库。此外,还要考虑系统的检索功能是否完善。

• 确定检索途径,进一步优化检索要用的检索词

目前计算机检索系统所提供的检索途径可分为:一类是以提供信息的内容特征——主题概念(如叙词和自由词)方式出现的主题检索,在计算机检索系统中以基本检索的形式出现;另一类是以提供信息的外部特征——某特殊的符号(如专利号、竞争对手姓名等)方式出现的扩展检索,在计算机检索系统中是以高级检索或复杂检索的形式出现。

选择好检索途径后必须要根据前面第一步所分析的检索词进行相关的优化处理。因为在计算机检索系统中,计算机只能从词形上辨别所扫描的记录是否符合检索要求,不可能像人的大脑那样去考虑检索词的含义。因此要考虑所选择的检索词是否与数据库、网页内容相容。

值得提出的是,由于存储器容量的不断增大,检索软件的不断完善,特别是全文检索技术的发展与应用使得自由词在计算机检索系统中得到了广泛的应用。这是因为自由词的数量大,覆盖面广,尤其适合在搜索引擎检索系统中使用。而目前利用搜索引擎检索系统检索情报的用户数大大增加,检索结果相对全面快速。

• 选择检索技术,构造检索提问表达式

检索提问表达式的选择与构造是否得当,会直接影响检索效果。一般来说利用计算机检索系统进行检索提问表达式的设计与检索系统所提供的检索途径、检索技术相关。在计算机检索过程中,检索提问与存储标识之间的对比匹配是由机器自动进行的,所以检索的核心是构造一个既能表达检索课题需求,又能为计算机识别的检索提问式。检索提问式是检索策略的具体体现,是上机检索的依据。目前计算机检索系统所提供的检索技术很多,每个检索系统所提供的检索技术各不相同,但基本上都提供布尔逻辑检索、截词检索等。我们可以使用布尔逻辑算符、位置逻辑算符、截词符、限制符等。将检索词进行组配,确定检索词之间的概念关系或位置关系,准确地表达情报需求的内容,以保证和提高情报的查全率和查准率。

• 实施检索策略

网络情报检索策略的实施,就是将构造好的检索提问式,输入计算机检索系统,使用检索系统认可的检索方式进行匹配运算,并输出显示检索结果。检索结果出来后要通过粗读进行人工判断,对检索结果进行筛选,也可以通过计算机检索系统提供的二次检索或高级检索方式由计算机来完成。

筛选出的检索结果可以分为两类情报,一类是只提供了原文的线索信息的结果,

第八章

一类直接提供原文信息。如果是只包含原文线索信息的检索结果,则必须进行信息来源类型的辨析。

8.2.4 网络情报检索技术

情报检索技术是用于用户提问与所收集到的情报集合匹配比较的技术。它经历了手工检索、脱机检索、联机检索、光盘检索到基于互联网的网络化检索,同时也从开始基于关键词的检索,发展到基于概念的检索,再到如今的基于内容的检索。这一演化过程反映了情报检索将由对内容知识的检索取代对关键词、概念的检索,只不过目前大部分全文检索仍停留在关键词检索阶段,甚至是"字"检索阶段,运用上述关键字匹配算法,效率低且检索精度差。

布尔逻辑检索技术

布尔检索是检索系统中应用最为广泛的检索技术,同时也是最早建立的检索理论,是最简单、最基本的匹配模式,其理论基础是集合论与布尔逻辑。它采用布尔逻辑表达式来表达用户的检索要求,并通过一定的算法和实现手段进行检索。布尔逻辑表达式是通过布尔运算符(逻辑与"and"、逻辑或"or"、逻辑非"not"等)来连接检索词,以及表示运算优先级的括号组成的一种表达检索要求的一种算式。

常用的布尔逻辑运算符有三种,分别为逻辑与"and"、逻辑或"or"和逻辑非"not"。逻辑与运算符通常记为"*",表示要检索同时包含两词的情报,因而逻辑"与"缩小了检索范围。比如说要求查找"网络情报的分析"方面的内容,可以向计算机系统提交下列提问逻辑式:"网络情报 * 分析"或者"网络情报 and 分析",运算的结果是同时含有"网络情报"和"分析"的资料才被检索出来。

逻辑或运算符通常记为"+",用来组配检索词的并列关系,表示要检索含有两词之一或同时包含两词的资料。比如说要求查找 Google 或百度方面的内容,可以向计算机系统提交下列提问逻辑式:"Google + 百度"或者"Google or 百度",运算的结果是含有"Google"或者"百度"的资料都被检索出来。

逻辑非用"not"或"-"表示,用来组配概念包含关系,可以从原检索范围中排出一部分。使用逻辑非组配是缩小检索范围。

布尔运算符的优先级为:逻辑非、逻辑或、逻辑与。

布尔检索的表达式是目前情报检索系统中使用的最多的一种方法,几乎所有的联机

检索系统、网络检索系统都提供布尔检索方式,它之所以长盛不衰,主要有以下优点:

- 与人们的思维习惯一致;
- 表现直观清晰、结构化强、语义表达好;
- 方便用户进行扩检和缩检;
- 易于计算机实现。

但同时也存在比较明显的缺陷:

- 没有反映情报需求所涉及的多个概念的相对重要性,一个概念或者与信息需求完全吻合相关,或者全然不相关,这与实际情况是有一定距离的。
- 没有反映概念之间内在的语义联系,而是将概念与资料之间的关系简单化。忽略了概念与文献内容、形式和结构的关系,所有的语义关系被简单的匹配代替,因而既不能准确地描述文献,同时又不能检索到与用户信息需求确实相关但又不是用检索式中概念直接标引的文献。
- 匹配检索存在某些不合理的地方。
- 检索结果不能按照用户定义的重要性排序输出。

为了克服上述缺陷,人们对布尔检索理论进行了改造,一种方法是对标引词予以权值,权值的大小即反映标引词在文档中的重要程度,由此形成了所谓的加权检索。

加权检索

所谓加权检索,就是在检索时给每个检索词一个表示其重要程度的数值即所谓"权",对含有这些检索词的资料进行加权计算,其和在规定的数值(或称阈值)之上者作为检索结果输出,权值的大小表示被检出资料的切题程度。加权检索可对检索出的资料进行相关性排序输出,也可根据检准率的要求进行灵活的分等输出,输出时按权值大小排列,只显示权值超过阈值的相关资料。

加权检索并不是所有系统都能提供的检索技术,而能够提供加权检索的系统,对权的定义、加权方式、权值计算和检索结果的判定等方面,存在着一定的技术上的差别。因此,下面分别介绍不同类型的加权检索知识:词加权、词频加权检索等。

- 词加权检索

词加权检索(Term weighing retrieval)是最常见的加权检索方法。在检索式

第八章

的构造过程中,检索者根据对用户检索需求的理解,为需求选定检索词,同时每一个检索词(概念)给定一个数值(权重)表示其针对本次检索的重要程度。检索时先判断检索词在文献记录中是否存在,对存在检索词的记录计算其所包含的检索词权值总和,通过与预先给定的阈值相比较,权值之和达到或超过阈值的记录视为命中记录,命中结果的输出按权值总和从大到小排列输出。这种用给检索词加权来表达信息需求的方式,称为词加权提问逻辑。

➢ 词频加权检索

词频加权检索(Term frequency weighing retrieval)是根据检索词在数据库中出现的频次来决定该检索词的权值,而不是由检索者指定检索词的权值。该法消除了人工干预因素,但这种加权检索方式必须建立在全文(或)文摘型数据库基础之上,否则词频加权将没有意义。词频加权主要是根据词的出现频率来确定词的权值,在检索中采用的通常是绝对词频加权,标引采用的一般是相对词频加权。

截词检索

截词检索,主要是利用检索词的词干或不完整的词形进行检索。所谓截词是指检索者将检索词在他认为合适的地方截断,截词检索则在检索前,针对逻辑提问中的每个检索词附加一个截断模式说明,指出该检索词在与文献库中的词比较时,采取完整匹配还是部分匹配。截词检索可采用右截断(前方一致)、左截断(后方一致)、左右同时截断(中间一致)、完全一致和指定位数一致五种方法,其中前方一致、后方一致和中间一致用得较多。

➢ 前方一致

即将检索词的词尾部分截断,要求比较被检项的前面部分。右截断在计算机检索中广泛应用,这种方法可以省去键入各种词尾有变化的检索词的麻烦,有助于提高检全率。例如,键入检索词"computer+"(+为截断符号),可以检索出任何含有 computer 开头的检索词的资料,如 computers、computerize 等。

➢ 后方一致

即将检索词的词头部分截断,要求比较被检项的后面部分。左截断在计算机检索中广泛应用,这种方法可以省去键入各种词头有变化的检索词的麻烦,有助于提高检全率。例如,键入检索词"+computer"(+为截断符号),进行匹配时索引词 mini-computer、microcomputer 等均算命中。

➢ 中间一致

将字根左右词头、词尾部分同时截断,例如,键入检索词"＋computer＋"可以命中包含该词根的所有索引词,如 minicomputer、microcomputer、computers、mini-computers 等。这种左右同时截断的方法,在检索较广泛目的的情报时比较有用,可以获得较高的检全率。

对于检索而言,截词检索可以减少检索词的输入量,简化检索步骤,扩大查找范围,提高检全率。目前截词检索在检索系统中有广泛的应用。

位置检索

位置检索是全文检索系统中主要的检索技术,是指规定了检索词在原始文献中相对位置的限定性检索。它大致包括有下述四种级别的检索。

记录级检索,限定检索词在数据库的同一记录中;字段级检索,限定检索词在数据库记录的字段范围内;子字段或自然句级检索,限制检索词在同一子字段或自然句中;词位置检索,限定检索词的相互位置满足某些条件。

不同的检索系统所规定的全文检索位置运算符可能不同。现对 Dialog 系统提供的全文检索位置运算符作一简单介绍。

W:词位置顺序紧连,两相邻词不能颠倒,且不能有除空格之外的其他字符。

F:同字段检索,要求两个词在记录的同一字段中,词序不限。

C:记录级"与"运算,要求两个词在同一记录中即可,无论是哪个字段。

全文检索技术

所谓全文检索(Full Text Retrieval),就是以文本数据为主要处理对象,实现内容信息存储与检索的技术。全文检索是根据数据资料的内容,而不是外在特征来实现的情报检索。通过提供快捷的数据管理工具和强大的数据检索手段,帮助人们进行大量文本资料的整理和管理工作,使人们能够快速、方便地查到他们想要的情报。

与其他检索技术相比,全文检索技术的新颖之处在于,它可以使用原文中任何一个有实际意义的词作为检索入口,而且得到的检索结果是源文献而不是文献线索。全文检索技术中的"全文",表现在它的数据源是全文的,检索对象是全文的,采用的检索技术是全文的,提供的检索结果也是全文信息。

全文检索目前主要通过以下方式来实现:采用自由指定的检索项(如关键词字符串等)直接与全文文本的数据高速对照,进行检索。对文本内容中的每个检索项进行位置扫描,然后排序,建立以每个检索项的离散码为目标的倒排文档;采用超文

第八章

本模型建立全文数据库,实现超文本检索。已应用的检索技术有字符串检索、截词检索、位置检索、同义词控制以及后控词表等技术。

网络情报检索技术新发展

> 人工智能技术的应用不断发展

用于网络情报检索的人工智能技术主要有机器学习技术、知识发现技术、自然语言理解技术和智能代理技术。

机器学习技术是网络情报检索技术智能化的基础,是研究如何使机器模拟人利用各种学习方法来获取知识,并进行知识的积累、修改和扩充的过程。其目的是将数据库和信息系统中的情报自动提炼和转换成加识,并将其加入到知识库中,使人自动获取知识。机器学习的一般过程是建立理论、形成假设和进行归纳推理。通过学习处理环境提供的信息,来丰富和改善知识库中的知识。

随着大规模数据库的广泛应用,人们已不满足于仅对数据或信息的简单查询和检索,故而在人工智能领域崛起了知识发现技术。它是从大量不完全的、模糊的、随机的数据中发现有用的知识或信息的高级处理过程,是随着数据库技术和机器学习技术的发展,建立在数据库基础上的知识发现系统。它不仅提供检索查询,而且要对检索的数据信息进行微观和宏观的统计、分析、综合和推理,达到由表及里、去粗取精,并迅速准确以及适量地提供给用户使用。

自然语言理解技术是指人们日常交流使用的语言与人工受控语言相比,自然语言具有灵活、模糊的特点,因此不易被计算机处理和理解。自然语言理解技术是研究如何让计算机理解并正确处理人类日常使用的语言(如汉语、英语),并据此做出人们期待的各种正确响应。其目的是建立一种人与机器之间的密切友好关系,使机器能进行高度的信息传递和认识活动。自然语言的识别和处理一定是人工智能研究的核心之一,也是网络信息检索技术智能化的关键。

智能代理技术是人工智能研究的新成果。它是在用户没有明确具体要求的情况下,根据用户需要,代替用户进行各种复杂的工作,如信息查询、筛选及管理。它还能推测用户的意图,自主制订、调整和执行工作计划。智能代理技术可以使计算机不是简单地听从人的指挥,而是使计算机可以逐步并主动地理解人的意图,了解人的需要、爱好和水平,促使人机之间更友好地合作,同时也使人机双方的智能都得到提高。

> 基于内容的检索技术不断翻新

情报检索技术经历了基于关键词的检索、基于概念的检索,正在朝向基于内容的检索（Content-Based Retrieval，CBR）发展。

基于内容的检索是指根据媒体对象的语义和上下联系进行的检索。与传统的情报检索相比，CBR 有如下特点：从媒体内容中提取情报线索，是一种近似匹配（或者说局部匹配），是对大型数据库的快速检索，能满足用户多层次的检索需求。CBR 数据库系统通常由媒体库、特征库和知识库组成。媒体库包含多媒体数据，如图像、视频、文本等；特征库包含用户输入的特征和预处理自动提取的内容特征；知识库包含领域知识和通用知识，其中的知识表达可以更换，以适应不同领域的应用要求。CBR 通常是按照与用户输入的查询信息的相似程度排列检索结果，并能够为用户提供人机交互和形象化的操作示例与浏览界面。

基于内容的检索实质是利用媒体对象的语义、视觉和视觉特征来进行检索，如图像中的颜色、纹理、形状，视频中的镜头、场景、镜头的运动，声音中的音调、响度、音色等。可以分为基于内容的文本检索、图像检索、视频检索和音频检索。

基于内容的文本检索是根据文档的内容处理类似"检索出属于媒体类目包含通信内容的文件"等涉及文档内容查询的检索技术。分为三种检索模型：布尔模型、概念模型和向量空间模型。

基于内容的图像检索是以图像所包含的内容语义为依据，在多媒体数据库中对图像信息进行检索的一种多媒体技术。

基于内容的视频检索就是在大量的视频数据中找到所需要的视频片段。它的用途非常广泛，包括新闻视频信息的检索、各类比赛节目的检索、卫星云图变化情况的检索等。

基于内容的音频检索就是将输入的字符序列和音频数据库中的字符序列相匹配。

情报检索需要多学科提供技术支持，它涉及计算机科学、心理学、认知科学、人机工程学等多领域的研究。随着情报检索技术与其他学科领域的研究成果的结合，情报检索技术将不断满足人类对各种情报服务的需求。

8.3 网络情报检索工具——搜索引擎

网络情报检索工具是指在互联网上提供情报检索服务的计算机系统，其检索的对象是存在于互联网信息空间中各种类型的网络情报资源。目前使用最广泛、最实用的网络情报检索工具是搜索引擎。下面以搜索引擎为对象,介绍网络情报搜索工具的功能、分类、工作过程和使用方法等。

8.3.1 搜索引擎概述

搜索引擎是利用网络自动搜索技术,对各种互联网资源(如 Web 网站、网页,以及非 Web 形态的 BBS、Telnet、FTP 等)进行采集、标引、组织、加工、处理,建立管理和存储这些信息的索引数据库,并提供给用户基于该索引数据库的检索的网络服务平台。搜索引擎内部的网络自动索引软件名为 Robot、Warm 等,国内一般译为网络机器人、自动跟踪索引机器人或自动跟踪索引软件。虽名称不一,但都是指一种自动在网络服务器间穿行、访问各服务器,跟踪、浏览网页并进行标引的智能软件。该软件在网络上检索文件且自动跟踪该文件的超文本结构,并循环检索被参照的所有文件。

搜索引擎的第一个功能是收集信息,建立索引数据库,并自动跟踪信息源的变动,不断更新索引记录,定期维护数据库。

搜索引擎的第二个功能也是最主要的功能是提供网络的导航与检索服务。专家从茫茫网海中挑选质量较高的网页,以某种分类法进行组织,帮助用户快速地浏览查找所需的站点。搜索引擎提供的主题检索途径,将用户需求与索引数据库匹配,显示结果及网页索引信息,进而由 URL 链接出原始信息,从而使用户能够从网上纷繁复杂的信息中迅速筛选出符合用户需求的信息。据统计,网络上 90% 的用户是通过搜索引擎来获得自己所需的信息的。

搜索引擎还为用户提供多种信息服务,如广告、免费的电子邮件、聊天室、地图等等。

一般的搜索引擎主要靠广告来维持自身的生存和发展,甚至通过广告赢利。

8.3.2 搜索引擎的分类

搜索引擎的开发和利用成为近年来网络发展的热点,各种品牌、类型的搜索引擎层出不穷,不胜枚举。对搜索引擎的分类可以有多种角度、标准。

➢ 根据信息覆盖范围及使用用户群分类,可以分为:
• 综合性搜索引擎

综合性搜索引擎主要以网页和新闻组为搜索对象,信息覆盖范围广,适用用户广泛。如 Yahoo!、Google 等均属于综合性搜索引擎。

- 专用性搜索引擎

WWW 上的搜索引擎作为互联网信息搜索工具,在运行着综合性搜索引擎的同时,还针对特定用户群推出专用性搜索引擎,可供查找某一特定领域的信息。如 KuGoo、Softseek 等均属于专用性搜索引擎。

➢ 根据组织信息方式分类

- 目录式分类搜索引擎(网站级)

目录式分类搜索引擎(Directory)将信息系统地加以归类,利用传统的信息分类方式来组织信息,用户按类查找信息。这种搜索引擎特别适合那些希望了解某一方面或范围内信息但又没有明确搜索目的的用户使用。最具代表性的目录式分类搜索引擎是 Yahoo!。目录式分类搜索引擎由于网络目录中的网页是专家人工精选得来,故网页内容丰富,有较高的检准率,但其检全率低,搜索范围较窄。

- 全文搜索引擎。

全文搜索(Full-Text Search)引擎是指能够对网站的每个网页中的每个单字进行搜索的引擎。最典型的全文搜索引擎是 AltaVista。全文搜索引擎的特点是检全率高,检准率低,搜索范围较广,提供的信息多而全,缺乏清晰的层次结构,查询结果中重复链接较多。

- 分类全文搜索引擎

分类全文搜索引擎是针对全文搜索引擎和目录式分类搜索引擎的缺点而设计的,通常是在分类的基础上再进一步进行全文检索。用户通过在其搜索程序(如 robot、spider 等)中输入所需信息的关键词,得到检索结果。现在大多数的搜索引擎都属于分类全文搜索引擎。

- 智能搜索引擎

智能搜索引擎具备符合用户实际需要的知识库,搜索时,引擎根据已有的知识库来理解检索词的意义并以此产生联想,从而找出相关的网站或网页。同时,智能搜索引擎还具有一定的推理能力,它能根据知识库的知识,运用人工智能方法进行推理。这样就大大提高了检全率和检准率。

➢ 根据搜索范围分类

- 独立搜索引擎

独立搜索引擎建有自己的数据库,搜索时通常只检索自己的数据库,并根据数据库的内容反馈出相应的查询信息或链接站点。目前常见的搜索引擎如 Yahoo!、Google、百度等均属于独立搜索引擎。独立搜索引擎又称为常规搜索引擎。

- 元搜索引擎

元搜索引擎（或者称为集搜索引擎）是一种调用其他独立搜索引擎的引擎。搜索时，它用用户的查询词同时去查询若干其他搜索引擎，做出相关度排序后，将查询结果显示给用户。它的注意力放在改进用户界面及用不同的方法过滤它从其他搜索引擎接收到的相关文档，包括消除重复信息。典型的元搜索引擎有 Metasearch、Digisearch 等。用户利用这种引擎能够获得更多、更全面的网址，但缺点是查询时间长。

➢ 根据检索内容分类

- 综合型

综合型网络检索工具在采集网络信息资源时不限学科、主题范围和数据类型，又称通用型检索工具，人们可利用其检索各方面的网络资源。常用的有 Yahoo!、Google。

- 专科型

专科型网络检索工具专门采集某一学科、某一主题范围的信息资源，并提供适合其专业资源和检索需求特点的更细致的分类和资源描述，主要为用户查找特定学科专业的网络资源提供服务。

- 特殊型

特殊型网络检索工具指那些专门为某类特殊信息的检索提供服务的检索网站，如提供名人传记信息查询的 Biography.com、提供地图信息查询的 Mapblast、提供百科知识查询的百科全书网站等。

8.3.3　搜索引擎的组成和工作过程

搜索引擎是一个技术含量很高的网络应用系统，它包括网络技术、数据库技术、自动标引技术、检索技术、自动分类技术、机器学习人工智能技术等。虽然它们表现为各种不同的形式，但基本上由信息搜集系统、索引数据库和查询接口三部分组成。其组成和工作过程如下图所示：

```
在互联网中发现、搜集网页信息  ⟹  信息搜集系统

对信息进行提取和组织，建立索引库  ⟹  索引数据库

根据用户输入的查询条件，在索引库
中快速检出文档，进行文档与查询的
相关度评价。对将要输出的结果进行    ⟹  查询接口
排序，并将查询结果返回给用户。

      搜索引擎的工作流程                搜索引擎的组成
```

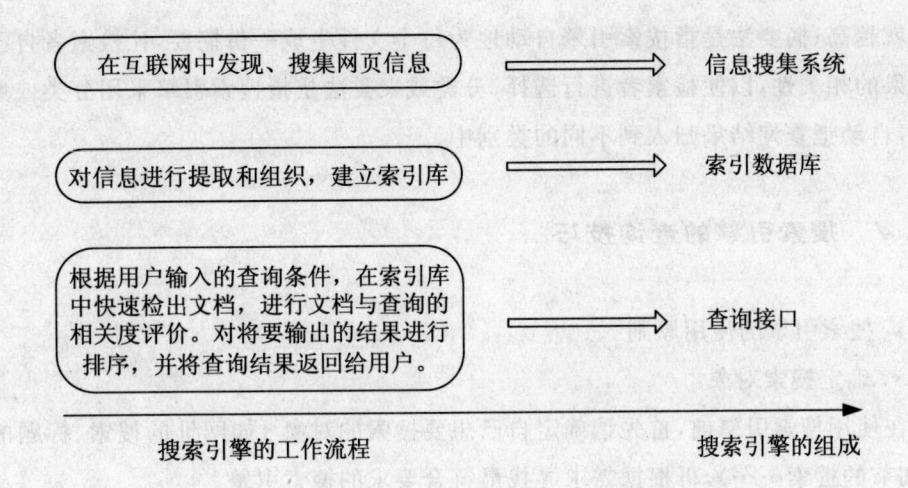

图 8-3　搜索引擎的组成与工作流程的关系

➤ 信息的采集和存储

搜索引擎利用 Robot 等自动跟踪索引软件收集和存储信息，追踪万维网上的链接，找到相关的 Web 页并给该页上的某些字或全部字做上索引，形成目标摘要格式文件后，再形成用户可访问的检索数据库。

➤ 信息索引的建立

信息在被采集存储之后，便建立索引查询系统，它是同建库系统配套的子系统，决定索引时空比、布尔逻辑操作、表达式匹配、结构化和非结构化文件处理、词语匹配、匹配相关性排序等。建立信息索引就是创建文档信息的特征记录，使检索者能够快速地检索到所需信息。建立索引需要进行以下处理：(1) 信息语词切分和语词词法分析；(2) 进行词性标引及相关的自然语言处理；(3) 建立检索项索引。

➤ 查询接口的建立和搜索结果的相关性处理

搜索引擎检索界面接受检索者提交的查询请求（包括查询内容及逻辑关系），搜索引擎根据检索者输入的关键词在其索引中查找，并寻找相应的 Web 页地址。搜索引擎的结果集通常十分庞大，大量的文件使得检索者无法逐一浏览。搜索引擎可以按文件的相关程度进行排列，最相关的文件通常排在最前面。每个搜索引擎评判结果相关性的方法均有不同。一般而言，搜索引擎确定相关性的方法有概率法、位置法、摘要法、分类或聚类法等。概率法根据关键词在文中出现的频率来判定文件的相关性，认为关键词出现的次数越多，该文件与查询的相关程度就越高；位置法根据关键词在文中出现的位置来判定文件的相关性，认为关键词出现得越靠前，文件的相关

第八章

程度就越高;摘要法是指按索引擎自动地为每个文件生成一份摘要,让检索者自己判断结果的相关性,以便检索者进行选择;分类或聚类法是指搜索引擎采用分类或聚类技术,自动把查询结果归入到不同的类别中。

8.3.4 搜索引擎的查询技巧

> 搜索引擎的使用原则

• 确定搜索对象

在使用搜索引擎前,首先请确定自己想要搜索的对象(如网址的搜索、标题的搜索、细节的搜索……),再根据需求寻找最符合要求的搜索引擎。

• 确定搜索途径

一般来说,搜索引擎提供两种搜索途径:一是分类浏览,一是主题检索。根据不同的检索目的确定正确的检索途径,才能达到预期的检索效果。

• 正确选用搜索引擎的搜索选项

一般来说,搜索引擎均提供搜索选项,用以限定搜索范围。一些搜索工具具有很特殊的搜索功能,使得查找相关内容更加容易。正确地选用搜索选项,将有效地提高检准率与检全率。

• 正确使用搜索引擎的各种搜索命令

搜索引擎的使用,实际上是一种数据库检索。因此,同一般的数据库检索系统一样,搜索引擎通常也能提供以下六种常见的数据库检索功能:布尔逻辑检索、字符串检索、截词检索、字段检索、限制检索和位置检索。但要注意的是,并非每一种搜索引擎均能提供六种检索功能;也并非每一种检索功能在各个不同的搜索引擎中的表现均完全相同。因此正确使用搜索引擎的搜索命令对搜索结果至关重要。

> 搜索引擎的使用技巧

• 选择合适的搜索引擎

搜索引擎在查询范围、检索功能等方面各具特色,不同目的的检索应选用不同的搜索引擎。一般来讲,如果用户希望获得关于某个问题的广泛性信息,如中国足球,那么最好使用像 Yahoo!这样的目录式分类搜索引擎。用户可选择高亮度显示的主题字,按思维的逻辑顺序追踪信息。一些细节性问题利用全文搜索引擎可以方便、快捷地找到答案。交叉性问题的检索如"克隆与伦理",也要借助全文搜索引擎。下表列出了不同检索目的下搜索引擎的最佳选择:

表 8 – 1 选择适当的搜索引擎

检索目的	适用的搜索引擎
检索方向性问题	Yahoo!，Infoseek，Lycos，雅虎，搜狐
检索细节性问题	AltaVista，Infoseek，天网
最大可能地查到相关信息	AltaVista，Infoseek，天网
搜索站点评论	Lycos，Infoseek
搜索标题和 URL	AltaVista，Yahoo!
搜索用户小组（Usenet）	AltaVista，Infoseek，Deja News

• 缩小检索范围

网上信息数量庞大，如果用户使用含义太广的词如 information、intelligence 等，会得到数以万计的相关网页，这些泛而不当的信息对于用户来说毫无意义。缩小检索范围是提高检准率的关键。

• 构造恰当的检索表达式

在检索表达式的构造中，有以下六种办法可有效限定检索范围。注：以下使用的符号都必须是英文输入法下的符号。

（a）使用"＋"来限定关键字串一定要出现在结果中。例：输入"网络＋信息"表示搜索的结果必须同时含有"网络"与"信息"这两个词。

（b）使用"－"来限定关键字串一定不要出现在结果中。例：输入"网络－信息"表示搜索的结果必须含有"网络"一词，同时必须不包含"信息"一词。

（c）使用通配符"＊"一样，表示可以用任意一个单词替代。例：输入"网络与＊"，则结果会显示"网络与信息"、"网络与社会"等相关内容。

（d）利用双引号，查询完全符合引号内关键字串的网站。例：键入"网络信息"，会找出包含"网络信息"的网站，但是会忽略包含"网络与信息"的网站。

（e）使用"，"在有些站点表示可以分割多个查询条件。也有些站点使用"："或空格。

（f）使用 AND（或可以用"&"来表示）、NOT（或使用"!"来表示）来缩小检索范围。

以上是最为常用的，也是基本上所有的搜索引擎都支持的搜索语法与技巧。

• 选用准确的关键词

使用搜索引擎进行信息搜索，最重要的技巧是关键词的选择。在 Web 世界中，不存在可以满足任意要求的搜索引擎，每一类搜索引擎都有自己的强项和特点。因

第八章

此,在使用搜索引擎时需注意如下几点:

(a) 查询要具体明确。一个特定的查询产生的结果较少,使得查找相关内容更容易。

(b) 不要使用常用词,即不要使用太泛的词。

(c) 调整查询。如果查询返回太多的结果,就要使它更具体化;结果不够则要使查询更一般化。

(d) 使用单词的词尾变化。如要查找有关"running"的 Web 页,可以使用"run"。

- 进行二次检索。

二次检索是指利用前一次检索的结果作为后一次检索的范围,逐步缩小检索范围。

- 扩大检索范围

为了尽可能全面地检索到相关的信息,用户有时需要适当扩大检索范围,提高检全率。例如,使用同义词、近义词;使用 OR 或者"|"连接查询词;使用元搜索引擎等。

- 加快检索速度的技巧

一次成功的检索在保证检全和检准的前提下还应尽可能在最短的时间内完成,对于面临着过高的通讯费用和过低的传输速度双重困扰的国内网络用户来说,提高检索速度意义更为重大。在这里,我们可以利用搜索引擎的特色服务快速检索。

8.3.5 常用搜索引擎

在讲述了搜索引擎的基本概念、分类、工作方式等内容的基础上,介绍几种常见的搜索引擎的使用方法。

➢ Google (URL:http://www.google.com)

Google 是斯坦福大学的两位博士生于 1998 年发明的,支持多达 132 种语言,通过对 30 多亿网页进行整理,为世界各地的用户提供便捷的网上信息查询方法及其所需的搜索结果。Google 检索网页的数量在搜索引擎中排名第一,是目前世界上最大的搜索引擎。其检索界面如图 8-4 所示。

Google 首页为用户提供使用偏好和语言工具,用户可以自行设定搜索结果的显示方式和显示的语言类型。首页上列出了四大搜索功能模块:网页、图片、资讯和地图,其中默认的是网页搜索。Google 还提供更多的搜索服务,如翻译(多语种之

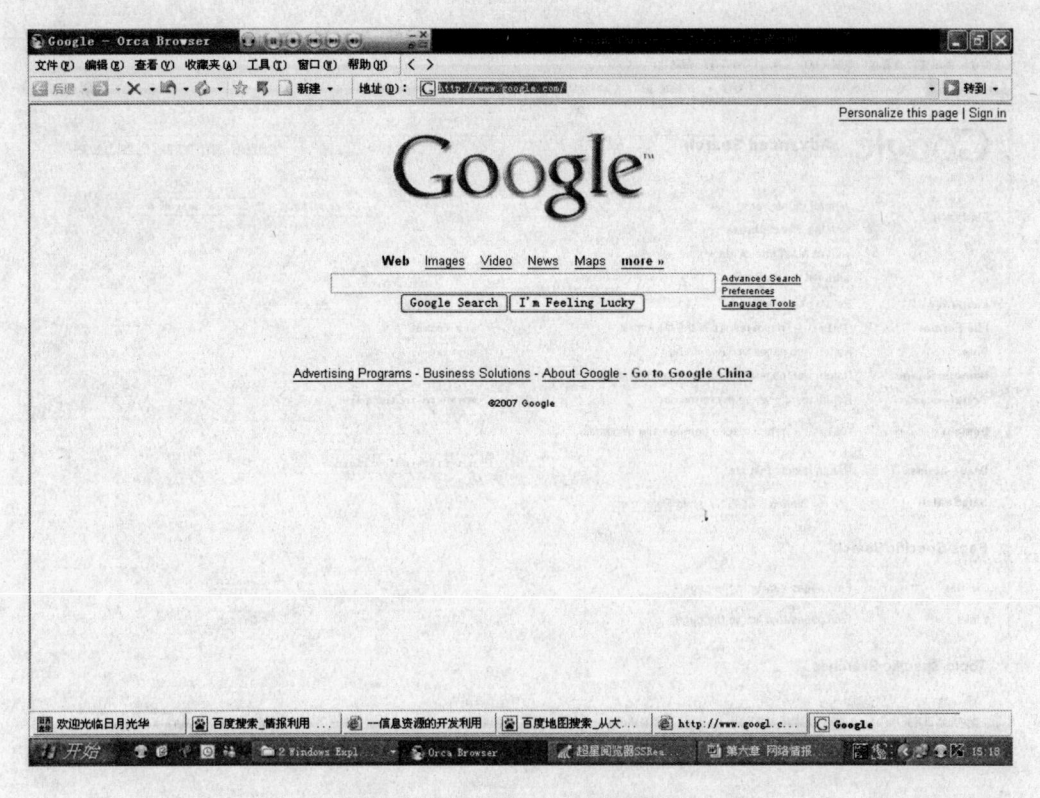

图 8-4　Google 搜索界面

间)、Google 桌面搜索、学术搜索等。Google 的搜索方式有普通搜索和高级搜索。

普通搜索：Google 的普通搜索十分简洁方便，只需输入查询关键词后点击"Google 搜索"，即返回那些符合全部查询条件的网页。Google 不支持"AND"、"OR"和"*"等符号的使用，而是自动带有"AND"的功能。需要类似功能时，只需在两个关键词之间加空格即可。Google 不支持"词干法"和"通配符"等，要求所输入的关键词完整、准确、一字不差，才能获得最准确的资料。要获取最实用的资料，并逐步缩小检索范围，则需要增加关键词的数量，或者在想删除的内容前加减号"-"（减号前需留一空格）。

高级搜索：在 Google 首页点击"高级搜索"，即可进入其高级搜索界面。在高级搜索引擎中用户可以通过限定条件进一步缩小搜索范围，除了可以对关键词内容进行限制，还可对语言、文件格式、日期、字词位置、网域进行限制。

用户提交查询后，系统根据用户的检索词和查询选项返回查询结果。Google 可以选择10、30或100，自定义每页显示的结果数量，Google 默认值为10。每一项基

第八章

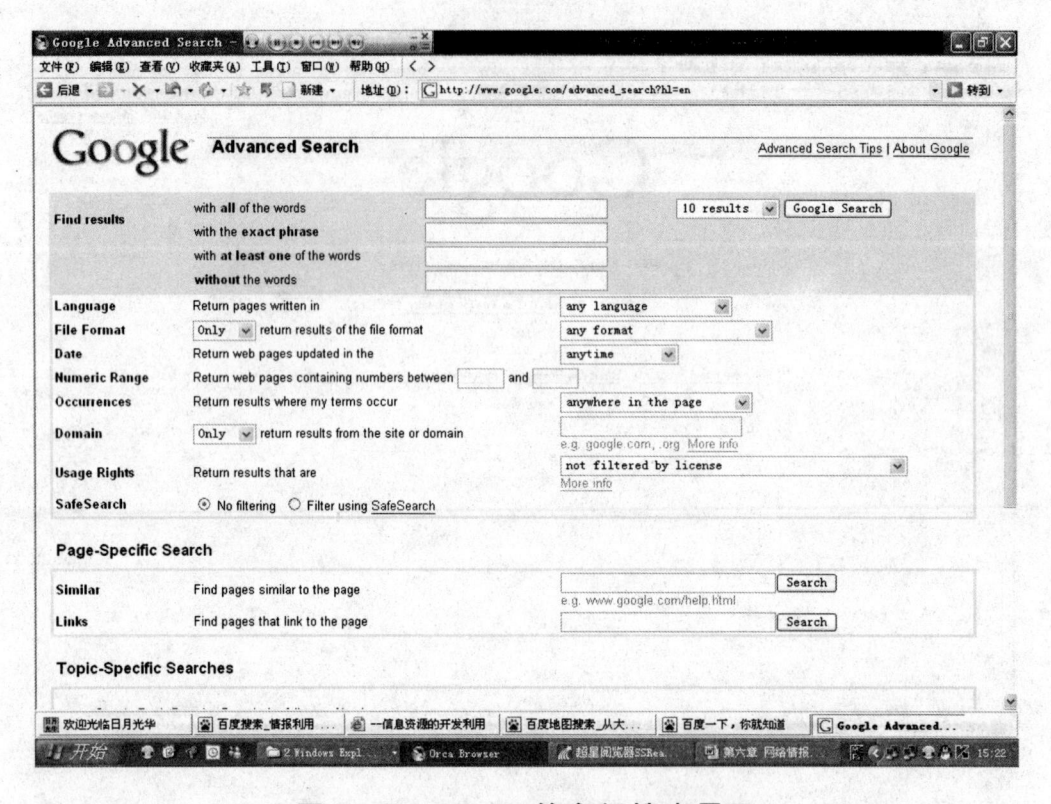

图 8-5 Google 的高级搜索界面

本上显示出标题、网页简介、URL、长度、附带的全部功能等相关信息。此外,还会根据具体情况显示最近更新日期、类别等信息。Google 会根据网页级别,对结果网页排列出优先次序。如果在输入关键词后选择"手气不错"按钮,Google 将带你到它推荐的网页,无须查看其他结果,省时方便。假如单击"网页快照"按钮,检索出的搜索项均用不同颜色表明,另外还有标题信息说明其存档时间日期,并提醒用户这只是存档资料。如果单击"类似网页"按钮,Google 会帮你找寻与这一网页性质相似的网页(同一级别的网页)。

Google 非常注重技术创新,并由此获得了多项荣誉,如《个人电脑》杂志授予的"最佳技术奖",The Net 授予的"最佳搜索引擎奖",等等。Google 无疑是一款优秀的搜索引擎,其先进的技术和优良的服务在众多有关搜索引擎的评测中都获得了良好的评价。

➤ 百度(URL:http://www.baidu.com)

1999 年底,李彦宏和徐勇于美国硅谷创建了百度。2000 年,百度回国发展,从此掀开了中文搜索引擎发展的新篇章。百度检索界面如图8-6所示。

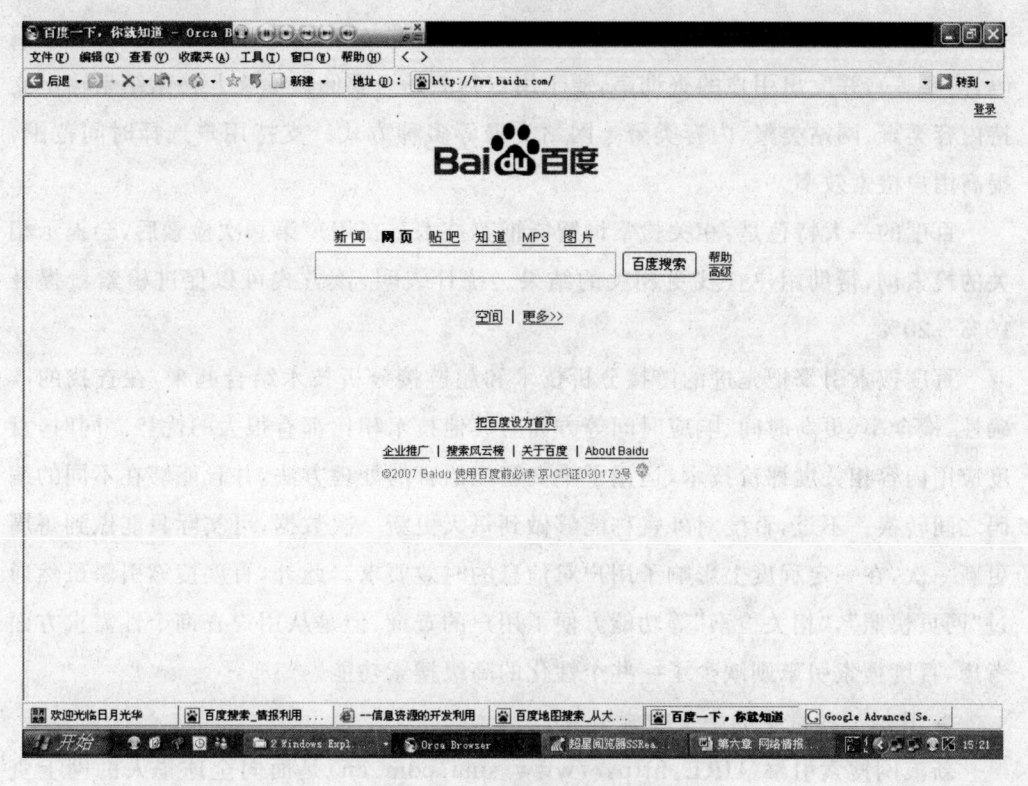

图8-6 百度搜索界面

百度是全球最大的中文搜索引擎,中国所有提供搜索引擎的门户网站中,80%以上都有百度提供搜索引擎技术。百度以超过2亿的中文网页、全球独有的"超链分析"技术、迅捷的速度、庞大的服务器群,接受来自全球各个国家的中文搜索请求。每一年,通过数百亿次的搜索请求,数千万的网民从百度分享到最纯粹的搜索体验,徜徉于信息之海。

百度支持关键词搜索,查询方式分为简单检索和高级检索两种。

简单检索:只要在搜索框中输入关键词,并单击一下"百度搜索"按钮,百度就会自动找出相关的网站和资料,并把最相关的网站或资料排在前列。

高级检索:增加了若干对检索进行控制的选项。关键词控制包括"包含以下全部的关键词"、"包含以下的完整关键词"、"包含以下任意一个关键词"、"不包括以下关键词"。

此外,还包括搜索结果显示条数、时间、地区、语言、关键词位置、站内搜索等方面

第八章

的控制。

百度返回的检索结果能够标识丰富的网页属性（如标题、网址、时间、大小、编码、摘要等），并突出用户的查询串，便于用户判断是否要阅读原文。检索结果输出支持内容类聚、网站类聚、内容类聚＋网站类聚等多种方式。支持用户选择时间范围，提高用户检索效率。

百度的一大特色是：相关检索词智能推荐技术。在用户第一次检索后，会提示相关的检索词，帮助用户查找更相关的结果。统计表明，该方式可以促进检索量提升10%—20%。

百度搜索引擎把先进的链接分析技术和超链接分析技术结合起来，在查找的准确性、检全率、更新时间、响应时间等方面与其他技术相比都有很大的优势。同时，百度应用内容相关度评价技术，运用了中文智能语言的处理方法，并且能够在不同的编码之间转换。不过，百度对外宣称能够做到每天更新一次数据，可实际只能做到每周更新一次，在一定程度上影响了用户对信息的时效要求。此外，百度搜索引擎虽然通过"网页快照"、"相关检索"等功能方便了用户的查询，但是从用户查询个性需求方面考虑，百度搜索引擎则缺少了一些个性化的高级搜索功能。

➢ 其他一些常见的中文搜索引擎

新浪网搜索引擎（URL：http://www.sina.com.cn）是面向全球华人的网上资源查询系统，提供网站、网页、新闻、软件、游戏等查询服务。网站收录资源丰富，分类目录规范细致，遵循中文用户习惯。目前共有十六大类目录，一万多个细目和二十余万个网站，是互联网上规模较大的中文搜索引擎之一。

网易搜索引擎（URL：http://www.163.com）最大的特色之一是采用"开放式目录"管理方式，在功能齐全的分布式编辑和管理系统的支持下，现有5,000多位各界专业人士参与可浏览分类目录的编辑工作，极大地适应了互联网信息爆炸式增长的趋势。新版搜索引擎在此基础上，更增加了全新搜索技术及广告搜索服务，这一举措可使用户检索高达16亿条的信息和及时的新闻内容，同时为广告客户提供更有效的广告方式。

中国搜索（原慧聪搜索，URL：http://www.zhongsou.com）为新浪、搜狐、网易、TOM等知名门户网站，以及中国搜索联盟的上千家各地区、各行业的优秀中文网站提供搜索引擎技术。目前，每天有数千万次的中文搜索请求是通过中国搜索实现的，中国搜索被公认为第三代智能中文搜索引擎。中国搜索的检索范围十分广泛，涉及以下方面：网页搜索，有2亿的网页数据，实时更新的机制可满足用户获得最新最全资料的需要；新闻搜索，可搜索超过 1,500 家新闻网站 1 分钟内的新闻，为知名中文门户网站新浪网提供全面的新闻检索服务，同时还提供新闻结果自动分类功能，以帮助用户更快地查找到所需内容。

阿里巴巴（URL：http://page.china.alibaba.com/index.html）是全球企业间（B2B）电子商务的著名品牌，是目前全球最大的商务交流社区和网上交易市场。阿里巴巴商务网站一直致力于帮助中国的中小型企业通过互联网在世界范围内做成生意，现会员总数已超过 100 万，其中约有九成左右是中小型企业。

8.3.6 搜索引擎的发展趋势

互联网在不断发展，信息资源的数量在急剧增长，人们对搜索引擎的要求越来越高，因此搜索引擎也在不断发展。从搜索引擎提供的服务来看，发展主要体现在以下几个方面：

➢ 网站内和企业局域网内搜索引擎的普及化

搜索引擎作为基础软件已经在国外得到广泛认同。不仅大型门户网站如美国在线、雅虎、亚马逊等每一个著名网站的首页都在显著位置放置了搜索框。就连迪斯尼、麦当劳、美孚石油这些传统企业也都无一例外地在它们的首页上放置了搜索框或搜索功能的链接。美国 500 强中使用搜索引擎的网站几乎达到 100%。国内企业朝这个方向发展是自然而然的。

➢ 实时新闻检索（包括新闻订阅、监控、定向情报收集等）的广泛应用

Openfind 推出"CIA 网络情报员"，百度推出"网事通 real"，中搜网推出"网神"，都证明它们已经觉察到了这个发展方向。这其实也是互联网搜索引擎从提供无序、低价值信息向提供高质量、高价值信息方向的转变。

➢ 搜索引擎统计数据的应用

搜索引擎拥有庞大的流量和特征明显的信息，CNNIC 早已认识到了搜索引擎的价值，所以在最近一期的互联网状况调查中利用了百度搜索引擎的统计结果。而著名的 Yahoo! 干脆开始出售它的搜索引擎统计数据，这都是搜索引擎统计信息的价值反映。

➢ 搜索引擎收费登录服务

国内搜索引擎应用在很长一段时间都是搜索引擎独自在唱戏，只能亏本，而网站和网民只有看戏的份。这不是一个良性发展，不利于搜索引擎行业的发展。而近期

第八章

情况开始改观,搜狐、新浪焦点的商业网站收费服务、网易和263的搜索关键词定向广告、百度的搜索引擎竞价排名服务,有可能促使搜索引擎、网站与网民的需求之间取得和谐。

从技术角度来看,搜索引擎也在不断进步。目前搜索引擎技术的发展体现如下:建立科学的网络信息资源数据库;重点开发大型的专业检索工具;独立性检索工具向集合型检索工具发展;检索语言向自然语言发展、向智能化方向发展;促进多媒体检索工具的发展;等等。

8.4 网络情报的分析

网络情报的分析研究是一项高层次的情报深加工活动和情报服务工作,属于软科学的范畴。由于当前网络环境快速发展、情报数量急剧增加和情报质量参差不齐,在利用网络情报帮助决策和经营的过程中,网络情报分析将发挥日益重要的作用。

8.4.1 网络情报分析概述

网络情报分析的定义

网络情报分析,就是根据情报用户的需求,在广泛搜集和积累有关网络情报的基础上,运用科学的研究方法,通过分析、对比、推理、判断、综合等逻辑思维过程和必要的数学处理,对已有情报的内容进行深加工从而获得增值情报、提高经济效益的一项工作。简而言之,网络情报分析就是研究已有网络情报的内容从而形成满足特定需要的新情报的过程。

情报分析的目的就是针对不同类型的情报用户的情报需求,从大量网络情报中找出其中对他们有价值的情报,经过加工处理从而辅助科学交流、决策支持和公司运营。为了更好地理解和掌握网络情报分析的概念,有必要做以下几点说明:

第一,情报分析必须建立在用户及其特定的情报需求基础上。这个基础是情报分析活动得以开展的原动力。没有用户及其特定的情报需求,情报分析活动充其量只能算是一相情愿,是无效果可言的。但这并不是说一切情报分析活动都只能在用户提出情报需求后才能开展。恰恰相反,在实践中,有许多由情报分析人员根据市场潜在需要挖掘出来的课题更具有意义。

第二,情报分析必须以占有大量的已知情报为前提。情报分析是对已知情报内容的分析,没有已知情报,情报分析活动便成为无源之水、无本之木。已知情报必须从不同的角度和侧面迎合用户的需要。

第三,情报分析是一种情报深加工活动,一般性的情报加工,尤其是指对情报的形式进行的加工不能称做情报分析。

第四,广泛采用现代化的信息技术手段和科学的情报分析方法是成功地进行情报分析的重要保证。

第五,完整的情报分析是一个系列化的活动过程,包括前后相随且密切相关的若干个环节(如图8-7)。在这些环节中,前一个环节是后一个环节的基础,后一个环节是在前一个环节基础上的进一步拓展和深化。

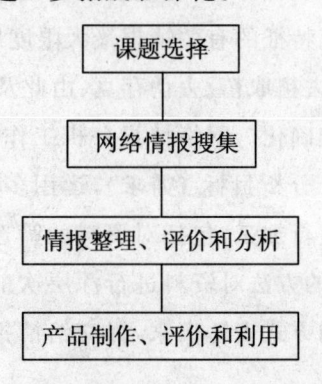

```
课题选择
   ↓
网络情报搜集
   ↓
情报整理、评价和分析
   ↓
产品制作、评价和利用
```

图8-7 网络情报分析与预测的主要环节

网络情报分析的特点

进入互联网时代之后,网络资源环境的突出表现是情报资源的获得通过异地共享和远程调用突破了时空的限制,这种变化,必然对网络情报分析产生影响。网络环境提供的 E-mail、FTP、Telnet、WWW 等各种功能应用于情报分析的各个环节,使网络情报分析与传统情报分析相比出现了一些新特点,主要表现如下:

首先,因为情报资源的无处不在,随手可取,将使得情报资源的广泛收集成为事实。

其次,大规模并行计算系统的应用、个人电脑的运算能力的提高、分析软件的越发精细灵巧,使得对大量情报资源的加工整理变得快捷精确,企业核心数据库不断获得更新扩充,正如时下不少跨国公司一样。但这些公司的情报分析专家在今天就很困惑地发现,他们无法将企业战略与情报分析有机结合,核心数据库越发变得难以控

第八章

制、高深莫测。

互联网时代,情报资源的丰富、加工整理技巧的高超、情报压力的激增、反应模式的变迁,都会变得更为普遍,将会使得情报分析的重点、难点从以前尽力获取情报资源或精确地整理序化海量情报,变为对情报真伪、时效性、作用范围的判断取舍,对已经加工整理的情报进行语义的优化,也就是情报分析主体对情报价值做出独有的判断。这使得情报分析的结果带有极大的主观色彩。

网络情报分析的内容

网络情报分析不只是对所搜集的有关情报资料进行形式上的加工,更重要的是对情报内容的逻辑加工。情报研究人员通过搜集大量的网络情报资料,把分散在各个服务器上的不同类型、不同特征的有关情报最大限度地集中起来,加以整理、总结、概括、分析、预算、推导,经过去粗取精、去伪存真、由此及彼、由表及里的研究加工,使之密集化、综合化、系统化、准确化。网络情报分析工作的主要内容包括以下几个方面:情报分析首先要确定一个分析目标(需求),运用多种搜集方法来获取网络情报资料;对搜集到的情报资料进行加工,包括对资料的筛选、资料的整序;运用定性、定量的以及定性和定量相结合的方法对资料进行深层次的分析,将分析得到的结论通过文字的、图表的或多媒体的方式表达出来,提交给情报用户,情报用户可以用来作为决策的参考。

通过以上的情报分析获得的分析成果,能够更好地满足情报用户的需要,使分析发挥更大的作用。所以说,网络情报分析研究工作是高层次的情报服务形式,情报分析成果是情报工作人员创造性劳动的成果,是情报发挥价值产生经济效益的重要环节。

理论原则

网络情报的分析必须要遵循一定的理论原则,包括情报保真原则、情报增值原则和情报集成原则。

➤ 情报保真原则

就是在情报分析中要保持情报内容不失真。情报分析是开发和利用情报资源的一项研究活动,在这一活动中,确保在所有加工和传递过程中情报不失真是首要原则。一旦情报失真,再系统再精密的分析研究都将失去意义。只有在保持原始情报不失真的前提下对情报进行分析研究,产生的结果才有情报意义。

➢ 情报增值原则

就是通过情报分析使情报价值得到增加。情报分析的最终成果是形成新的增值的情报产品,无论是一种思想或建议,还是若干方案或报告,都是在原始情报价值基础上增加了附加值,使之具有了特定的情报功能或社会经济效益,也就是通过情报分析使情报得到了增值。这样,从事情报分析工作才有意义。

➢ 情报集成原则

就是要在情报分析中整合各种情报。情报分析并非简单的情报传递,而是面对众多可选择的情报;不仅需要分析研究单一情报,而且需要将各种情报汇集起来通过分析研究获得整体创新认识,也就是需要进行情报集成。通过情报集成,各种各样的情报得到过滤提取、去伪存真、浓缩增值,最终形成优质的情报分析或情报研究成果。

情报保真、情报增值、情报集成三原则相辅相成,共同构成情报分析的基本原则。情报保真是情报增值和情报集成的前提,情报增值是情报保真和情报集成的目的,情报集成则是情报保真和情报增值的汇合。基于这三条原则,可以发展具体的分析研究方法。

8.4.2 网络情报分析的流程

网络情报分析的流程

网络情报分析的过程是不断地提出问题和解决问题的过程。这一过程通常包括规划定向、信息收集、加工整序、分析与预测、情报产品的形成、传播与利用,其模式表达如图8-8所示。

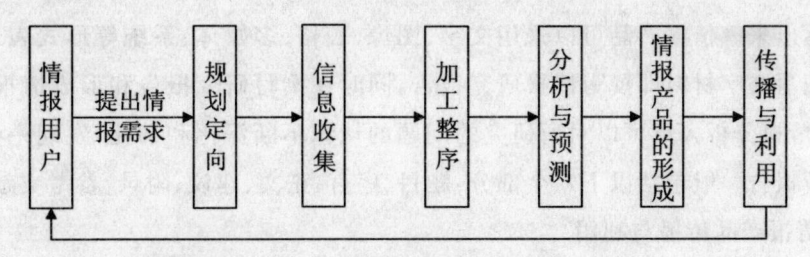

图8-8 网络情报研究过程示意图

➢ 规划定向

在网络情报分析过程中,首先要针对情报用户的需求,对其目标、范围、目的意义、环境问题等进行具体的分析,确定研究方向、研究领域,为进一步搜集资料做好前期工作。同时对整个过程时间的分配必须做好详细的计划,保证及时地将情报分析

第八章

的成果传递到情报用户手中,并使之得到利用,发挥它的价值。

> 信息收集

在网络情报分析中,信息收集是必不可少的,没有信息收集,情报分析就成了无根之木、无源之水。信息收集指运用各种 Web 导航工具和搜索引擎来获取相关的信息。

> 加工整序

对收集来的网络情报资料进行收集和整理,以研究的形式表达和存储起来。它的基本做法就是按照情报的内容和形式特征实现微观和宏观上的序化。情报整序的基本方法是类序化和合序化。

> 分析与预测

该程序的基本任务是根据调整和整序的结果,针对用户情报信息需求形成并提出明确的答案,如情况、结论、建议或方案。

人们对客观事物的认识一般都经历从感性认识到理性认识这样两个阶段。对网络情报信息的收集通常还只是处在对事物认识的感性阶段,通常不能解决用户的情报需求。只有通过对这些情报信息进行一系列的分析和综合,运用逻辑思维、形象思维、灵感思维等方式,才能使感性认识发展到理性阶段,从而获得较深刻的认识,为用户提供满足其需要的情报产品。

> 情报产品的形成

在网络情报研究工作中,情报人员根据情报用户的要求,经过情报收集和信息加工与整序、分析与预测等研究程序后,形成为用户服务的情报产品,最终要以书面的形式表达出来。情报产品可以采用文字、图像、表格、多媒体、系统等形式表现,最常见的是编写文字材料即撰写情报研究报告,同时在撰写研究报告和形成情报产品的过程中,情报分析人员可以对所研究的问题的认识不断深化和细化,发现一些问题。情报分析报告一般包括以下六个部分:题目、序言、正文、建议、附录、参考文献。

> 情报产品传播与利用

网络情报研究是以特定用户的情报需求为研究对象,以提供满足用户情报需求的情报产品为目的。只有及时地把所产生的情报产品传送到情报用户手中,才能体现情报研究的价值,情报产品也只有到了情报用户手中才能得到充分的利用。网络环境下,我们可以通过电子邮件及时地把情报产品传播到信息用户,我们也可以通过网络,对相同需求的情报用户与信息内容提供商提供相同的情报产品,实现情报产品的共享,提高情报产品的利用效率。

网络环境下情报分析流程优化的要点

在新的环境下,尤其是互联网环境下,情报和情报的分析都具有各自的新特点,情报分析的流程要做相应的修改和优化。主要应注意以下几个方面:

➢ 提高情报意识。在决策中必须通过情报的辅助性来达到决策的科学性,同时要在情报分析部门和企业员工中形成随时搜集信息并整理的习惯。

➢ 建立一个有利于情报分析的平台。中国航天科技集团第 707 研究所杜元清研究员提出了一种新型情报工作模式——网络中枢型模式。在该模式中,所有国防科技情报工作的工作流被组织到网络环境下,实现时间和空间上的互联,将可以使已有成果获得衔接和再用的可能性,从而快速有效地变成现实的附加价值和新的情报工作能力。"网络中枢型国防科技情报工作模式"将充分运用互联互通的技术,以计算机网络为中心和基础,使整个国防领域信息的需求与供应关系形成有机的整体,以利于提高整体效能,实现上下左右各向的信息近实时共享,实现完全意义上的协同工作。

企业情报分析平台的构建主要包括两部分。首先是内部网络的建设,其次是在内部导入知识管理,实现知识的共享。

➢ 在情报分析中,逐步实现隐性知识显性化。情报分析人员在不断的情报分析中积累了大量的经验。他们的经验对其他情报分析人员的成长、提高他们的情报分析水平有很重要的意义。把他们的隐性知识以多媒体的形式、文字、图表的形式记录下来,以后的情报人员通过学习可以迅速提高情报分析的水平。

➢ 在不同的情报分析部门,在分析用户的信息需求时应采取不同的出发点。情报分析部门在分析用户情报需求时一般从用户的知识结构着手,而企业情报分析一般要运用马斯洛的需求层次理论,马斯洛把人的需求分为生理需要、安全需要、社交需要、自尊需要和自我实现的需要。分析用户情报需求的层次,有助于进一步分析用户的情报需求。

第八章

8.4.3 网络情报分析的方法

对网络情报进行分析,一方面要借鉴传统情报分析的常规方法,另一方面要根据网络情报分析的新特点,研究并运用新的分析方法,以适应网络时代的发展。下面先简单介绍一些传统的情报分析方法,然后重点介绍几种网络环境下的针对网络情报的分析方法。

传统情报分析方法

传统的情报分析方法种类繁多,主要包括常用逻辑方法(比较与分类、分析与综合、推理)、专家调查法(德尔菲法、头脑风暴法、交叉影响分析法)、文献计量分析法、层次分析法、多元分析法(因子分析、聚类分析、回归分析、相关分析等)、时间序列分析法(移动平均法、指数平滑法、生长曲线法、时间序列分解法)等。大致可以分为三类:定性分析如常用逻辑方法,定量分析如回归分析法,以及介于定性和定量之间的半定量分析法如层次分析法。

➢ 常用逻辑方法

• 比较与分类:比较是观照各个对象以便揭示它们的共同点和相异点的一种思维方式。在情报分析过程中,情报人员可以追溯事物发展的历史渊源以确定事物发展的历史进程,揭示事物发展的变化规律,起到预测未来的作用。通过比较我们可以看到不易直接观察到的变异和特征,透过事物的现象把握事物的本质。根据不同的标准和角度,比较可以分为不同的类型,如同类比较和异类比较;定性比较和定量比较;静态比较和动态比较;全面比较和局部比较;宏观比较和微观比较。

分类是将事物按属性异同区分为不同种类的思维方式。它以比较为前提,通过分类形成了各种概念系统,来反映事物的区别和联系。在信息整序过程中,面对大量繁杂的信息时,可以通过它们的属性来分类,从而使各种情况的实时数据条理化和系统化,为情报研究的深入创造条件。同时在情报研究过程中,不论是对课题内容的划分、对问题的思考、考察结果的表达以及归纳和演绎、分析和综合等许多方法的运用都是以分类划分作为重要基础的。例如层次分析法的核心是把问题层次化,根据问题的性质和所要达到的目标把同一层次的问题分解成不同的要素,形成一个多层次的分析模型,但不论层次的划分和问题的分解都是与分类密不可分的。

比较与分类作为逻辑方法,在情报研究中运用时总是和特定学科相结合来使用的。在实际的应用中经常会运用数学方法或模型。以比较法在科学评价核心网站方面的应用为例:首先选定核心网站的测量指标,并给每一指标赋予一定的权值,进行加权比较,最后对加权等级总和按从大到小的顺序排列,从而得出核心网站。分类法在企业库存中的应用:典型地运用分类法进行 ABC 库存情报研究时,首先要确定各种原来所属的类别(A 类:经常预测和估价、金额高、存量过高会产生大量的资金积压、需要经常盘点和更新库存记录、检查需求量和订货量及安全库存等;B 类是控制方法与 A 类相似,但不那么频繁;C 类是计算机自动化控制,简单的维护库存记录、较大的订货量及安全库存),类别确定后才能进行有效的跟踪和控制,为企业的订购、生产计划提供建议及对策。

- 分析与综合:分析是把整体分解成部分,把复杂事物分解为各个要素并对这些部分或要素加以研究和认识的思维方式。适用于情报研究的方法有比较分析法、分类分析法、因果分析法、相关分析法等。因果分析法是从事物固有的因果关系出发,由原因推导出结果或由结果探究出原因的思维方式。相关分析法是利用事物之间内在的或现象上的联系,从一种或几种已知事物判断未知事物的方法。它是一种由表及里的研究方法。利用这种方法研究问题可以实现认识从感性到理性的深化和突变。在网络环境下,我们面向的是更加复杂的外部和内部要素,必须充分考虑到每个要素之间的影响和相互关系,才可能把情报工作搞好。

综合是一种把事物的各个部分和要素统一起来进行考察的思维方式。它建立在分析的基础之上。综合原理在情报研究中应用的方法有:综合法,如概念综合、模型综合、体系综合、求同综合、求异综合等;系统法,如系统分析、层次分析法、系统动力学、灰色系统理论等;以及规划方法、信息方法、控制论方法等。

许多学者认为所谓情报分析就是对情报信息进行分析和综合,在整理收集的信息时,按主题法和分类法,分类是属于分析的过程,综观各部分的比例、关系、总体构成测试综合。情报研究中分析和综合的应用情况如图:

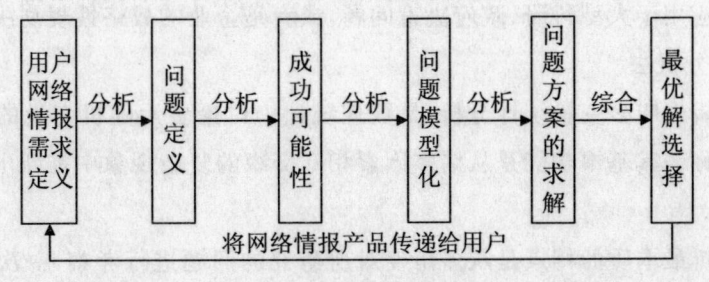

用户网络情报需求定义 →分析→ 问题定义 →分析→ 成功可能性 →分析→ 问题模型化 →分析→ 问题方案的求解 →综合→ 最优解选择

将网络情报产品传递给用户

图 8-9 分析和综合与网络情报研究

第八章

- 推理：推理是由一个或几个已知的判断推出一个新判断的思维形式，就是在掌握一定的已知事实、数据或因素相关性的基础上，通过因果关系或其他相关关系顺次、逐步地推论，从而得到新结论的一种逻辑方法。推理包含三个要素：一是前提；二是结论；三是推理过程。

推理经常使用的是：三段论法、归纳推理、假言推理。三段论法是以两个包含着一个共同项的直言命题为前提，从而推出一个新的直言题为结论的推演方法。运用这种方法有助于人们从一般性的前提推出个别性的结论，结合普遍性的规律可分析其特殊的情况，根据一般性的原则可解决具体性的问题。归纳推理是由个别到一般的推理，即由关于特殊对象的知识得到一般性的知识。在情报分析中，简单枚举推理是经常用的方法，它是通过简单枚举事物的部分对象的某种情况，在枚举中没有遇到与此相矛盾的结论，从而得出这类事物的所有对象都具有此种情况的归纳推理。假设推理是以一个假设判断的结论出发，顺次推出将要发生的事件或逆向推出已经发生的事件，来论证、检验原先假设判断结论的一种推理方法。

> 专家调查法

专家调查法或称专家评估法，是以专家作为索取情报的对象，依靠专家的知识和经验，由专家通过调查研究对问题做出判断、评估和评测的一种方法。专家调查法应用广泛，多年来情报机构采用专家个人调查和会议调查完成了许多情报研究报告，为政府部门和企业经营单位决策提供了重要依据。近年来推广应用德尔菲法，集中专家的智慧和经验，使许多定性问题得到了定量化处理，为各级政府部门实施决策民主化和科学化做出了重要贡献。

德尔菲法，又称规定程序专家调查法，是由调查组织者拟订调查表，按照规定程序，通过函件或邮件分别向专家组成员征询调查，专家组成员之间通过组织者的反馈材料匿名地交流意见，经过几轮征询和反馈，专家的意见逐渐集中，最后得到有统计意义的专家集体判断结果。德尔菲法主要有三个特点：匿名性、反馈性和统计性。德尔菲法一般应用于大型科研、政府决策问题，或者是企业的战略性规划决策。

> 多元分析法

多元分析也叫多变量统计分析，是数理统计中讨论多元随机变量的一系列理论和方法的总称。其基本功能是从诸多因素相互交织的复杂现象中推断出有意义的结论。

多元分析最本质的特点是从多角度对所研究的问题进行考察，一次考察成为一个观察（或样本），一个角度即是一个变量（或指标）。然后对由此而得出的大量数据进行各种提炼加工。由于它所得到的结果是统计意义上的,因而特别适合于对结果的精确性要求不高的社会科学领域;又由于它是面向大批量数据的,因而在许多注重数据的领域(如经济预测、计划管理、农业规划、医疗、气象、地质、人口、体育等)都得到了广泛的应用。针对不同的目的,多元分析提供了不同的方法来解决问题,这些目的和方法如图8-10所示:

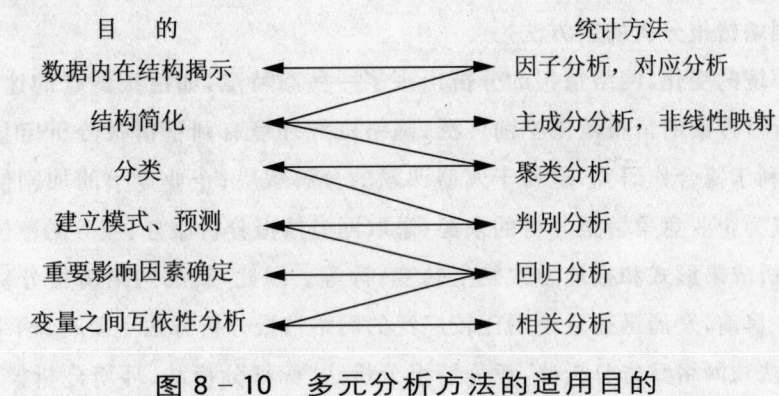

目　的	统计方法
数据内在结构揭示	因子分析,对应分析
结构简化	主成分分析,非线性映射
分类	聚类分析
建立模式、预测	判别分析
重要影响因素确定	回归分析
变量之间互依性分析	相关分析

图 8-10　多元分析方法的适用目的

- 简化数据结构:采用主成分分析、非线性映射(如多维转换)等方法,可在保留大部分主要信息的同时简化数据结构。
- 分类:有两种分类,一种是有模式可循的判别分析(分类),另一种是无师可循的,按样本在高维变量空间的相接近程度进行分类的——聚类分析。
- 变量间的相互依赖性分析:不区分自、因变量的有相关分析。区分自、因变量的有单元回归与多元回归。
- 数据内在结构的揭示:用因子分析可以产生新的公共因子以建立与原有各变量的联系;对应分析在全局数据变换基础上将变量与样本在同一二维平面上对应显示,能揭示变量间、样本间、变量与样本间的群落对应关系。
- 重要影响因素的确定:在回归基础上发展起来的多元逐步回归可以实现对变量的自动筛选,保留对因变量有重要影响的自变量,从而达到选择自变量"最佳"子集的目的。
- 构筑模型预测预报:回归模型可用于定量的预测预报;判别分析则可用于定性的分类识别。它们对大量的情报研究课题有潜在的应用前途。

利用多元回归分析方法对情报进行研究,大致过程如下所示:

第八章

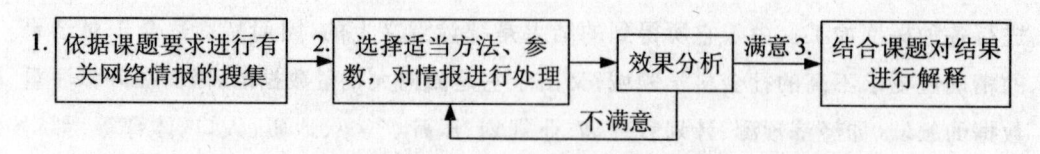

```
1. 依据课题要求进行有    2. 选择适当方法、参        效果分析    满意  3. 结合课题对结果
   关网络情报的搜集    →   数,对情报进行处理    →              →        进行解释
                           ↑                        │
                           └──────不满意────────────┘
```

图 8-11　用多元分析方法进行网络情报分析的过程

新环境下网络情报分析的新方法

由于环境的变化,网络情报的分析出现了一些新特点,如情报调查的途径增加,使情报分析可搜集的情报范围空前广泛;网络资源环境有利于情报分析定量化方法的实施,有利于搞合作研究,也易于大型课题的分解解决;企业竞争的加剧使网络情报更多地成为企业竞争情报分析的来源;采取网上情报分析服务,服务的范围有所扩大;情报分析成果形式和报道方式发生转变;等等。因此,新的网络情报分析方法也应运而生。目前,发展迅速且使用比较广泛的网络情报分析方法主要有:网络计量学(链接分析法)、网络日志分析法、竞争情报分析法(标杆分析法、环境分析模型、矩阵分析法)等。

➢ 网络计量学(链接分析法)

网络计量学是在网络信息环境下迅速形成和发展起来的。作为信息计量学的一个新的发展和重要道德研究领域,它的出现使传统的基于文献和信息的文献计量学、信息计量学面临着新的变革。关于其定义主要有:网络计量学是一门计算机科学,是一门研究互联网上数据相互引用的科学,是一门对网络文献规律进行统计分析的科学,基于 Web 和软件计量分析工具,集计算机技术、网络技术、计量学方法、统计学方法于一体,其应用范围覆盖了所有基于网络通信技术的信息侧度。网络计量学是采用数学、统计学的各种定量方法,对网络信息的组织、存储、分布、传递、相互印证和开发利用进行定量描述和统计分析,借以揭示网络信息的数量特征和内在规律的一门新兴科学。运用网络计量学分析 Web,主要涉及以下种类的分析:(1)基于用户分析,以发现更多关于用户的人数统计和偏好;(2)内容请求分析;(3)基于字节分析,以测量某时间内原始的吞吐量。

链接分析法是网络计量学的一个重要研究方法,可以看成是文献计量学中引文分析法在网络环境中的应用。网络超文本通过链可以将节点链接起来,一般使用两种方法——索引链和结构链进行链接,既可以表示信息之间的关系,又是构成网络的手段。链接分析法主要是指"运用网络数据库、数学分析软件等工具,利用数学(主要是统计学和拓扑学)和情报学方法,对网络连接自身属性、链接对象、链接网络等对象进行分析,以便解释其数量特征和内在规律,并用以解决各方面问题的一种研究方法"。目前,链接分析法主要应用于评价网页和网站、提高搜索引擎效率、研究网络结构以及揭示学科发展联系及前景。尤其是在网络情报检索方面,如搜索引擎收集信息、检索结果的排序等,都经常使用链接分析法。

> 内容分析法

内容分析法,是一种对于传播内容进行客观、系统和定量的描述的研究方法。内容分析法萌芽于20世纪初的新闻界。图书情报学在20世纪60年代开始将内容分析法引入自己的方法论体系,将内容分析法定义为一种对文献内容做客观系统的定量分析的专门方法。其目的是弄清或测验文献中本质性的事实和趋势,揭示文献所含有的隐性情报内容,对事物发展做情报预测。它实际上是一种半定量研究方法,其基本做法是把媒介上的文字、非量化的有交流价值的信息转化为定量的数据,建立有意义的类目分解交流内容,并以此来分析信息的某些特征。

内容分析法最初只限于词频统计分析,20世纪80年代以来,内容分析法不断有系统论、信息论、符号学、语义学、统计学的成果充实进来。随着信息技术的发展,成熟的计算机辅助分析软件和丰富的分析方法推动内容分析法更多地关注概念而不是单词,考察语义而不只是词频。网络时代到来后,内容分析法的适用范围拓展到网络信息资源,各种音频、视频等多媒体资源也成为内容分析的对象。由于网络信息资源具有类型多样、实时性、动态性以及信息资源组织的非线性等特点,网络环境下的内容分析法面临着许多挑战,这也将促使内容分析法不断发展、完善。

内容分析法,作为一种研究方法,首先要确定研究目的和研究内容。其次,需要注意研究的问题或范围不能太大、太广,尽管问题是有价值的,也是很有意义的,但一定要注意内容选取得是否合适、是否具有可操作性和可实施性。最后,要关注内容分析的信度问题。内容分析如何保证它的信度呢?一个可取的做法是:我们在确定类目的时候除了专家评判外,可以采用多人评判。

内容分析法的一般步骤:研究目的—研究对象—样本的选取—类目的确定—分析单元的确定—评判记录—信度分析—统计数据—研究结论。

> 网络日志分析法

网络日志分析法是日志分析法的一种类型,是另一种查询记录分析法。查询记录分析法通常被定义为:"对在线信息检索系统和检索该系统的信息用户之间的电子查询记录进行分析和研究。"最早使用查询记录分析是在20世纪60年代中期,Meister与Sullivan首次运用查询记录分析评估用户的查询反映,此后该方法陆续被用来

第八章

评估系统和分析用户的查询行为。网络日志分析法事实上是查询记录分析法的一种变形,是近年来为满足分析网络信息查询行为的需要而形成和发展起来的。网络日志是指服务器上有关网络访问和查询的各种日志文件,包括访问日志、查询日志、引用日志、代理日志、错误日志等。而网络日志分析"是从网络的存取模式中获取有价值信息的过程,也就是对用户访问网络时在服务器留下的访问记录进行分析,寻找其中蕴含的规律"。目前,网络日志分析法已发展成为网络信息检索、人机界面、系统设计及用户查询行为研究中极为重要和有效的方法。

> 竞争情报分析方法

随着经济全球化的发展,企业在国内外都面临着强力的竞争,技术的发展尤其是互联网的发展促使竞争情报遍布世界各地。企业在制定经营方针和战略规划的过程中,要充分收集竞争对手的网络情报,并运用科学的情报分析方法对其进行分析研究。在近十余年的竞争情报分析与预测实践中,人们积累并提炼出了一些颇有特色并且行之有效的方法。如国外一些大公司和管理决策研究人员就曾经经过归纳和整理,总结出关键成功因素分析、战略群体分析、价值链分析及现场图、标杆分析法、环境分析法、SWOT 分析、战略联盟、分散投资等 31 种方法。这些方法各有其适用的条件、范围和目标,在很多情况下还注重将其中的两种或多种组合起来使用。由于篇幅有限,我们在这里仅对其中有代表性的标杆分析法、环境分析法和 SWOT 分析做一介绍。

• 标杆分析法(Benchmarking)

Benchmarking 可以定义为为了组织改善,而针对一些被认定为最佳绩效典范的组织,以持续的与系统化的流程,评估其产品、服务与工作流程。企业进行 Benchmarking 的目的,通常与比较及改变有关。Benchmarking 的流程在最初阶段需要一种调查行动,以选出一些声誉卓著的一流公司,通常需要先与专家接触:包括产业专家或分析人员、产业或专业协会、管理顾问等。定义中的最佳绩效典范的组织对 Benchmarking 的主题而言是接受调查和分析的对象。Benchmarking 同时也是一个持续的过程,只有在较长期的架构之下才能得到具有参考意义的有价值的情报。Benchmarking 一般分为内部型、竞争型、功能型三种类型。

运用 Benchmarking 对情报进行分析的过程是一个环状结构,如图 8-12 所示。

第一阶段,准备,主要是企业内部就即将开始的活动达成共识。第二阶段,确定标杆学习信息的使用者以及他们的需求,从而确定标杆学习的主题,主题必须对企业的经营或获利成果有重大影响,也就是一般所称的关键成功因素。第三阶段,组建标

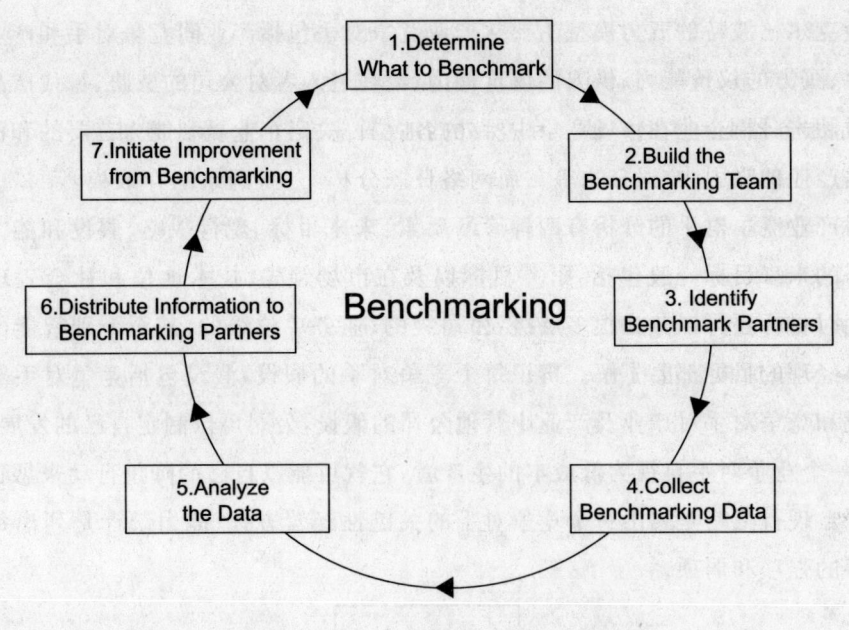

图 8-12 Benchmarking 模型

杆团队。一般来说，在这个主题领域内必须有具备专业知识的员工来参与，充分考虑团队成员在时间安排上的协调性和一致性。第四阶段，锁定最佳典范企业。在选取时，应该要确定自己到底是想对现有的绩效进行一些基本的改善还是要达到树立典范的程度，情报研究人员必须考虑到企业本身的实力以及可允许的资源使用量。第五阶段，收集标杆学习情报，主要搜集各种关于最佳典范企业的资料，为第六阶段的分析做好准备。第六阶段，开出"处方"并付诸实践，情报研究人员将进行比较分析，找出造成结果差异的关键流程而非结果本身。在进行比较分析后，便可根据结果订出期望绩效，并分析讨论目前绩效与期望绩效间的差距该如何来弥补。

新环境下情报分析中运用 Benchmarking，要取得价值高的情报，必须做到：(1) 对知识分类并进行编码，将企业知识转化为一种易于为需要它的人所理解的形式；(2) 对隐性知识的提取；(3) 绘制知识地图，向机构内的人员展示，当他们需要某一专业知识时可以知道去何处查询。情报研究人员在标杆活动结束时，应该把研究成果以知识地图的形式表达出来。在企业的情报研究中，Benchmarking 方法主要用于企业流程改造、产品市场的再定位，从而提高企业的产品的市场竞争力和服务水平。

- 环境分析模型

第八章

迈克尔·波特的五力模型主要从产业竞争对手包括产业间竞争对手和产业内竞争对手、买方的议价能力、供方的议价能力、潜在进入者对公司的威胁、替代产品或服务的威胁来分析企业在市场竞争中所处的地位。决定企业赢利能力首要的和根本的因素是产业的吸引力。

对产业竞争对手的分析有四种诊断要素：未来目标、现行战略、假设和能力。竞争对手的未来目标一般包括：财务目标以及在市场领先、技术地位和社会表现的目标。同时目标还可以分为很多层级：公司级的、业务单位级的，甚至个别智能部门以及主要经理的目标都要了解。辨识每个竞争对手的假设，假设包括竞争对手对自己的假设和竞争对手对产业及产业中其他公司的假设，公司可以制定自己的发展策略。比如，一个竞争对手自视为低成本的生产者，它就可能以自己的降价行动来惩罚某一降价者。现行战略是列出每个竞争对手的关键性经营方针；能力统计是列出每个竞争对手的强项和弱项。

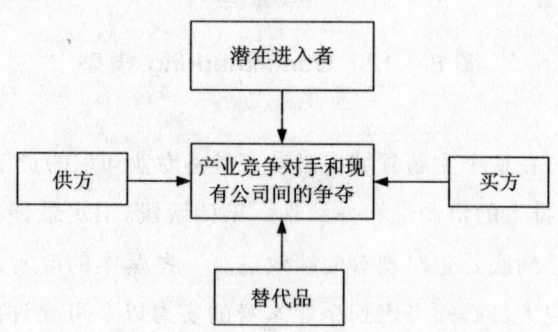

图 8-13 迈克尔·波特五力模型

在环境分析的过程中，主要从政治、经济、社会、技术四个方面进行分析。未来政治形势主要分析：国际区域联盟，国家法律如税法、劳动法，多个社会组织及相互关系，政府对行业的占有情况以及对垄断和竞争的态度。未来经济形势主要分析：总GDP 和人均 GDP 中通货膨胀水平，消费者花费和可支配收入，币值波动和外汇水平，国家、民企和外国公司的投资水平，失业率，能量成本，原材料成本等。未来社会形势主要分析：价值观和文化变迁，生活方式改变，对工作和休闲的态度，"绿色"环境问题，教育和健康，地理变化，收入分配等。未来技术变革主要分析：识别新的研究方向，新的专利产品，新技术变化和应用的速度，公司对手在研发方面投资水平，可应用的不相关行业的技术发展等。

环境模型分析在新的网络环境下依然有效和适用，它给情报分析人员提供了一个分析环境的框架。在新环境下,要不断考虑更多的要素以及它们之间的相互影响。

- SWOT 分析

SWOT 分析最早由美国旧金山大学韦里克教授于 20 世纪 80 年代初提出来。所谓 SWOT 分析,就是将与研究对象密切关联的各种主要的内部优势因素(Strengths)、弱点因素(Weaknesses)和外部机会因素(Opportunities)、威胁因素(Threats),通过调查分析并依照一定的次序按矩阵的形势排列起来,然后运用系统分析的思想,把各种因素相互匹配起来加以分析,从中得出一系列相应的结论。对企业进行 SWOT 分析,总的目的是为了发挥内部优势因素、利用外部机会因素克服内部弱点因素和化解外部威胁因素,通过扬长避短,争取最好的结局。

SWOT 分析是企业竞争情报分析与预测的重要工具。企业通过使用这一工具,可获得大量有关内部优势和弱点以及外部机会和威胁的信息。对这些信息进行系统、综合的分析,有助于对企业自身及所处外部环境的有利和不利因素有比较透彻的把握,有助于成功地制定针对企业发展战略目标的战略决策和规划。

情报分析人员在运用 SWOT 时分为以下几个步骤:运用各种调查分析方法,分析出公司所处的各种环境因素,即外部环境因素和内部能力因素;将调查得出的各种因素根据轻重缓急或影响程度等排序方式,构造 SWOT 矩阵;制订相应的行动计划,基本思路是发挥优势因素、克服弱点因素、利用计划因素、化解威胁因素。运用系统分析的综合分析方法,将排列与考虑的各种环境因素相互匹配起来加以组合,得出一系列公司未来发展的可选择对策。这些对策包括:最小与最小对策(WT 对策),即考虑弱点因素和威胁因素,目的是努力使这些因素都趋于最小;最小与最大对策(WO 对策),即着重考虑弱点因素和机会因素,目的是努力使弱点趋于最小,使机会趋于最大;最小与最大对策(ST 对策),即着重考虑优势因素和威胁因素,目的是努力使优势因素趋于最大,使威胁因素趋于最小;最大与最大对策(SO 对策),即着重考虑优势因素和机会因素,目的在于努力使这两种因素都趋于最大(图示如下)。

外部＼内部	优势(S)	劣势(W)
机会(O)	SO 对策	WO 对策
威胁(T)	ST 对策	WT 对策

图 8-14 SWOT 矩阵分析图

第八章

网络情报分析方法发展前景——知识管理

知识管理是社会竞争环境日益复杂、信息数量激增、信息技术快速发展、组织机构为寻求创新与保持持久竞争优势的产物。知识管理的主要功能是：通过创建知识库，存储组织机构内外部的显性知识与隐性知识；通过知识管理技术与工具挖掘个体、集体的显性知识与隐性知识集成的价值；通过创建知识管理的机制和改进知识共享的环境促进组织机构知识的有效获取与传播；通过对知识资产的管理来增强与改善组织机构的决策能力。所以，知识管理不仅是一种理念、一套信息技术的解决方案，而且也是一种机制、一个支撑组织机构在网络环境下挖掘与发挥知识资产的价值并创造新知识的平台。在情报分析过程中引入知识管理这种方法，主要鉴于以下两点：

➢知识管理是网络情报分析研究发展的客观要求

现代计算机技术、远程通信技术、网络技术、高密度存储技术和多媒体技术等现代信息技术的广泛应用，在改变了情报研究机构获取信息的方法和途径的同时，也改变了情报研究机构中内部信息资源保障体系的服务手段和工作重心。情报研究工作中的这些改变与情报信息需求环境的变化共同促进了信息资源保障体系建设向集成化的方向发展。对信息资源集成服务环境的设计，可以实现组织内部信息资源的物理链接到综合信息环境的逻辑链接，带动情报研究工作的现代化发展；创新情报研究工作的服务方式，提高情报研究工作的效率，发挥情报研究工作的价值，可以为最终实现情报研究的集成服务打下坚实的基础。信息资源集成服务可以为情报研究发展提供有力的支撑。作为信息资源集成理论方法的知识管理理念恰恰是解决信息资源保障体系向集成化方向发展的有效手段。利用现代信息技术，通过构造知识管理的平台，可以营造一个集成信息资源环境，以提高信息数据的共享性和再利用性，降低情报研究成本，缩短研究开发时间，从而将各种信息要素、技术要素、制度要素在动态优化过程中以网络为技术平台有机地融合在一起，形成结构合理、管理科学、反应迅速的信息资源服务保障体系。知识管理的应用实施可以通过对信息资源服务保障体系的完善来满足情报研究工作在新的信息技术环境下产生的各方面需求。因此，知识管理的平台不仅能够解决信息资源集成化方向发展的问题，还为情报研究工作注入了新的理念和方法，为情报研究的发展提供了有力的支持。所以说知识管理是情报研究发展的客观要求。

➢知识管理满足了网络情报分析研究的发展需要

情报研究中的知识管理过程是为了满足情报研究工作的需要而进行的显性知识和隐性知识的共享与提供过程,目的是利用集体智慧提高情报研究工作的应变和创新能力。对于情报研究工作而言,利用知识管理创新情报研究工作模式可以提供挖掘潜在知识情报的技术,保障情报研究响应的质量、速度,提高组织的研究创新能力和研究效率;可以促进情报研究知识联盟的发展,完成情报研究保障体系与需求渠道一体化建设;可以规范情报研究成果的推广,建立有效的评价体系与质量反馈机制;促进研究成果集约化;促进组织向着以知识投入、知识传播、知识创新为目的的知识型社会组织发展;可以提高情报研究工作人员的研究水平和素质,实现情报研究的智能化。

8.4.4 网络情报分析的成果

网络情报分析成果的类型

网络情报分析的成果主要有以下四种类型:

➢ 数据性网络情报分析成果

数据性情报分析成果是以企业经营管理、科学技术方面的各种数据和统计资料等为主要对象,进行归纳、整理、分析、对比、运算、图表化而成的数据集合。如企业情报分析成果中的"专业技术数据手册"、"同行与相关机构名录"等。通过这类成果,可以方便地了解相关的基本情况,可以将某些数据直接用于企业、政府活动中。

➢ 总结性网络情报分析成果

总结性情报分析成果是对某一网络情报研究课题的有关情况进行全面系统的总结、归纳、分析、综合而成的一种成果形式。其特点是:对所总结的课题的有关情况和资料反映全面,总结课题比较具体,所谈问题比较集中;只做客观综合,不加主观评价。如企业情报分析成果中的"企业年度报告"、"专题活动总结"等。

➢ 评价性网络情报分析成果

评价性网络情报分析成果是在对网络情报研究课题有关方面的各种观点、数据进行对比、分析、综合的基础上,提出的有观点、有评价、有建议的网络情报分析成果。例如企业情报研究成果中的"考察报告"、"企业专题研究报告"、"成果鉴定报告"等。其特点是既综合有关情况、观点和数据,又对情报研究课题的历史、现状、先进性、可靠性、可行性等进行评价,提出建议。

➢ 预测性网络情报分析成果

预测性网络情报分析成果就是在对情报进行综述、评价的基础上,预测情报研究

第八章

课题的未来发展情况的一种成果形式。例如企业情报分析成果中的"企业生产能力预测报告"、"企业市场预测报告"、"企业经营环境展望"等。在预测性网络情报分析成果中,尽管也有对情报研究课题历史、现状等情况的叙述、分析和评价,但这种叙述和评价是为预测服务的。

网络情报分析研究报告的编写要点

上述四类网络情报分析研究成果中,除数据性研究成果比较特殊以外,其他三类网络情报研究成果都有很多相似之处。下面简要介绍网络情报分析报告的编写要点:

➢ 网络情报分析研究报告的主要内容

总的来说,网络情报研究报告大体上包括以下一些主要内容:说明该情报研究课题的意义、目的和所要解决的主要问题;提出该课题的背景和解决问题所需考虑的问题和条件;列举所搜集到的与该情报研究课题有关的资料和数据;阐明该情报研究课题的研究过程、所遵循的原则、所采用的方法;提供解决有关问题时可供选择的建议、方法和步骤;预测该情报研究课题的发展趋势、实现的时间、达到的水平、可能产生的影响或遇到的风险及其对策;等等。

➢ 网络情报分析报告的基本结构

网络情报分析研究报告一般由以下八个部分组成:

(1)标题:对情报研究内容的高度概括;(2)内容简介:主要包括课题来源、编写目的与意义、适用对象、主要观点和结论等;(3)目次:由报告的大小标题所组成,揭示报告的基本内容及其所在页码;(4)序旨:主要介绍情报研究课题的基本情况;(5)正文:是研究报告的主体部分,是在情报研究课题所涉及的范围内,对与课题有关的情况、素材、数据进行归纳、整理、对比、分析、论证、评价、预测;(6)结论或建议:包括对正文部分所阐述的主要内容的总结,该项情报研究的主要结论,解决有关问题的方案与建议,利用本项情报研究成果的有效措施等等;(7)附录:是为了压缩正文的篇幅,将一些情报研究中多处引用或篇幅较大的图表、数据等重要的情报资料或方法介绍单独附于结论或建议之后;(8)引用资料或参考资料目录:能提高研究报告的可信度,为情报用户进一步研究提供情报资料线索。

8.5 网络情报的开发利用

网络情报分析的目的就是服务于情报用户的生产经营和日常工作,为企业或政府部门的决策提供科学可靠的依据,为提高经济效益提供有利的前提条件。这一目的的最终实现要对网络情报进行开发利用,并借助各种服务方式和手段,才能最终实现这一目的。

8.5.1 情报开发利用的意义

情报的开发利用是情报用户将情报应用于各项企业、机关活动的一种情报事件。情报工作的最终目的并不是根据用户的需要找到情报,而是经过交流、分析对情报加以充分利用。情报开发利用是情报流的最终环节,即情报用户根据所获情报付诸实践使之发挥作用的过程。可以说,情报的开发利用是整个情报工作的动力和归宿。通过研究情报开发利用,可以检验情报服务的质量与社会经济效益,以利改进工作。

8.5.2 网络情报开发利用的途径

在对传统情报进行开发利用的过程中,有很多困难,处理手段难以把握。以传统竞争情报的开发利用为例,如肯德基与麦当劳相互竞争,在对对手的情报进行开发利用的过程中,需要注意很多方面:在市场反馈方面,它们需要及时搜集全球媒体对自身的正面或非正面的报道,以做出正确的判断及相应的处理;在竞争方面,需要相互搜集竞争对手的相关信息;在政策法规方面,又需要搜集餐饮业以及快餐业的相关政策法规以及一些主管机构的动态;还有在合作伙伴方面、在行业方面、在产品方面等。如此众多的情报需求,如何有效地开发和利用情报信息,对企业至关重要。

随着互联网和计算机技术的飞速发展,网络情报的出现为情报的开发利用提供了便捷的方法和途径。

➢ 建立网络情报处理系统

建立网络情报系统,并使其情报处理规范化、程序化。根据企业知识库,将来自不同渠道的情报资料进行合并、过滤、提取、自动分类,将新的情况与情报库进行匹配以及利用新的情报更新情报库,并利用情报清理系统维护网络情报库的一致性和完整性。网络情报系统包括:(1)情报合并系统将来自不同渠道的情报合并成单一的情报源;(2)情报过滤系统根据企业情报知识库,从获得的情报中滤去无关情报;(3)情报提取系统将原始情报结构化,如从原始情报中提取竞争对手的财务数据等;(4)情报自动分类系统根据企业情报知识库,对原始情报进行自动分类;(5)情报匹配系统能判断情报是否已经在情报库中;(6)情报更新系统根据企业情报知识库中的情报,更新规则,更新情报库;(7)情报清理系统清除情报库中陈旧的、不完整的、重复的情报,使企业情报库始终充满活力。

➢ 加强情报筛选能力

只有将收集到的网络情报进行深层次的整理加工,才能使情报得到有效的利用。由于网络情报收集的广泛性和复杂性,获取的情报不一定可靠,需要对情报源的可靠性和情报传输渠道的可靠性进行判别,对有疑问的地方进行反复审查、认证。要提高对情报的筛选和过滤能力,善于从浩瀚的情报信息海洋中提炼出实用的和有益的情报,同时要摒弃虚假情报。

➢ 提高情报转化能力

通过网络获取的原始情报,一般价值不是很大,企业要善于运用网络情报,将情报转化为成果,进而上升为高附加值的产品。要以网络情报为基础,通过激活设计的中间试验,开发有自己知识产权和专利技术的新产品,形成企业新的经济增长点。要对已有情报加以挖掘、延伸,开发出创新需要的新情报,达到信息的增值。

➢ 重视情报人才培养

情报人才是情报工作中最活跃的因素,是提高情报质量的关键。情报人员不能只是单纯的情报搜集人员,或是某一专业领域的技术人员,还应该是管理、营销、法律及统计等各专业人员的组合。一个出色的情报工作者,不但要具有相关的专业知识和网络技术知识,还要有很强的组织能力、公关能力和市场开拓能力。因此,要加强情报人才的培养,提高情报人才的素质,建立一支有一定规模、能适应现代企业竞争需要、具有超前意识和创新精神的高质量竞争情报人才队伍。

8.5.3 网络情报服务

情报服务是一项知识、智力密集型的服务活动,是为了解决情报资料复杂多样、信息混乱无序与人类情报需求之间的矛盾而产生的。情报服务是为了人在特定时间获得所需要的特定情报而采取的服务措施。

传统情报服务的局限

情报服务对于企业、研究人员来说，最重要的一项工作是查找大量有关资料，来丰富头脑，指导决策。传统的情报服务是以文献资料为主体，方法就是手工检索，手段比较单一。随着科学技术发展，信息载体的多样化以及计算机技术的普遍应用，网络化、数字化的情报资源与日俱增，丰富了情报服务的内容，扩大了情报服务的范围和领域，将我们带进了一个前所未有的网络情报时代。

传统的情报服务受到其工作内容及服务方法、手段的局限，对用户活动的影响逐渐淡化。用户关注的是如何捕获和析取解决关键的知识内容，并将这些知识内容创新、集成为相应的解决方案，进而将这些固化的知识在新产品、服务和管理机制中得以激活。

知识服务——网络环境下的情报服务

所谓知识服务，是用户需求满意驱动的服务，是基于知识内容挖掘的服务，是基于团队协作、动态的多任务、专业化、个性化的自主与创新的服务，是基于用户决策及解决方案的服务，是充分体现知识价值增值的服务。它将知识服务融入用户知识吸收和再生的内层，通过显著提高用户知识应用和知识创新效率来实现价值。知识服务是情报服务的升华和延伸，是情报机构在知识经济和信息环境网络化、数字化的双重冲击下寻求服务新的突破口和生长点的活动，是情报机构联结用户和市场的纽带。

不管是传统的文献资料的情报服务，还是现代网络情报服务，服务是情报管理的最终目的。搞好情报服务的根本在于创新，只有创新才能满足用户的需求。情报服务的创新工作最终目的是知识服务，知识服务实现了情报服务的创新工作。这主要体现在以下几个方面：

> 情报工作者知识结构多样化：情报工作者是为用户（包括潜在用户群）提供经过整理、分析、综合的信息资料，并利用各种有效手段为用户提供信息咨询服务的专业人员。今天的知识经济对情报工作者提出了比以往任何时代都更高的要求。情报工作者应该具有更多更新的知识；情报工作者必须要经常学习科学知识，了解国内外的科技动态，才能使自己成为有创新能力的知识型的情报工作者。

第八章

> 服务对象个性化:情报服务的创新工作必然是知识服务,知识服务是强调"以人为本"的服务理念。它是针对用户的特点并融入用户之中,贯穿于用户决策全过程的个性化服务。用户已不再满足于为其提供的一般性的情报服务,而需要为其提供解决问题方案的核心知识内容。情报工作者将分散在各个领域的网络信息加以集中,从中提炼出符合用户研究、开发与创新需要的知识产品。

> 工作内容专业化:满足用户需求是知识服务的基本目的,这种需求不只是简单地提供信息,而是将知识的价值实现定位在是否能解决用户的问题上。情报工作者懂得服务对象的专业,才能提供更直接、更专指、更深层、更能解决实际问题和情报服务创新工作,从而为实现专业化的知识服务打下良好的基础。

> 网络数字化与集成化:当今文献信息总量以几何级数增长,信息资源数量庞大,价格不菲,单个情报工作者收集信息的能力十分有限。因此,网络的数字化成为情报机构自动化发展的必由之路,也是情报机构进行知识管理和情报服务创新工作的重要环节。建立开放式的知识创新网络和知识性创新平台,将分散在各个地区、各个领域、各个专业情报机构的信息资源,有效整合、集成起来,可以促进知识、信息、技术、人才在网络中快速地流动,帮助实现网络资源共享,使情报被更多的用户所利用。

情报服务的创新和发展,就是要以创新为动力,以知识为信息资源基础,以现代情报技术为手段,以满足人类的知识与信息需求为目的,获得社会效益和经济效益的最大化。通过对知识与情报的有效管理和开发利用,把普通的大众化服务提升到高层的个性化、专业化的知识服务,把传统的信息提供服务拓展为一条龙、全方位、多样化的,面向具体内容、面向解决方案、贯穿用户解决问题全程的知识服务模式。通过深入到专业领域的专业知识服务提供有效的知识增值服务,如开展个性化定制服务、信息推送服务、检索帮助服务等等。知识服务可以提升情报服务的创新水平,从而实现情报信息的真正价值。

8.5.4 网络情报评价

在对网络情报进行分析、利用和服务之后,还需要对情报的使用情况进行评价,为以后情报工作的改善打下基础。所谓情报评价就是在情报使用之后,依据一定的标准对情报的效果、效益和效应所做的分析和判断。它是情报运行过程中的一个重要环节。运用正确的情报评价标准,对情报做出实事求是的评价,对于科学地总结情报实践中的问题,更有效地发挥情报的作用,有着非常重要的意义。

> 情报效果评价

情报效果评价就是对情报结果实现情报目标的程度做出判断,也就是通过情报的实际结果和理想结果之间的比较,对情报是否实现了预期的目标进行分析。情报效果评价是情报评价过程的起点,因此,它是否科学和准确,直接关系到整个情报评价的科学性和准确性。

明确有价值的目标和实事求是地确定情报结果,是情报效果评价的前提条件。在明确情报效果评价的标准以后,就需要对情报结果进行分析,实事求是地确定情报结果。所谓情报结果就是该情报行为作用下引起环境变化所达到的状态。一项情报实施后,如果能有效地发挥作用,必然引起环境的某种变化。通过对环境变化的分析,可以大致确定一项情报产生的结果。

> 情报效益评价

对情报效果进行评价后,还必须对情报效益进行评价。情报效益评价就是对情报效果和情报投入之间的关系所做的判断,目的是分析情报在支出了各种费用后是否获得了充分的效益,与其他情报相比费用的支出是否经济有效。

情报效果评价注重的是如何以最小的情报投入获取最好的情报效果。因为,在有些情况下,虽然一项情报实施后所取得的结果实现了预期的情报目标,但情报投入过多,得不偿失,这不能算是好的情报。情报效益评价的标准是相同费用所产生的最理想的效果或相同效果所需的最小费用。所以,情报效益评价的重点是在保证情报目标实现的前提下,是否以较快和较节省的方式实施了情报。所谓情报投入指实施或维持一项情报所需费用的总和,其中包括交替费用、执行费用和时间费用。

> 情报效应评价

情报效应评价就是把一项情报放到整个社会系统中,从与之相关的其他要素的相互联系中,对该情报的作用产生的影响所做的综合判断。要对一项情报做出全面的评价,仅仅评价其实现目标的程度和自身的效益是不够的,还必须对它在整个社会系统中产生的影响进行综合评价,以确定它在整个社会系统中,从整体来说其作用是积极的还是消极的。情报效应评价的标准就是从整体看一项情报,其积极作用是否大于消极作用,从而有效地规范人们的行为,以推动经济社会的发展。有时一项情报

第八章

从自身来看其效果是好的,效益是高的,但把它放到社会系统中综合考察,其消极作用却大于积极作用,这不能算是好情报。只有从自身来看效果好、效益高,在整个社会系统中积极作用又大于消极作用的情报才是好情报。

情报效应评价是一件非常复杂而又难度很大的工作,在对情报效应进行评价的过程中,既要考虑它的正效益和负效益,也要考虑它的短期效应和长期效应,同时还要考虑它的直接效应和间接效应,只有这样才能对一项情报的作用做出全面系统的评价。

情报效应评价的复杂性,使我们没有办法通过公式加以计算。情报效应评价的方法,只能是采用统计的方法,通过各种统计数字的比较来进行评价。在运用统计学的方法对情报效应进行评价的过程中,首要的问题,也是最关键的问题是确定评价点。所谓评价点就是最能反映一项情报及其效应的方面。评价点确定之后,要根据确定的评价点,拿出相应的统计数字。不同的情报评价点,评价的情报效应也不同。评价点的确定必须根据情报的性质、内容和作用来确定。

8.6 案例:中小企业反倾销预警情报的搜集和分析

随着我国市场竞争日趋激烈,商业情报产业持续升温,企业内部商业情报系统、情报咨询业务以及商业情报软件等都将快速发展。企业要想依靠商业情报来把握市场先机并成功地处理危机,首先需要建立早期预警系统对环境进行监测。下面以我国中小企业反倾销预警为例,分析反倾销预警情报的检索、分析和利用。

反倾销预警机制是通过对重点敏感产品进出口数量、价格、市场占有率以及国内生产情况等重要参数变化的监测,来分析国内产业所受到的影响。当某一产业或产品受到实质性损害、实质性损害威胁或阻碍某一产业发展时,及时发出预警;或者在产品大量低价出口时能够及时发现、制止这种出口行为,避免遭受国外的反倾销指控,实行产业保护的前置化。因此,反倾销预警机制的建立包括国外产品对我国倾销的预警以及出口产品遭受国外反倾销的预警,即包括进口预警机制和出口预警机制。

建立有效、完善的反倾销预警机制,首先需要大量的情报资源做支持。要搜集信息并建立情报数据库,对搜集到的大量竞争情报进行充分分析和有效利用。建立企业的反倾销预警情报系统,需要完成以下一些步骤:

> 反倾销情报搜集前的准备：在对反倾销情报进行搜集和分析利用之前，需要进行一些准备工作。主要包括反倾销预警情报的需求分析——需要搜集的情报种类如国内外的经济政策、贸易政策、竞争对手的情况、反倾销法律等；制订搜集计划——如确定搜集的工作进度、情报搜集方式的选择、情报存储的方式等；进行情报搜集的组织工作——包括网络情报源、所需经费、情报搜集人员的合理安排组织、建立情报中心数据库等等。

> 反倾销情报的具体搜集：这是建立反倾销预警系统的基础，是获取反倾销预警情报的实际行动。包括选择情报源、选择情报搜集工具、制定检索策略并实施等。

> 反倾销情报的加工整理：在搜集大量反倾销预警情报之后，需要对情报进行预加工，包括通过各种方法验证情报的真假，剔除无效、无用情报，将情报转换为适合企业系统存储和处理的形式等。

> 对反倾销情报进行分析与预测：只有对情报经过分析和预测，才能够从大量情报中获取企业所需的知识以及早发现竞争对手的倾销行为。可以帮助受到起诉的企业进行情报分析、寻找对策；为应诉企业检索与应诉相关的进口数据，找到有力数据；为应诉企业查找应诉相关政策协议、法律法规；还可对重点市场、重点产业（产品）的数据进行分析，以帮助企业有效规避国际贸易的各类风险。这样才能做到知己知彼，这是打赢国际官司的关键。企业在接到反倾销调查通知时，要研究起诉人是否具备符合起诉条件的主体资格，以此了解起诉方抱着怎样的目的提起诉讼。在回答应对反倾销调查的问题时，也一定要了解多方面信息，寻找对方的漏洞和错误，向反倾销调查当局提出合理的质疑。

第 9 章 应用案例

随着我国信息化进程的不断加速,越来越多的组织已经不仅仅满足于运用信息技术通过业务流程的自动化来降低成本、提高效率,而是希望能运用最新的技术来进行组织内的知识共享、协调工作与辅助决策。本章列举了内容管理技术与情报分析技术在传媒、政府机关与制造企业中应用的三个具体案例。在每个案例中均从系统构建的背景、功能需求以及系统架构等方面进行了分析并对系统实施的收益进行了总结。从这些案例中我们可以看到,内容管理与情报技术已经在目前的信息化实践中取得了良好的应用效果,同时也将在未来信息化进程中发挥越来越重要的作用。

9.1 基于内容管理的新华社待编稿库系统

9.1.1 新华社多媒体待编稿库项目背景

新华社作为中国的国家通讯社,承担着对内对外新闻服务的重要任务。多媒体待编稿库是新华社多媒体数据库对内服务的核心,是新华社编辑、记者采写稿件的总集合。这些稿件通过总社各专业编辑系统、各社办报刊编辑系统、分社编辑系统、各种移动发稿系统以及公众互联网的电子邮件系统等采写、传递、存储到多媒体待编稿库,内容包括文字、图片、图表、音视频稿件及多媒体混编稿件。系统开放给全社授权采编人员使用,没有部门界限和障碍。采编人员在遵守稿件采编规定的前提下,可以最大限度地共享全社资源。待编稿库系统是新华社实现新闻业务信息化的基础,它对于整合全社的新闻信息资源、提高新闻信息利用率、降低新闻信息产品加工成本、满足新闻信息用户个性化的需求、提高新华社的核心竞争力具有重要的意义。

9.1.2 新华社多媒体待编稿库功能需求分析

新闻信息待编稿资源内容整合和共享

建立新华社全社待编稿库服务系统的目的是为了实现将来自新华社各部门、各

第九章

分社、各国外通讯社的新闻信息（含文字、图片、图表）、各社办报刊的待编稿资源全部整合，并通过这一系统实现各部门、各分社对全社新闻信息资源的共享。

新闻业务系统应用集成

使用者通过该服务系统除应能方便进行待编稿件调阅外，还应能具备在现有编辑系统（包括总社编辑系统、图片编辑系统、信息中心编辑系统）内直接建稿的功能，即实现待编稿库服务系统与其他编辑系统的互动性能，使得待编稿库系统和相应编辑系统之间具有集成性，以获得更好的系统性能，使得待编稿件和各部门的编辑系统之间形成一套紧密结合的系统，更高效、灵活地为相关工作人员提供服务。

可以将总体需求划分为核心的应用需求和辅助应用需求，具体分析如下：

➢ 核心应用需求

• 待编稿件采集

能及时准确地采集到全社的待编稿件，是实现全社稿件共享的前提。包括：

实现多来源、多类型、多格式稿件采集：新华社待编稿件来源广，有来自总社编辑系统的、有来自分社编辑系统的、有来自信息中心编辑系统的、有来自图片编辑系统的，还有来自社办报刊编辑系统和其他各部委的信息、社会信息、外电、外刊、外国通讯社以及浩瀚的网络资源上的等等，并且这些稿件还具有语种多、类型多等特点，因此在采集时须考虑对多格式稿件的支持，除了常见的 txt 纯文本的，还要考虑支持 Word、Excel、PDF 等常见文件格式。

• 实现稿件标准化传输和存储

新华社为解决各系统间数据传输的应用统一问题和未来发展需要，提出了全社采用 XML/XinhuaML 稿件格式进行存储和传输。因此，待编稿件的传输以及系统之间的数据交换都应考虑采用 XML/XinhuaML 标准数据，需要自动完成数据转换，以满足数据规范要求。

• 稿件分类

科学、准确、规范的稿件分类是实现待编稿服务的基础。由于稿件数量巨大，需要进行基于稿件内容的机器自动分类，以保证效率。因此，稿件分类方式应同时支持自动分类和人工分类两种方式，其中以自动分类为主来完成主要的工作，人工进行校准或完成特定分类。

• 稿件发布

通过特定的信息发布技术，在相应的信息平台上发布，让稿件使用者能方便地浏览和检索到所关注的稿件。信息发布形式包括:栏目形式、树型目录形式、卡片页面形式等;发布方式包括菜单驱动方式、树型驱动及模块驱动等方式来实时发布待编稿件。

- 稿件检索

为了让信息使用者能快速、全面、准确地检索到要查找的待编稿件,提高信息获取效率和质量,待编稿件在浏览查阅应用方面,应具有全文检索功能。不但要支持基于稿件正文内容进行检索的功能,同时还要支持结合稿件标引时间、稿源等属性进行组合检索的功能。检索系统还应能支持分类检索功能,以实现对文字、图表、图片等类型的稿件既能分开检索,又能混合检索的需求;另外,还应能支持中英文混合检索。

- 编辑系统集成

建立待编稿库服务系统,其目的之一是实现待编稿件的共享,提高待编稿件的价值,同时,也是为了使待编稿件能更方便地进入稿件编辑系统,实现待编稿库服务系统和各编辑系统无缝集成,实时互动,共同完成稿件的编辑功能。因此,建立待编稿库系统,和新华社(已有的或以后再新开发的)编辑系统高度集成,方便编辑人员的编辑工作,是待编稿库系统需要实现的重点功能之一。当用户调阅到一篇稿件后若想编辑,即可点击稿件的建稿操作,这些稿件建稿操作能根据用户不同的身份以及隶属的编辑系统,分别指向不同的编辑系统,经用户确认后,该篇待编稿件将以该用户身份在指向的编辑系统中为该用户进行创建,用户进入相应编辑系统后,即可编辑该稿件,该稿件的元数据能自动复制到相应编辑系统中。

- XML/XinhuaML 数据规范和多语言的支持

多媒体待编稿库服务系统必须全面遵循新华社制定的具有全部知识产权的 XinhuaML 标准。XinhuaML 源于 XML 技术,目标是成为中文多媒体新闻标识语言的标准。另外,针对新华社稿件语种繁多的特点,所有文件内容在关系数据库中按照 Unicode 编码存储,要求具备对多语种的支持。

➢ 辅助应用需求

- 待编稿件的统计

系统应能统计各类稿件的使用情况。其中面向稿件的统计包括稿件被浏览的次数、被建稿的次数等;面向使用者的统计包括该使用者浏览稿件数量统计和建稿数量。待编稿件的统计有利于对稿件质量和编辑工作量进行量化考核和精细管理。

- 信息智能提示功能

待编稿库服务系统具备信息智能提示功能,将急需处理的稿件、应处理的稿件、当天播发新闻、当天用户采用统计等信息提供给使用者,并以弹出窗口、声效、操作提示和图表等多种方式展现。通过这些提示功能,系统从"响应驱动"的被动式服务变为"自动提醒"的主动式服务,体现了人性化的实用设计理念。

另外,系统还应具备完善的用户管理功能、日志管理功能和强大的安全保障及容错防灾体系,保证访问权限控制,维护数据和系统安全,并且具有不间断运行的能力。

9.1.3 基于内容管理技术的系统设计

随着社会的进步、经济的发展、信息技术的普及和提高,各行业的信息内容正在以迅猛的势头增加。这些信息并不仅限于存储在数据库或后台系统中的结构化数据,还有很多非结构数据。据统计,目前大约85%的企业信息是非结构化数据,包括纸张文件、报告、传真、视频、音频、图片等,称为内容。在对这些内容的获取、组织、存储、安全、提取和再利用的技术手段方面,面临着挑战。近几年来,由此就出现了内容管理概念和相应的内容管理技术。

其中非结构化大对象数据的存储和管理技术以及元数据与索引数据的同步是内容管理中数据整合所需要的关键技术。非结构化的内容管理包括对元数据的管理、数字对象的管理以及如何通过一个统一的库访问协议对元数据和数字对象进行一致性、完整性的操作。

在多媒体内容的范畴内,可以通过以下公式来更好地理解:

> 一个媒体对象 = 不可区分的媒体对象
> 媒体对象 + 元数据 = 内容
> 内容 + 权限 = 媒体资产

一个媒体对象(经过数字化处理后就成为数字对象)是一个不可区分的对象,例如一篇文章,在没有加入其他的限定描述前,一篇文章与另一篇文章的属性是无法将它们区分开的,要想区分它们,就需要给它们各自加上自己独特的属性信息,如文章的标题、关键词、时间以及作者等等,而这些独特的属性信息称为元数据。结合了元数据的媒体对象就叫做内容。而对于内容,如果可以被再利用,再增值,就需要使内容成为媒体资产。如果要将内容变为媒体资产,需要加入权限管理。加入了权限管理后,对内容的利用就可以因人而异,使得内容信息可以被再利用,生成资产价值。

在待编稿库建设时,依照内容管理的观点,针对大对象数据的访问、修改和管理等不同特点,将生产过程中的元数据和文字稿件存储在 Oracle 数据库中,将图片等二进制大对象存储在内容管理平台中,通过元数据与对象数据同步机制自动建立元数据和内容管理对象的对应关系。通过内容管理机制保证对大对象数据操作的完整性和一致性,应用内容管理体系结构的优势实现对大对象数据的高效访问。关系型数据库管理系统擅长结构化数据的处理,由 RDBMS 服务器管理业务数据,可以保证数据的完整性和一致性;全文检索系统擅长于非结构化全文数据的处理——全文检索,由全文搜索引擎管理非结构化全文数据的全文索引,并提供全文检索服务。通过将全文检索系统和关系数据库的集成,使用户在完全保持已有业务应用和业务数据的前提下,可以对海量的结构化和非结构化数据进行高效、安全、可靠的发布和增值利用。

待编稿库服务系统的整体功能框架及关键技术

下图显示了新华社多媒体待编稿库的整体功能框架:

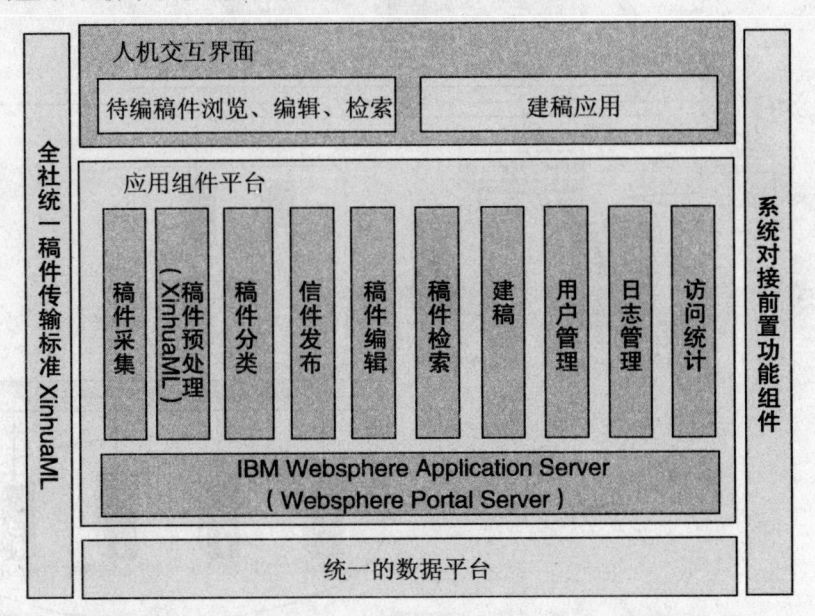

图 9-1　多媒体待编稿库系统整体功能框架

整个待编稿使用了如下关键技术进行开发:

➤ 使用 Java 语言开发的采集工具完成大量待编稿件的多线程采集任务,并把待编稿件按照新华社统一 XML/XinhuaML 规范格式实现转换预处理功能;

➤ 使用 Oracle 数据库实现对待编稿件的存储和管理;

第九章

- 使用 TRS 中文知识工具包（CKM）实现稿件自动分类和机检分类；
- 使用基于 J2EE 的内容发布系统结合 IBM Portal Server 实现稿件个性化发布；
- 统计功能；
- 使用 LDAP Server 和 IBM Tivoli Access Manager 实现用户策略管理；
- 使用 TRS Server 全文检索服务器完成待编稿件的检索应用；
- 基于组件技术和 Web Services 技术，实现待编稿库服务系统和编辑系统之间的应用集成。

新华社多媒体待编稿库服务系统系统结构如下图所示：

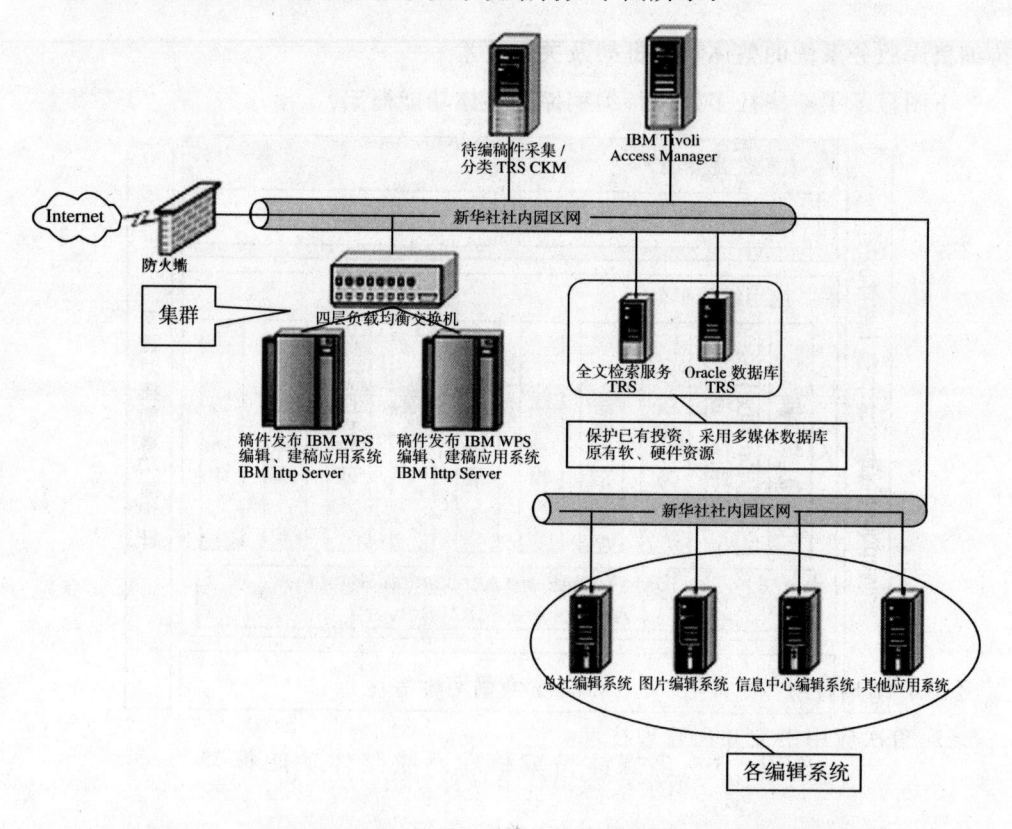

图 9-2 新华社多媒体待编稿库服务系统系统结构

待编稿库服务系统的特点和优势

- 基于 J2EE 架构进行多层体系结构设计

J2EE 是开发可伸缩的、具有负载平衡能力的多层分布式跨平台企业应用的理想平台。J2EE 提供一个标准中间件基础架构,由该基础架构负责处理企业开发中所涉及的所有系统级问题,从而使得开发人员可以集中精力重视商业逻辑的设计和应用的表示,提高开发工作的效率。J2EE 有效地满足了行业需求,提供独立于操作系统的开发环境。基于 J2EE 的应用系统灵活且易于移植和重用,可运行在不同厂家的 Web 服务器上。更为重要的是,J2EE 是一个开放体系,完全有能力适应未来技术的进步和发展。

> 全面基于 XML/XinhuaML 标准

多媒体待编稿库系统全面遵循新华社制定的 XinhuaML 标准。XML 作为一种可扩展性标记语言,其自描述性使其非常适用于不同应用间的数据交换,而且这种交换是不以预先规定一组数据结构的定义为前提的。XML 最大的优点是它具有对数据进行描述和传送的能力,因此具备很强的开放性。

为了实现数据传输和存储管理都是标准的 XinhuaML 格式的需求,在待编稿件的采集系统中还开发了一个转换程序,对采集的各种文档类型的稿件进行转换,使其都是标准的 XML 格式。该系统充分利用和遵循 XinhuaML 设计上的规范,实现 XML 数据的透明入库、存储和动态展现。但是由于新华社多媒体数据库目前使用的 Oracle 8i 本身还不支持 Native 方式的 XML 查询和数据操作,为了保证系统效率,数据在内部还是按照二维关系表存储,考虑到多媒体数据库系统与其他应用系统交换数据的频繁性,在数据存储时,另外保存了一份 XML 文件。XML 一开始就建构在 Unicode(统一码)之上,提供了对多语种的支持。

> 采用面向对象的组件技术进行设计

J2EE 多层结构的每一层都有多种组件模型。因此,开发人员所要做的就是为应用项目选择适当的组件模型组合,灵活地开发和装配组件,这样不仅有助于提高应用系统的可扩展性,还能有效地提高开发速度,缩短开发周期。此外,基于 J2EE 的应用还具有结构良好、模块化、灵活和高度可重用性等优点。

> 首次应用中文知识管理技术

待编稿库系统首次应用中文知识管理软件(TRS Chinese Knowledge Management Toolkit)实现大量稿件的查重、分类需求,创造性地结合了基于规则的分类和基于统计学的自动分类技术,使内容查重准确率达到 95% 以上。自动分类功能支持基于统计原理的自动分类和基于语义规则的机检分类两种方法,可实现计算机辅助人工的自动分类,具备了较强的智能化信息处理功能,节省了大量的人工操作。

第九章

9.1.4 新华社待编稿库的应用前景和效益

新华社多媒体待编稿库经过两个多月的试用,2003年7月1日正式投入运行。新华社社领导指出:待编稿库建设及运行是新华社的一件大事,对新华社履行好国家通讯社、耳目喉舌、消息总汇、世界性通讯社四项职能将产生重大而深远的影响;是新华社党组着眼于抓住本世纪头一二十年战略机遇期,充分依靠高新技术,推动新华社事业跨越式发展而采取的重要举措;待编稿库的运行将极大地促进和实现全社新闻信息资源、人力资源的整合与共享,进一步理顺管理体制,充分调动全社职工的积极性和创造性,从而全面增强新华社的影响力,把建设更加强大的世界性通讯社的事业进一步推向前进。

新华社待编稿库是新华社实现多媒体新闻信息采、编、发一体化的系统工程。待编稿库具有整合、共享和管理新华社新闻信息资源三大功能,真正实现了全社新闻信息资源共享,部门所有为全社共有。

新华社待编稿库的建设和运行,既是把当代高新IT技术首次全面、系统地运用到新华社的新闻报道采编系统中,又推动新华社采编工作进入新信息采编时代。作为促进新华社发展的新的生产力要素,待编稿库将引发深远的转变,撬动通讯社运行机制、采编责任主体、编辑工作方式、记者写作方式、人力资源分布、采编人员收入分配、新华社产品格局、机构管理等八个方面的改革,推进新华社事业发展"整体性"的腾飞。

9.2 内容管理推动电子政务建设——北京劳动保障网

9.2.1 电子政务和内容管理

在当今经济全球化和信息化的时代,电子政务是提高政府管理水平和服务水平、提高国家竞争力的有力工具。在中国,电子政务发展更是带动全社会信息化的龙头,具有重大的意义。电子政务工程将建立一个集资源和服务于一体的电子政府个体和群体网络,其本质也是资源数字化、服务网络化。

政府部门是中国社会信息资源重要的产生、收集和服务提供部门。据统计,目前80%的社会信息资源、3,000多个数据库均掌握在政府部门手中,如何让这些信息资源高效服务于各级政府机构、服务于民是电子政务工程建设的重要内容。

在电子政务发展的早期,信息交流基本是"公示"方式,政务站点相当于一个公告牌;随着技术发展,政务站点和浏览者之间的交流进入了"互动"阶段,既有政务信息的"广播",也有作用对象的"反馈"。目前电子政务已经进入"信息分享协作"阶段——电子政务的各个环节之间都有信息交流和分享协作。而且随着电子政务服务对象从政府内部扩展到其他政府部门、企业和公众,电子政务已经进入了信息资源与社会服务高度"整合"的阶段,对资源共享和协作管理提出了很高的要求。只有通过高性能的信息检索和内容管理技术对海量且种类繁多的政府信息资源进行科学的收集、筛选、分类、检索、及时更新和有效利用,才能真正实现资源共享,才能使电子政务发挥最大效应。而一站式电子政务的基础就是协作内容管理,包括审批工作流、自助式安全信息发布、方便快捷的信息查询等。以信息资源整合、检索、共享、协作和传递为核心的内容管理,已成为电子政务最重要的基础设施之一。

9.2.2 "北京劳动保障网"项目概述

"北京劳动保障网"是北京劳动和社会保障局在互联网上建立的政府网站,是北京劳动保障系统的中心网站。"北京劳动保障网"的建设是为了统一、规范地宣传首都劳动和社会保障形象,落实"政务公开,加强行政监督"的原则,向社会各界提供劳动和社会保障信息服务,使之成为北京市劳动和社会保障局在互联网上对外宣传发布劳动和社会保障政策及信息、提供劳动和社会保障服务的一站式门户。

"北京劳动保障网"设有每日要闻、电子政务、网上互动、最新推荐、网上公告、热门话题、特色专栏、网上调查、友情链接、网上下载、用户管理、电子信箱等十二大板块。其中电子政务设有政务公开、劳动业务、网上服务、社会监督、政策检索、信息查询、网上培训、数据报送八个频道。

9.2.3 "北京劳动保障网"功能需求

"北京劳动保障网"要求重点突出政务公开、网上办公、网上服务的功能,及时向社会发布政府工作方面的动态、消息、政策法规,以便百姓通过政府网站了解、监督政府的工作。

从功能需求角度分析,"北京劳动保障网"的核心功能包括政务信息的编审和网

第九章

络发布、网上（办公）审批和网上信息交流服务。其他系统需求还包括信息检索、用户管理、电子邮件系统等。

- 政务信息的编审和网络发布主要包括每日新闻、劳动业务信息、政务规章及政策法规、网上公告等信息采编和发布；
- 网上行政审批首期包括"劳动就业服务企业审批"、"举办大型招聘洽谈网上审批"、"劳务派遣企业审批"、"职业介绍机构审批"、"行政复议申请"项目。
- 网上信息交流服务包括"在线解答"、"代表委员直通车"、"外商投资企业服务台"、"百姓心声"、"举报信箱"、"网上信访"、"回复信箱"、"局长信箱"等交互栏目。
- 信息检索包括：政务公开信息检索、政策法规检索、个人养老检索、劳保药品及劳服企业检索等。
- 用户管理需要实现社会个人用户、企业（劳动部门）用户、政府管理用户的创建、审批、授权和认证等功能。

9.2.4 TRS 电子政务解决方案

经过细致认真的需求分析和严谨全面的评估，"北京劳动保障网"决定采用 TRS 电子政务内容管理解决方案进行搭建。整体的规划和产品选择如下：

- 以 TRS 内容协作平台为核心系统实现政务信息采编、发布和网上一站式审批。
- 以 TRS 企业级大规模论坛系统实现在线信息交流和调查反馈。
- 以 TRS 全文检索服务器 TRS Server、TRS 站内检索系统、TRS Gateway for RDBMS 以及关系数据库系统搭建后端数据库系统平台，支持全文信息和结构化数据的检索。

以下重点介绍 TRS 内容协作平台 TRS WCM 的特点及在北京劳动保障网的应用。

什么是 TRS/WCM？

TRS 内容协作平台（TRS Web Content Management，简称 TRS/WCM）是一套完全基于 Java 和浏览器技术的网络内容管理软件。TRS/WCM 集内容创建和写作、内容交付、基于模板的内容发布、强大的站点管理等功能于一身,并提供企业级的团队协作功能。

利用 TRS/WCM,可以在单一平台上实现对各种内容数据,包括文本、html、图片、Office 文档、音视频的集中存储、共享和发布,可以轻松创建企业或政府的内部站点、外部大型门户、信息管理平台、工作协作平台等等。

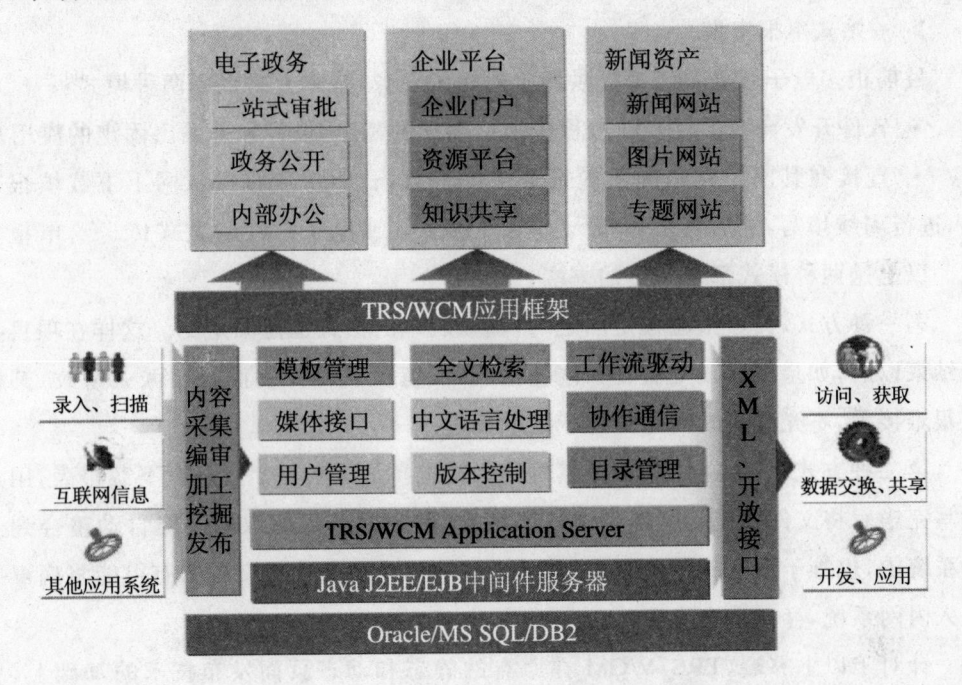

图 9-3 TRS/WCM 功能结构图

三大优势支撑"北京劳动保障网"电子政务应用

与众多电子政务平台和信息发布系统相比,TRS 内容协作平台在"北京劳动保障网"电子政务应用项目中体现出三大竞争优势,保证了项目的实施成功。这三大优势分别是"一站式申报审批"、"工作流引擎"和"协作式内网整合"。

➤ 工作流引擎

作为电子政务信息发布,"北京劳动保障网"的信息采编、审校和发布流程控制比较严谨;同时作为网上办公、政务服务的平台,需要在内外网支持多种政务工作流程。特别是电子政务是政府信息化的前沿,在实践中难免需要不断调整和扩展各种工作流程,这就要求系统中的工作流管理具有灵活高效、易扩展、易配置、易管理,具有快速部署和转换的能力。

第九章

　　TRS/WCM 内置可视化工作流编辑器,不需要任何技术背景,就可以方便地定制各种实用的工作流程,结合 TRS/WCM 工作流引擎,可以方便地实现采编发流程、数据处理流程、公文处理流程、内部办公流程等等。TRS/WCM 工作流可以按需定制,限定权限,支持串行和并行方式,具有多种工作流节点的通知方式(包括邮件通知、在线即时信息、手机短信息),可以充分满足"北京劳动保障网"电子政务应用的需要。

➢ 一站式申报审批

　　目前很多电子政务系统都提供网上申报的业务,基本上是以下两种模式:

- 软件开发商在项目实施过程中根据用户的需求,设计和开发出固定的应用。
- 直接在其门户网站提供填报表格的下载,让申报人直接从网上下载填报表格,进行离线填写,然后再由申报人以附件的方式或电子邮件的方式传送给申报单位。以上这两种模式都有一定的弊端:

　　第一种方式,其申报流程是固定的,填写表单的格式也是固定的。这样在项目实施结束以后,如果需要改变流程和改变格式,只有让软件开发商自己派人来改,其他人很难接手,不光耽误时间还加大了维护成本。

　　第二种方式,只是在原有手工填写的基础上扩展了对外信息平台下载报表,用户填写完毕后将文件提交相关部门进行审核,这种方式产生的数据不能自动整合到业务系统中,也难于设定流程使其自动流转。并且,采用文件提交数据有可能将病毒携带入内网系统,存在安全隐患。

　　针对于以上弊端,TRS/WCM 在原有的静态和动态页面发布技术的基础上,总结了各个电子政务项目的实施经验,推出了最新的支持自定义表单的网上申报模块。

　　TRS/WCM 网上申报审批业务包括五个步骤:

- 制作自定义报表:TRS/WCM 支持以多种方式自行设计业务报表,其中包括各种网页编辑器设计的 Web 页面、Word 文档、Excel 绘制的各种报表等等,同时 WCM 自身也提供方便的报表设计工具。
- 设计申报审批业务流程:通过 TRS/WCM 可视化工作流编辑器,不需要额外编程就可以设定复杂的工作流并且用图形表现出来。结合具体的网上申报栏目就可以由 TRS/WCM 驱动工作流的流转,完成业务流程。
- 发布报表:用户在相应的栏目中设置属性,WCM 发布服务器就可以在内网业务流程中自动生成交互页面,自动将设计好的报表发布到对外信息交互平台。
- 申报审批报表:申报人员在生成的交互页面上填写信息,由对外信息发布平台传送到内部业务栏目中,由 WCM 工作流驱动器使其按照既定的流程进行流转和处理，WCM 发布服务器随时将处理结果发布到对外信息平台。

- 处理申报数据：申报数据可以进入 TRS 数据库中进行全文检索和统计分析，也可以直接导出成 Excel 文件并形成统计报表。

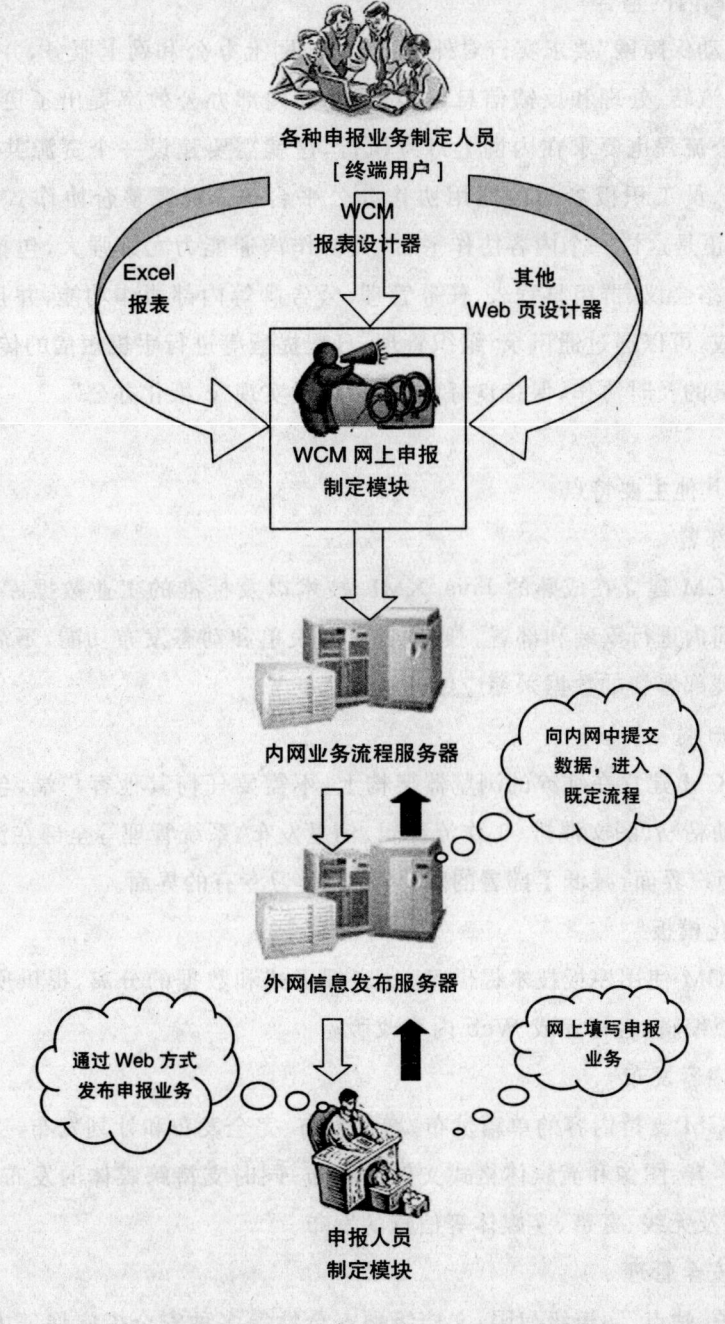

图 9-4　TRS/WCM 网上申报

第九章

TRS/WCM 一站式网上申报审批所提供的灵活的表单定义和工作流设定功能有力地支撑了"北京劳动保障网"网上审批服务,并为其今后更多申报审批流程上网和改进拓展了空间。

> 协作式内网整合

"北京劳动保障网"要求实行对外政务公开、网上办公和网上服务,并要求全面、及时地发布、流转、处理和反馈信息,这对劳动局内部办公效率提出了更大的挑战。同时网上办公流程也要求在内网上继续执行,这就需要建设一个资源共享、信息交流、加强效率、员工积极参与的通用协作办公平台——资源整合协作式内部网站。TRS/WCM 正是这样一个内容协作平台,其协作沟通能力尤其强大,包括内置即时通讯、在线网络会议、群组日程表、任务管理、公告牌等内部协作功能,并且和手机短信息无缝集成,可以通过通讯录、组织管理、日程提醒等进行手机短信的传递,保证系统内任何人员的及时协作,保持良好的沟通,完全实现"e 纸化办公"。

TRS/WCM 其他主要特点

> 快速部署

TRS/WCM 建立在成熟的 Java/XML 技术以及标准的工业数据库之上,可以在很短的时间内进行安装和部署。通过自定义表单和动态发布功能,不需要编程就可以灵活实现部署新的数据采编应用。

> 零客户端

TRS/WCM 建立在纯粹的浏览器架构上,不需要任何其他客户端,包括右键菜单、拖动、自动粘贴、图文混排、工作流编辑、信息发布、系统管理等全部在浏览器中实现。友好的用户界面,减低了部署的障碍,不需学习专有的界面。

> 可视化模板

TRS/WCM 使用模板技术提供 Web 表现形式和数据的分离,提供所见即所得的可视化模板编辑,轻松完成 Web 内容改版。

> 多种内容发布

TRS/WCM 支持内容的单篇发布、增量发布、完全发布和计划发布,支持多媒体类型数据如声音、图像和流媒体格式文件的发布;同时支持跨媒体的发布,包括传统的 Web 方式及无线、宽带、多媒体等信息的发布。

> 多级安全管理

密码保护、站点、频道级权限、文档级别安全性等多种安全措施保证内容的安全性,并结合各种备份、恢复技术提供完善的灾难恢复机制。

➤ 开放标准架构,良好应用集成能力

TRS/WCM 完全基于 Java/EJB/J2EE 架构,面向对象组件化设计,具备良好的二次开发能力。支持 XML/Web Services 开放标准。

➤ 跨平台应用

平台支持:Windows 2000/Linux/Unix 等。

中间件服务器支持:IBM Websphere 4.0、5.0/BEA WebLogic/Tomcat。

数据库支持:IBM DB2 7.2、MS SQL Server 2000、Oracle 等。

最终用户端:MS Internet Explorer 5.5 SP2 以上。

9.2.5 "北京劳动保障网"项目效益

北京市劳动和社会保障局通过和 TRS 公司共建"北京劳动保障网"项目整合内外部资源,全面实现了内网办公协作、信息集中存储管理和共享以及对外政务信息发布、网上申报服务和网上信息交流、规范内部管理和流程、"e 纸化办公"、提高办公效率、节省办公成本,达到了"政务公开"、"网上办公"和"网上服务"的整体目标。

企业、机关、事业单位人事劳动部门及劳动者个人可在网上查询到北京市 1949 年至今的历史及最新的 600 万字的劳动和社会保险政策文件和超过 3,000 余条常用问题解答,并且通过交互平台各渠道直接反馈问题,大大有助于个人和企业了解、监督政府的工作;不断增加的网上审批和数据申报服务提高了办事效率和透明度,赢得了个人、企事业单位和相关政府部门的认可和满意,获得了社会各界的广泛关注和好评,取得了良好的社会效应。该网站被评为北京市国家机关优秀政务公开网站。

9.3 竞争情报系统在宝钢钢贸的成功应用

9.3.1 系统建设背景

上海宝钢钢材贸易有限公司(简称钢贸公司)作为宝钢集团最大的钢材贸易企业,按照江泽民同志对宝钢提出的要求:办世界一流企业,创世界一流水平,宝钢集团确立的战略目标是:成为一个跻身世界 500 强、拥有自主知识产权和强大综合竞争力、备受社会尊重、"一业特强、适度相关多元化"发展的世界一流跨国公司。为实现公司发展战略目标,钢贸公司担负着极其重要的中坚角色,它必须成为钢铁产品销售领域的市场主导者,拥有竞争力强的营销网络和快速反应的销售队伍。因此,钢贸公司必须在信息化建设上特别是在竞争情报系统建设方面有突破性的跃进。

由于企业领导的重视,钢贸公司具备非常好的信息化基础。经过多年信息化建设的历程,已经拥有较完善的网络系统,建立了公司门户站点、ERP系统、决策支持系统(DSS系统)等多种应用,并在互联网平台上实现了与宝钢集团公司网站(www.baosteel.com)、东方钢铁在线(www.bsteel.com)和宝钢在线等一批应用系统的数据直接对接交换。

从高标准严要求的角度出发,公司充分分析了现有系统的不足:

> 公司门户站点、ERP系统和DSS系统是相互独立的系统,功能各有特色,但普遍缺乏有效的信息搜索功能,同时缺乏信息共享机制,容易形成信息孤岛。
> 现有信息系统无法实现有关竞争环境、竞争对手的实时监测与跟踪。
> 信息处理的自动化程度不足,主要依赖人工操作。

为了使企业信息化工作更上一个台阶,钢贸领导决心上马钢贸公司的企业竞争情报系统(以下简称钢贸CIS),希望通过钢贸CIS系统的实施在信息化建设方面特别是在竞争情报系统建设方面获得突破性进展,建成一个以信息搜集为手段、内容管理为基础、情报处理为核心、情报推送为目的的智能化情报系统,具体包括以下目标:

> 构建统一的企业竞争情报管理平台,整合企业内部现有各种外部信息资源(包括门户网站、ERP、RSS等),实现企业内部信息的共享、检索、有序流动;
> 实现外部信息的自动采集和智能化加工处理,实现竞争环境、竞争对手的实时监测与跟踪;
> 确定情报业务流程和岗位配置,使企业情报服务过程标准化、专业化。

9.3.2 系统选型和设计

根据钢贸CIS的建设目标,公司经过深入细致的市场调研、走访和技术交流,最终选择北京拓尔思(TRS)信息技术有限公司作为合作伙伴。TRS是以内容管理技术为主导的软件厂商,产品功能覆盖信息采集、信息加工/数据挖掘、信息检索、信息发布服务/推送等完整的信息生命周期;其主导产品已经服务于1,500余家企业级用户。以 TRS 内容管理平台为基础衍生出来的 TRS 企业竞争情报系统（TRS CIS），则集成了竞争情报规划、情报采集、情报加工分析、情报服务、情报处理、工作流管理、角色管理等完整的情报功能。TRS CIS 系统的技术平台和功能如图9-5、图9-6所示。

TRS CIS 底层的情报管理平台以 TRS 内容管理数据库为主进行构建，TRS 内容管理数据库支持海量非结构化信息的存储和检索，对于非结构化数据的管理能力和检索效率远远优于传统关系数据库（如 Oracle 或 SQL Server），为海量企业情报信息的存储管理和高效检索提供了扎实的基础。

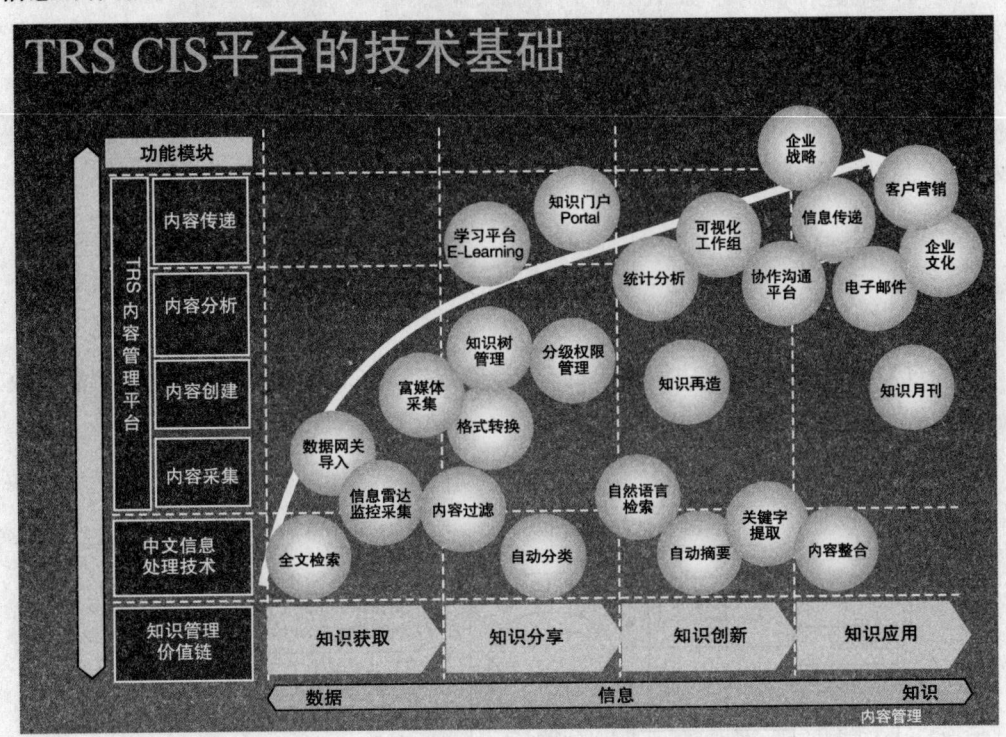

图9-5　TRS CIS 平台的技术基础

第九章

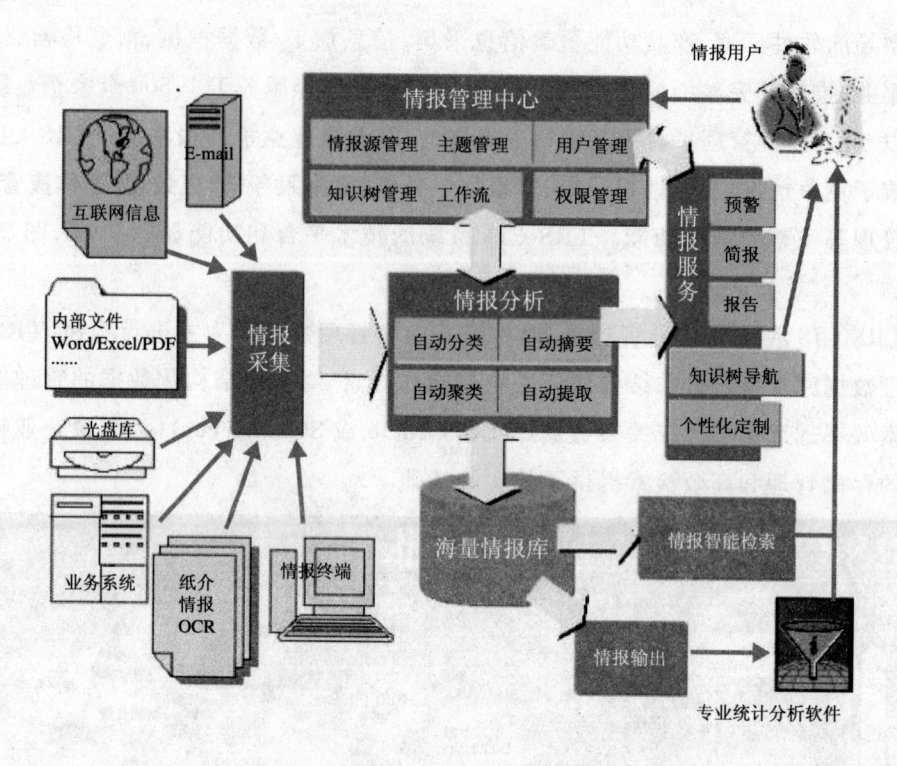

图 9-6 TRS CIS 功能示意图

经过双方对钢贸 CIS 功能需求的分析,确定钢贸 CIS 系统的整体业务功能模块如图 9-7 所示:

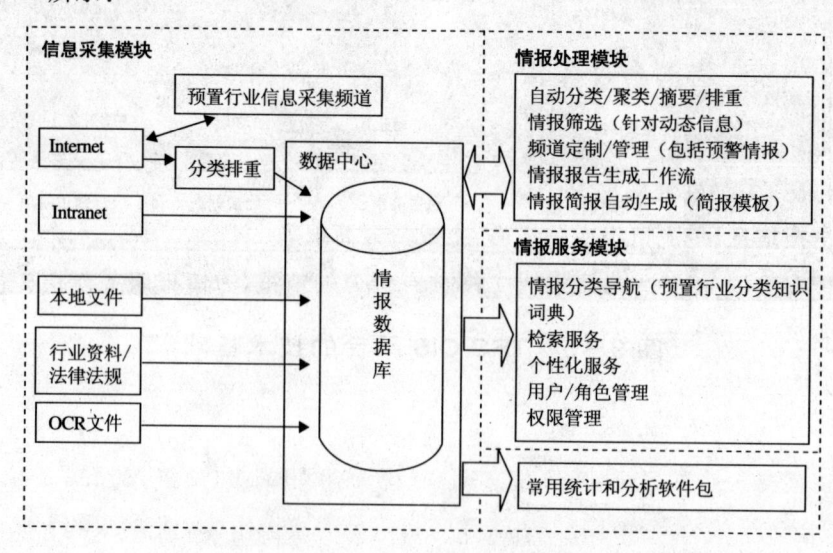

图 9-7 钢贸 CIS 系统主要模块示意图

钢贸 CIS 应用逻辑架构

钢贸公司竞争情报系统主要由信息采集模块、情报处理模块、情报服务模块三个功能模块以及数据中心组成。数据中心是各类数据、信息和情报资料的存储核心,也称为情报数据库,通过它把其他三个模块连为一体。

➢ 信息采集模块

信息采集模块的职责是监控各种设定的信息源,将所需信息自动采集到系统的数据中心,充分整合各种情报。宝钢 CIS 信息采集模块具有以下功能:

- 支持多种信息源的采集

（a）Internet 上的网页信息;

（b）企业内部 Intranet 上的信息;

（c）存在于企业内网共享目录上的格式文件（本地文件）;

（d）用户已经具有的行业法律法规信息（以光盘或数据库形式存在）;

（e）纸质文件。

- 预置行业信息采集频道

针对不同行业,预先设置常用的公共采集网站和频道,用户只需选择采集类别,不需自己设置具体频道;对于采集目标可进行增、删、改等维护。预制的采集频道包括新闻媒体、电信行业、石油、化工、冶金、金融等行业以及企业门户网站。

- 分类排重

可对采集信息进行自动分类标引,并对采集网页进行基于内容的排重标引。

➢ 情报处理模块

情报处理模块可进行信息的自动分类、自动摘要、自动排重、自动聚类等智能化处理操作。在情报处理模块中,可以通过人工对信息进行进一步加工处理,比如精选（筛选）情报信息、生成情报专题报告、生成情报简报等。

- 情报维护:维护人员可以人工筛选有价值的情报,为情报服务模块提供内容（情报维护基于频道进行,频道的维护与发布模块相同）。
- 情报报告生成工作流:为情报人员提供情报报告生成流程,提供可视化编辑手段。
- 情报简报自动生成:系统可定期自动生成情报简报,简报为 html 格式文件,在模板控制下生成,提供打印功能;人工可以进行修改操作。情报简报的生成原则是依据特定时间段满足一定条件的情报。

利用信息处理模块,情报工作人员可以选择发布出来的情报信息,可以在工作流控制下编写情报报告,可以修改机器生成的情报简报,可以选择情报的推送对象。

➤ 情报服务模块

钢贸竞争情报系统情报发布模块包含分类导航、信息检索、用户管理和权限管理、个性化服务等服务功能。

- 分类导航:预置行业信息自动分类知识词典,对情报建立分类导航。
- 信息检索:提供情报的检索功能,包括全文检索、标题检索、作者检索、日期检索等。
- 元搜索引擎服务:自动将查询请求发送到互联网上的多家搜索引擎,将多家搜索引擎的查询结果进行汇总处理后提交给用户使用。
- 用户管理和权限管理:提供灵活的角色和权限管理。
- 个性化服务:提供多样的个性化服务,系统维护人员可以选择定制所需要的服务,包括消息服务、个人收藏夹、网络会议、公告牌等。

➤ 情报数据库

本模块具有核心数据库管理功能,包含数据库的逻辑设置、物理设置、性能优化、数据备份等功能。核心数据库中主要存储两类数据:元数据、内容数据。针对这些数据的逻辑部署和物理部署应该独立于具体的应用服务子系统。本模块功能将集中对信息资源核心数据库进行独立于应用的管理。

9.3.3 系统功能实现

企业竞争情报系统平台基于公司企业网络,集信息情报的计划、采集、整理、分析、发布、服务、信息共享等功能为一体。系统帮助钢贸公司的情报人员实时从企业关注的诸多网站抓取情报信息,并按照事先设定的情报分类体系进行分类存储。同时情报工作人员还能够将企业从各个渠道获取的敏感信息以各种灵活的方式整合到系统平台,并且通过系统的自动分类、索引、提取等一系列自动功能,以及各级专兼职情报工作人员的深入加工分析,最终向企业内部的各级用户提供每日情报、定期简报、专项课题研究等各种形式的情报服务项目。情报服务依托于钢贸公司成熟的互联网和局域网网络平台,不但能够方便地为企业内部用户提供多种多样的情报服务,同时还能在专业的安全保障机制下,为企业的外地办事处员工和出差在外的移动用户及时地提供服务,使他们能与企业内部用户消费的情报产品同步。

应用案例

企业竞争情报系统平台为钢贸公司提供了一个统一的方便的情报管理平台,该平台极大地提高了钢贸公司信息交流的深度和效率。信息统一存储管理,安全控制机制完备,方便了企业收集内外部情报并进行信息共享,有助于形成钢贸公司统一的情报管理平台,为钢贸公司充分发挥了情报的整合效应。

具体实现上,钢贸 CIS 基于 TRS CIS 产品,经过简单的定制完成,实现了系统的预期目标,其逻辑结构如图 9-8 所示。系统的一些特色功能描述如下:

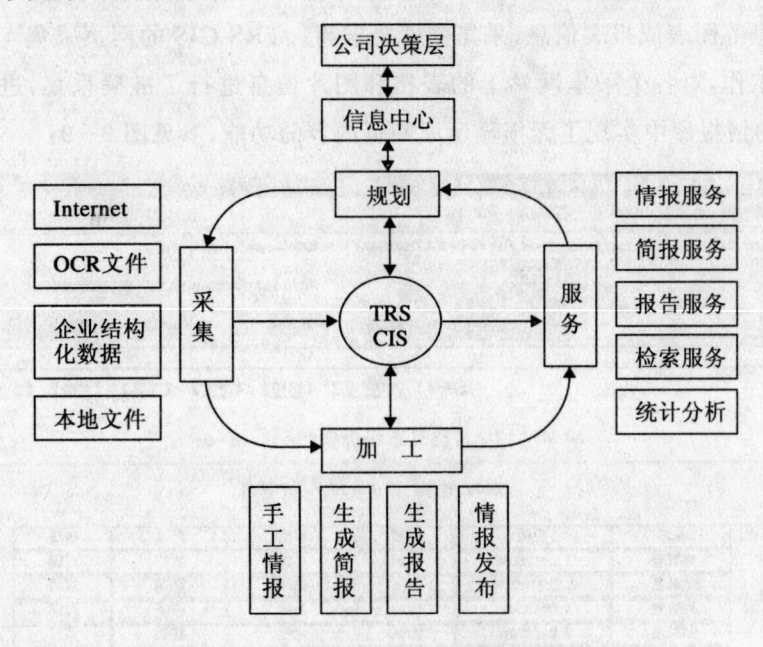

图 9-8 钢贸 CIS 逻辑结构图

➢ 建立行业分类体系

由于钢铁这个行业是个非常窄并且特别专业的领域,对系统分类体系的要求非常高。钢贸公司协同内部相关业务部门在前期开展了大量细致的整理工作,结合 TRS 公司丰富的实施经验,整理出了一套钢铁行业的信息分类体系。

为了实现情报的自动分类功能,在项目中综合使用了基于统计学原理的自动分类、基于关键词过滤规则的分类以及指定采集源分类等多种方式相结合的自动分类技术,达到了用户满意的分类准确度。在复杂的分类体系中,基于统计学原理的智能分类是不可缺少的,而分类训练是确保分类准确性的必要条件。根据行业条件,精选了语料、分类训练模板,给下一部的情报分类打好了基础。

➢ 情报信息智能化预处理

第九章

除了上面提到的自动分类功能,钢贸 CIS 系统还实现了基于内容的自动排重功能、情报自动摘要功能以及关键词自动标引功能。

> 网页信息全息保存

钢贸 CIS 系统中对内部和外部的相关资源实现了自动采集。

钢铁行业的专业信息源非常广泛,几乎涵盖了所有生产行业。对于网页采集工具来说,除了对许多站点都要支持复杂的用户认证之外,所要采集的网页许多都包含有价格信息等图表或报表信息,采集精度要求高。TRS CIS 的网页采集工具完全胜任了这项工作,对各个采集网站上的表格和图片信息进行了准确采集,进而在钢贸 CIS 系统的情报库中实现了无损显示原网页内容的功能,参见图 9-9:

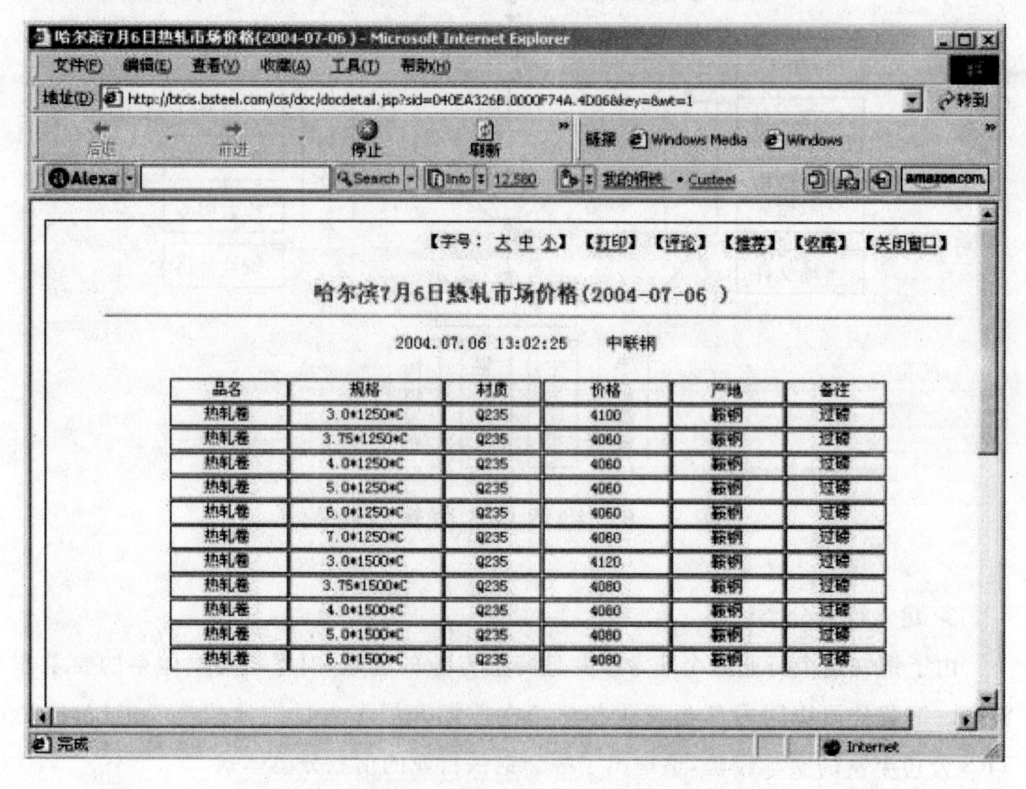

图 9-9　网页中报表信息的完整采集和在钢贸 CIS 中的展示

> 情报工作流管理

为了实现情报的自动化流程,钢贸 CIS 系统中实现了情报工作流的机制,情报产品的编写、审核和发布等环节自动按照预先设计好的工作流程进行,当有需要处理的情报到达时,系统可以通过系统短消息、邮件、手机短信等方式及时通知当事人,如图 9-10 所示。

应用案例

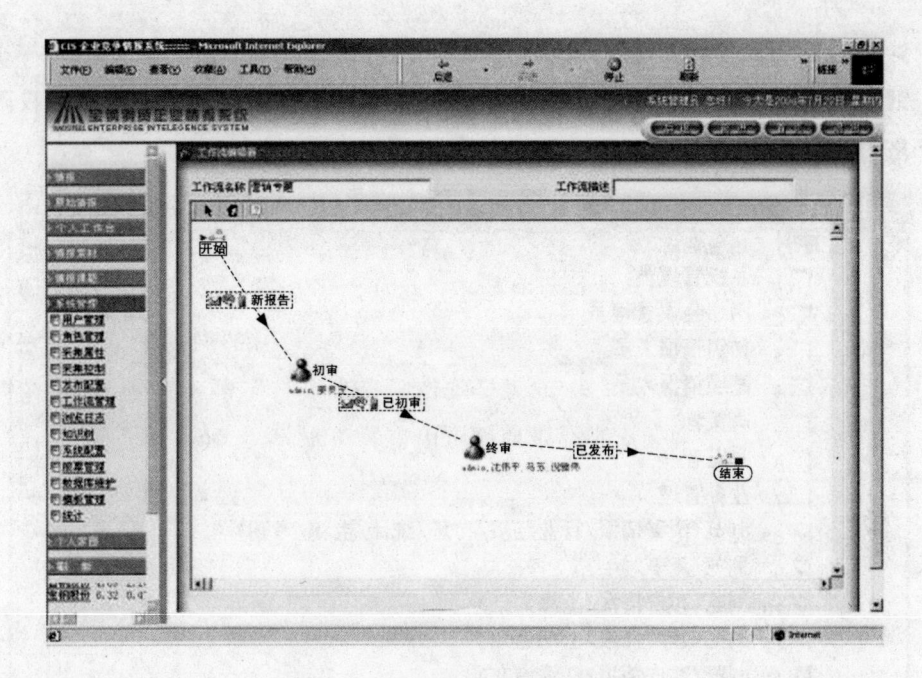

图 9-10　情报工作流定义

➢ 情报产品

钢贸 CIS 系统支持情报简报、情报报告的制作。对于情报报告的编写，系统提供丰富的辅助功能，包括方便的情报检索、情报导航、利用标注等，如图 9-11 所示。

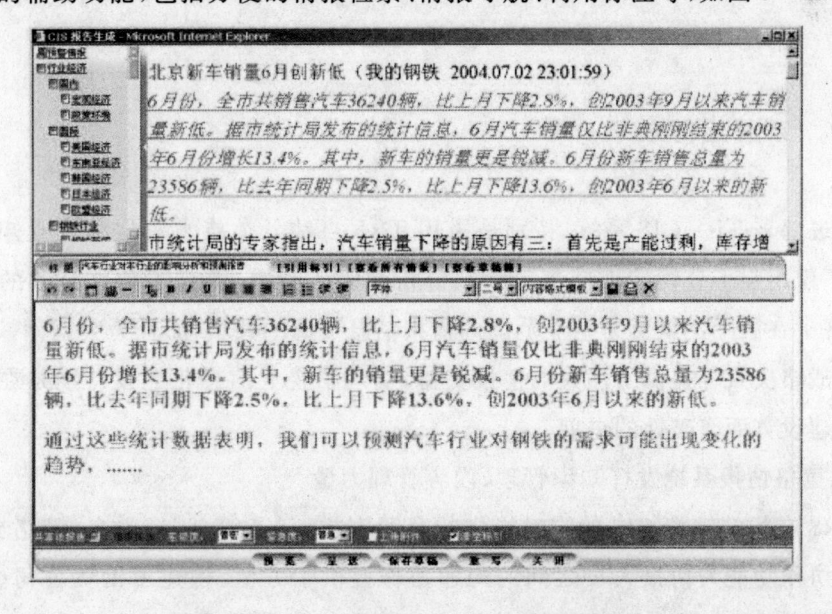

图 9-11　利用标注信息撰写情报

第九章

> 角色管理

钢贸 CIS 实现了基于角色的用户和权限管理,对每个用户对情报的操作权限具有严格的控制,如图 9-12 所示。

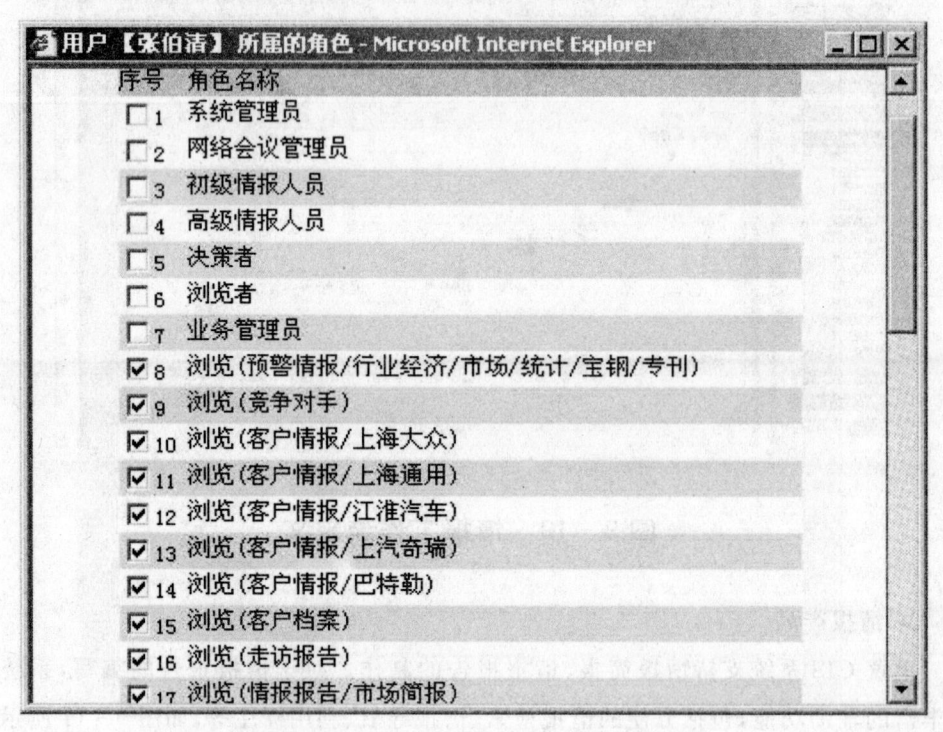

图 9-12 基于角色的用户权限

9.3.4 系统运行效果

通过部署 TRS CIS 系统,特别是采用 TRS 自动分类技术建立起行业知识分类体系,不仅增强了公司情报搜集、处理、分析和服务能力,整合了独立分散的信息资源,实现了在国际钢铁贸易企业范围内情报信息资源的共享,而且为宝钢钢铁贸易专题市场战略决策等提供了强大的情报支持,实现了企业信息化建设特别是在竞争情报系统建设方面突破性的进展。

> 竞争情报系统发挥知识管理、内容管理力量。

TRS 在构筑钢贸 CIS 的同时提供的日程安排、任务管理、短消息、网络会议、公告牌等协作功能为情报人员之间的沟通协作提供了方便,构建了钢贸公司企业、产品、市场、营销等方面的共享知识库和内部信息交流平台,便于员工利用各种情报动态、知识库进行业务开拓,开阔视野和进行知识学习、交流,营造了公司员工集体参与的氛围,提升了企业文化,使钢贸知识管理(KM)、内容管理(CM)均达到世界领先的水准。

➢ 改善企业信息资源流动结构,提高信息资源利用率。

钢贸 CIS 的建立形成了先进的外部、内部情报的收集、处理、检索、分析和共享的信息资源数据库,改变了企业现有信息资源流动结构,变链式信息传递结构为网络式结构。集中和规范的情报资源的管理,增强了情报的准确性、时效性、针对性、共享性,提高了情报资源的利用率。通过系统的运行,情报工作的流程与制度建设也得到加强,情报工作的开展职责清晰,情报工作流程合理,保证了企业情报工作的高效运转,保证了信息在限制范围内高效流转。

自 2004 年 6 月起,钢贸公司企业竞争情报系统正式在钢贸公司开始服务运营。在钢贸 CIS 系统中不但可以查询到内网各应用系统中的资讯,而且系统能够每天自动收集整理钢贸公司关注的一百多家相关网站的数千条信息,极大丰富了情报信息收集的全面性和广泛性。这些信息经过 CIS 自动分类、去重分析等,有效提高了信息情报的质量,避免了以前人工收集时的信息重复。经过 1 个多月的运行,收集到有价值的情报已达数万条(参考信息达几十万条),充分体现了系统的强度和稳定性。

➢ 降低信息处理人工成本,减少重复费用支出。

据不完全统计,一个情报专题和课题的完成,40%的时间花费在情报资料的采集,20%的时间花费在资料的归类整理。钢贸 CIS 的建立把情报分析人员从烦琐的信息采集中解放出来,使他们得以投入更多的精力从事情报分析工作和市场对策研究。

➢ 提供决策支持,降低决策风险。

钢贸 CIS 的建立,形成了对市场营销动态、行业状况、国内国际贸易环境变化、竞争对手等相关情况进行安全、高效的情报收集、传递和储备的体系,使部门情报研究人员可以情报资源为基础,应用科学方法,快速分析和研究钢铁行业对本企业的影响、市场目标及市场细分、竞争对手的策略动向、产品定位、贸易政策调整等,形成市场快速反应机制,及时为领导及决策部门提供决策依据。这些增强了企业整体的灵敏性、灵活性和应变能力,从而降低了贸易决策风险。

参考文献

Douglas E. Comer(美)著,林生译.计算机网络与因特网.机械工业出版社,2005.

李成忠.计算机网络原理与设计.高等教育出版社,2003.

高丽君.浅论网络经济下的企业竞争策略.企业经济,2005,Vol.3.

何东炯.内容管理的发展趋势、挑战及热点.http://www.360doc.com/show-Web/0/0/60015.aspx.

杜秀珍,李连捷.计算机网络基础及应用.对外贸易教育出版社,1989.

郑宏,袁红季.计算机网络基础与规划设计.北京理工大学出版社,1996.

逯昭义.计算机网络体系结构.清华大学出版社,2003.

刘四清,龚桂平.计算机网络技术基础教程.清华大学出版社,2004.

谢晓尧,龚文权.国际互联网(Internet)应用基础.重庆大学出版社,1997.

科默,D. E. Comer,Douglas E.等著.计算机网络与互联网.电子工业出版社,1998.

华宏,Internet实用工具.电子工业出版社,1998.

梁振军.计算机网络通信与协议.石油工业出版社,1990.

Comer,Douglas E. TCP/IP 网络互连——原理协议和体系结构.人民邮电出版社(第四版),2002.

吕争,李东辉.网络体系结构的现状与发展.信阳农业高等专科学校学报,2004(2).

陈志新.Web 2.0 及其对电子商务发展的影响.商场现代化,2006(31).

王元燕.企业信息化与企业组织创新.硕士学位论文,北京工商大学,2002.

杨新.零售企业经营国际化的组织结构模式的研究.硕士学位论文,广东工业大学,2005.

林润辉.网络组织与企业高成长.南开大学出版社,2004.

黄建英.层级组织的网络化变革研究:基于团队的协调管理.科技进步理论与管理,2005(8).

王曰芬,丁晟春.电子商务网站设计与管理.北京大学出版社,2002.

参考文献

张利，卢岚. 基于网络化组织的并行工程管理研究. 企业信息化，2006(12).

覃征，汪应洛. 网络企业管理. 西安交通大学出版社，2001.

张钢. 基于知识特性的组织网络化及其管理. 科学学研究，2002(1).

汪晋宽，才书训. 网站设计与开发. 东北大学出版社，2003.

王雪莉，张力军. 企业组织革命. 中国发展出版社，2005.

张爽，陈红艳. 网络化企业的新型组织模式和发展方向. 商业时代，2004(13).

吴林华. 网站设计与维护. 电子工业出版社，2002.

王长锋，申元月. 现代企业集团网络化的组织模式探讨. 商业研究，2004(7).

许树沛，孙鸣. 组织网络化：实现企业内部知识共享的重要途径. 经济与社会发展，2003(6).

冯能聪. 网页制作与网站设计教程. 冶金工业出版社，2002.

张子刚，孙忠，程斌武. 基于网络组织的协调管理：回顾与趋势. 科技进步与对策，2001(9).

芮明杰，项海容. 论动态网络企业组织管理的设计思想和运用模式. 中州学刊，2005(3).

徐炜. 网络化的企业管理组织结构. 管理评论，2004，16(5).

梁刚，赵伟，丁文珂. 基于内容的个性化网站设计. 开封教育学院学报，2006，26(4).

马永生，李光，沈昕. 网络组织：企业组织管理模式的历史选择，1999，17(2).

王能民，汪应洛，杨彤. 网络组织的知识管理研究述评. 管理工程学报，2006，20(2).

周艳春. 网络组织管理初探. 现代企业，2003(3).

茹建堂. 现代化企业管理的新趋势——网络式组织结构. 科技情报开发与经济，2004，14(1).

Kim and Brad Hampton（美）. 商业网站设计指南. 浙江科学技术出版社，1999.

杨涛. Web 内容管理的理论和实践研究. 硕士学位论文，中山大学，2004.

谢翠萍. 基于 Web 服务以内容管理为中心的企业应用集成研究. 硕士学位论文，广东工业大学，2005.

茅维华，谢金宝. 基于 XML 的 Web 内容管理及在线编辑/审核系统. 计算机工程与应用，2003(30).

陈阳贵．文档制导的 Web 内容过滤算法设计与实现．硕士学位论文，南京大学，2001．

谭立球，费耀平，李建华，高琰．多网站内容管理系统的设计和实现．计算机应用，2004(11)．

李宏平．基于 Web 内容和结构挖掘的智能 Portal．硕士学位论文，北京工业大学，2005．

刘七．基于 Web 文本内容的信息过滤系统的研究与设计．硕士学位论文，南京理工大学，2004．

靳军．Web 内容挖掘的研究与实现．硕士学位论文，西安交通大学，2002．

沈岳．网络时代的新职业——网络编辑．北京城市学院学报，2006(4)．

李国柱．基于内容管理的 Web 信息发布系统的设计与实现．硕士学位论文，苏州大学，2004．

李琳，吴成东，韩中华，胡静．基于 Web 的数据挖掘技术．计算机应用，2007(2)．

刘丽珍，宋瀚涛，陆玉昌．网站内容和结构对 Web 使用挖掘的影响．计算机科学，2003(6)．

南凯．基于 Web 的信息发布与内容管理系统的设计与部分实现．中国科学院计算技术研究所，硕士学位论文，1999．

张卫云．基于 Web 的内容管理系统的研究与开发．硕士学位论文，华北电力大学，2004．

魏鹏飞．内容管理系统在企业门户网站建设中的应用．湖南电力，2006(26)．

樊少菁．内容管理系统中基于 XML 的内容发布子系统的设计与实现．硕士学位论文，华南理工大学，2004．

吴鹏飞，孟祥增，刘俊晓，马凤娟．基于结构与内容的网页主题信息提取研究．山东大学学报(理学版)，2006(6)．

范丽庆．网络编辑职业透视．传媒，2006(11)．

陈艳萍，内容管理解决方案初探．硕士学位论文，天津工业大学，2005．

代红兵，王耀希，罗焰．网络数字媒体内容管理与发布系统关键技术研究及应用．广播与电视技术，2004(3)．

张晓．企业门户关键技术研究——内容管理系统的设计与实现．硕士学位论文，北京航空航天大学，2001．

参考文献

杨波，张凌，袁华．基于 XML 的内容发布模块的设计．华中科技大学学报（自然科学版），2003 31 卷增刊．

丁劲松．网站内容管理系统的设计与实现．硕士学位论文，北京航空航天大学，2003．

谢翠萍，赵云，向函．基于 Web 服务的内容管理系统的构建．计算机系统应用，2007(2)．

刘红宜．浅谈网站形式与内容的协调配合．芜湖职业技术学院学报，2005，7(1)．

林和安．如何提升网站的浏览率（三）——网站内容规划与应用．广东印刷，2004(5)．

肖红慧．网站信息内容创新规律初探．中国传媒科技，2005(11)．

王付军．XML 和 XSL 实现网站内容动态发布．微机计算机应用，2003，24(4)．

钟瑛．网络内容管理的差异性与多元化．新闻大学，2003(秋)．

林凌．网络传播媒介导论．军事谊文出版社，2006．

李晶．新加坡网络内容管制制度述评——兼论中国相关制度之完善．公安大学学报，2002(4)．

董广安，李凌凌．网络传播理论与实务．郑州大学出版社，2005．

张海鹰，滕谦编．网络传播概论．复旦大学出版社，2001．

苏丹．法治严明，秩序为先——新加坡的网络内容管理．中国记者，2004(7)．

陈欣新．建立和完善基础信息网络内容的监管和法制体系．信息网络安全，2005(4)．

严三九．论网络内容的管理．广州大学学报（社会科学版），2002(5)．

孟媛．我国互联网信息内容管理和法规体系．出版参考，2005(6)．

赵士林，彭红编．网络传播论．上海交通大学出版社，2002．

雷健．网络传播．四川科学技术出版社，2002．

钟瑛．网络传播法制与伦理．武汉大学出版社，2006．

蔡颖雯．论网络内容提供商的侵权行为及其责任．法学论坛，2005，20(1)．

刘位龙，魏墨济．RSS 技术在电子商务平台设计中的应用．情报理论与实践，2006(5)．

陆伟，寇广增，魏泉．Web 环境下的内容抽取及 RSS 发布．情报杂志，2005

(9).

刘军华，刘圆圆．网格技术在图书馆的应用研究．情报杂志，2006(11)．

徐宽，王翠萍．利用网格技术实现网络个性化检索．情报资料工作，2006(4)．

张宏科．移动互联网络技术的现状与未来．电信科学，2004(10)．

谢成山，陈家松，廉同黎．网络协议体系结构——OSI/RM 和 TCP/IP 及其比较．电讯技术，2003(4)．

张新宝．新一代互联网技术 IPv6．西安石油学院学报(自然科学版)，2002(6)．

杨晓静，张玉等．协议 TCP/IP 和 OSI/RM 的深入分析．计算机工程，2003(11)．

陈如明．对 IP 技术发展中一些问题的思考．电信科学，2005(8)．

许国柱．电子商务教程．华南理工大学出版社，2006．

胡桃，吕廷杰．电子商务技术基础与应用．北京邮电大学出版社，2006．

康晓，东石鉴等．电子商务及应用．电子工业出版社，2004．

丑幸荣．电子商务应用与案例．华南理工大学出版社，2005．

张锐昕．公务员电子政务培训教程．清华大学出版社，2005．

赵国俊．电子政务教程．人民大学出版社，2004．

孟庆国，樊博．电子政务理论与实践．清华大学出版社，2006．

颜端武，丁晟春．电子政务网站设计与管理．北京大学出版社，2005．

严怡民．情报学概论．武汉大学出版社，1983．

樊松林．管理情报学引论．上海科学技术文献出版社，1991．

邹志仁．情报学基础．南京大学出版社，1987．

王学东．图书情报管理学概论．中国商业出版社，1990．

孟广均．信息资源管理导论．科学出版社，1998．

卢泰宏，沙勇忠．信息资源管理．兰州大学出版社，1998．

孙建军．信息资源管理概论．东南大学出版社，2003．

饶伟红．网络信息资源管理与检索．电子工业出版社，2004．

查先进，李纲，马费成．信息资源管理．武汉大学出版社，2001．

中岛正夫，和田弘名，张庚西．情报管理．辽宁省图书馆学会，1984．

严怡民．情报系统管理．科学技术文献出版社，1988．

包昌火．企业竞争情报系统．华夏出版社，2002．

朱庆华．情报系统．南京大学出版社，1995．

参考文献

胡英华. 网络环境下情报学新特点. 硕士学位论文,天津外国语学院,2003.

马涛,姜晓菊等. 信息抽取技术与网络情报资源快速获取. 情报学报,2006(10).

徐静. 数字化图书馆——网络情报检索的发展. 湖南医学高等专科学校学报,2000(2).

黄建年. 网络信息分类浅议. 情报学报,1999(12).

向立文. 网络信息分类与利用. 现代情报,2003(6).

王伟. 论知识经济时代的情报研究. 行政论坛,2003(3).

张宇光. 网络检索技术. 佳木斯大学学报(自然科学版),2004(4).

黄蕾. 网络信息检索工具使用策略及其发展趋势. 情报探索,2003(3).

吕琨. Internet 网络检索方法. 情报探索,2000(12).

孙丽,陈通宝,乔晓东. 网上中文检索工具的比较研究. 情报学报,1999(6).

王军. 网络竞争情报源的开发利用. 情报科学,2004,Vol.22,No.5.

赛迪网. 烟台荣昌制药的信息化应用. http://industry.ccidnet.com/art/69/20060801/716645_1.Html 2006.08.

荣昌制药有限公司企业竞争情报系统侧记. http://www.chinabyte.com/Enterprise/218730246159990784/20040303/1773432_3.shtm.

默廷斯,K.,海西希,赵海涛等. 知识管理:原理及最佳实践. 清华大学出版社,2004.

查先进. 信息分析与预测. 武汉大学出版社,2000.

朱庆华. 信息分析基础、方法及应用. 科学出版社,2004.

储荷婷. Internet 网络信息检索——原理工具技巧. 清华大学出版社,1999.

唐永林,葛巧珍. INTERnet 和信息检索. 华东理工大学出版社,2000.

南京航空航天大学图书馆. 网络信息采集与应用. 清华大学出版社,2005.

玄兆国. 情报分析与预测. 科学技术文献出版社,1988.

包昌火. 情报研究方法论. 科学技术文献出版社,1990.

West,Christopher. 商业竞争对手的情报搜集、分析、评估. 中国商务出版社,2005.

周和玉,郭玉强. 信息检索与情报分析. 武汉理工大学出版社,2004.

傅予行. 情报·预测·决策. 机械工业出版社,1985.

黄晓斌. 网络环境下的竞争情报. 经济管理出版社,2006.

沈洪涛. 新环境下情报研究的方法与应用研究. 硕士学位论文, 南京理工大学情报学, 2004.

甘甜. 给予知识管理的企业竞争情报研究. 硕士学位论文, 中山大学情报学, 2005.

王婧. 基于知识管理平台的情报研究工作体系构建. 硕士学位论文, 南京理工大学情报学, 2004.

李超平. 情报分析基本原理探析. 大学图书馆学报——理论研究, 2001(2).

王秀梅. 情报分析研究方法研究和应用的现状分析. 情报杂志, 1997, Vol.16, No.2.

周剑, 钟华. 数字时代的情报分析展望. 情报学报, 2001, Vol.20, No.5.

王秀梅. 网络情报环境与情报分析研究工作. 图书情报工作, 1998, No.5.

朱晓云. 知识创新与情报利用. 科技情报开发与经济, 2003, Vol.13, No.4.

任浩. 试论情报的评价及其标准. 西南民族学院学报（哲学社会科学版）, 1999, Vol.20, No.4.

罗贤春. 论信息分析方法体系. 现代情报, 2003, No.11.

胡小君. 情报研究的方法和理论原理探讨. 图书情报工作, 2000, No.5.

何爱琴, 张芮. 网络信息计量学研究总述. 科技情报开发与经济, 2006, Vol.16, No.7.

伍慧春, 周敏敏. 论知识服务与情报服务. 科技情报开发与经济, 2006, Vol.16, No.7.

江舸, 黄胜, 张国林. 我国反倾销现状、成因及应对策略. 商业研究, 2005(1).

李锋, 章仁俊. 论我国应对国外反倾销机制的构建. 江苏商论, 2003(9).

侯晓靖. 对我国应诉反倾销的竞争情报分析. 特区经济, 2006(9).

黄培添, 劳汉生. 竞争情报与反倾销会计结合——规避国际反倾销风险之道. 经济师, 2006(2).

宝钢钢贸企业竞争情报系统应用案例, http://www.ccw.com.cn/cio/solution/htm2005/20050110_15FX0.asp.

TRS构建新华社待编稿库系统案例, http://cio.ccw.com.cn/solution/htm2006/20060907_208365.asp.

"北京劳动保障网"案例分析, http://media.ccidnet.com/media/ciw/1232/d1901.htm.